汇智聚力大家谈，
科学防控抗非瘟。

 2020. 10. 16.

抗非大家谈介绍

　　眼下，猪价高涨，政策加持，加上一年多的抗非历练，让很多养猪人从怦然心动，到悄然行动，开启了复养之路。此刻，且不论非洲猪瘟威胁下的复养胜算几何，如履薄冰的忐忑是一望而知的。面对非洲猪瘟，都说"防非千万条，生物安全第一条"。然而，在抗击非洲猪瘟的过程中，有的猪场消失了，有的养猪企业趁势崛起，个中经验教训也值得反思。痛定思痛，目前最有效的防控非洲猪瘟策略是什么？拨云见日之后，有哪些实用技术是切实可行的？

　　仇华吉研究员策划"抗非大家谈"主题系列，汇聚猪业专家、实战高手、企业精英的抗非经验，从不同角度剖析非洲猪瘟及其防控要点，力图为养猪人提供系统解决方案。

源自家国情怀，臻于知行合一

—— 写在《非洲猪瘟大家谈》付梓之际

仇华吉

2019年春夏之交，正值非洲猪瘟在华夏大地肆虐泛滥、行业愁云惨雾之际，广大养猪人"抗非"无法、欲哭无泪，行业人心急如焚、哀怨嗟叹。我当时酝酿了一个构想：能否创建一个公益性平台把相关专家动员起来为业内做点实事？故与樊福好、王爱勇、邵国青、余旭平、何启盖、高远飞、韩春光等业内知名专家商议，大家一拍即合，群情激昂、跃跃欲试，随即付诸行动。这就是"抗非大家谈"的缘起。

"抗非大家谈"的宗旨是，"不忘初心，牢记使命，汇聚'抗非'精英、传播'抗非'经验、帮助养猪人、造福养猪业"。该平台没有商业、没有名利、没有"权威"、没有恩怨，只有情怀和担当。当初我们希望把"抗非大家谈"打造成"抗非"学术交流平台、"抗非"一线指挥所、"抗非"高级智囊团和"抗非"超级编辑部。如今举首回望，我们不辱使命、慎终如始！

令人倍感欣慰的是，"抗非大家谈"业已成为行业中的一支清新、磅礴的"抗非"力量，冉冉升起、广受瞩目，像滚滚洪流、滔滔浊浪中的一股清流，激扬着"抗非"文字，激荡着"抗非"力量，激励着一大批"抗非"斗士顽强"抗非"、勇敢战斗！

"抗非大家谈"源自家国情怀、臻于知行合一。"抗非大家谈"提供的是"抗非"知识、理念、技术、方案、经验和心得，倡导的是知行合一、行胜于言，既是思想生产者、理念倡导者，也是技术提供者、生产实践者。"抗非大家谈"专家库成员目前有70余人，来自科研院所、大专院校、养殖集团、家庭农场、动保企业等，既有疫病防控、生物安全方面的专家，也有饲料营养、环境控制、装备设计、生产管理等方面的专家，体现了系统思维、体系防控的动物健康管理理念。一年多来，"抗非大家谈"的专家们原创了"抗非"佳作70余篇，先后在全国各地做了上百场报告和培训（包括线上和线下），受众达数百万人之多；很多专家亲赴养猪一线，指导猪场"防非"保猪、扩产复产、精准清除、建设改造；有的专家提出了独创性的"防非"理念、制订了可落地的防控方案、提炼出可复制的防非模式……

首先要衷心感谢"抗非大家谈"的专家们，感谢他们的家国情怀、专业造诣和奉献精神，一篇篇精辟文章、一个个成功案例，凝聚着众多仁人志士的思想心血和实践汗水！

感谢陈芳洲、孙元、黄良宗、张交儿等博士对本书编写做出的杰出贡献。

十分感谢猪兜网、中国养猪网、《农财宝典》、猪易传媒、河北方田等媒体和企业提供的高效传播平台和专业传媒服务，把专家们的文章及其理念和技术传递给千千万万的养猪人。

真诚感谢中国农业出版社黄向阳女士欣然邀约结册出版这些散落在网络中的"珍珠"，感佩她的远见卓识和专业洞察力！同时感谢刘玮编辑的辛勤、专业的编纂工作。

最后要感谢广大养猪人对我们的殷殷期待和默默支持！

春华秋实，一分耕耘，一分收获。"抗非大家谈"的专家们播下的"抗非"种子，正在全国各地生根发芽、茁壮生长。"雄关漫道真如铁，而今迈步从头越"。不管未来遇到什么困难和挑战，我们将不忘初心、砥砺前行；为重塑养猪业、实现养殖业高质量发展，我们永远在路上！

2020 年 9 月 18 日于哈尔滨

目 录

第一部分　非洲猪瘟防控之道

第1篇 仇华吉：非洲猪瘟防控之"道"

2020 年 3 月 7 日

▶ 作者介绍

仇华吉

研究员，博士生导师，中国农业科学院哈尔滨兽医研究所猪传染病研究室主任、猪烈性传染病创新团队首席科学家，主要从事猪瘟、非洲猪瘟和伪狂犬病相关的基础和应用研究。

▶ 引言

本文根据哈尔滨兽医研究所猪传染病研究室主任、猪烈性传染病创新研究团队首席科学家——仇华吉研究员在河北省第二届猪病大会《非洲猪瘟防控之"道"》主题报告录像整理，经阳光畜牧网王志刚整理，仇华吉老师审阅授权发布。

1. 对非洲猪瘟应该怎么看？非洲猪瘟是我们养猪业的强大的敌人，但正如毛泽东同志所讲，要在战略上藐视敌人、战术上重视敌人。这个论断同样适用于我们今天的抗击非洲猪瘟（简称"抗非"）战役。任何敌人都有弱点，都是可以战胜的。有人说，没有疫苗，非洲猪瘟就防不住，这是无所作为。不要期待救世主，只有靠自救。

2. 对非洲猪瘟要有科学认知，这个大家已经比较清楚了。非洲猪瘟病毒喜欢寒冷和肮脏的环境，对盐有高度耐受性，对一般的酸碱有耐受性。但它也有短板，其致命弱点是怕高温。就像河北方田公司的付学平总经理讲的，能烧的烧，能烘的烘，能用开水烫的用开水烫，这是非常正确的，既环保又有效，其消毒效果胜过很多消毒剂。另外，非洲猪瘟病毒怕干燥，并不是说单纯为了防范非洲猪瘟使猪场变干燥，而是猪喜欢干爽的环境，干燥也是很多病原都惧怕的环境条件。有些猪场带猪消毒后看似很干净，但猪舍里阴冷潮湿，不但猪不舒服，还给病毒存活创造了条件。有些强酸强碱对杀灭非洲猪瘟病毒是非常有效的，如氢氧化钠（火碱、烧碱）和有机酸。优质的有机酸是非常好的消毒剂，对灭活非洲猪瘟病毒非常有效，只要 pH 达到 3.8 以下并维持合适的有效成分浓度，可以长时间使用；有些有机酸 pH 在 4 以上，是没有效果的。

3. 需要重新认识非洲猪瘟。 通过一年多的摸索发现，虽然过去经常说非洲猪瘟的死亡率达到 100%，但事实上并非如此。在实验室人工条件下可以达到 100% 死亡率；在现实中，如果病毒感染剂量非常低，进入猪场的感染病毒数量往往不足以造成感染甚至导致猪死亡。另外，非洲猪瘟病毒的传播效率非常低，需要高度接触性传播，一定要直接或者间接接触。类似艾滋病传播，如果没有伤口，直接接触不一定会感染。病毒必须有一个进入体内的过程，要么通过伤口或注射进入血液，要么通过呼吸道进入鼻、咽、喉和肺等。非洲猪瘟是可以净化的，小到一个猪场，大到一个区域。用一句话总结，非洲猪瘟是"坐在轮椅上的杀手"，这个杀手很凶残，但是没有传播媒介的帮助它什么也做不到。污染病毒的工具、人为不当操作等可以造成病毒传播。空气传播（气溶胶传播）有一定的作用，但作用非常有限。如果感染猪场正在进行"拔牙"＊ 操作，则应重视气溶胶传播的作用。

4. 经过一年多的时间，除了我国台湾、西北部分地区，全国几乎没有"净土"。已经被感染的地区就不再是"净土"了吗？也不一定。病毒在自然界有存活期限，大自然通过紫外线也有自我净化的功能。

5. 非洲猪瘟是怎么进入中国的，至今仍然是个未解之谜，但可以推测有哪些途径。走私猪肉的可能性最大，包括游客携带的猪肉制品，如火腿肉、腊肉等是高度风险的携带物，病毒可以在其中长期存活。当然也有可能来源于餐厨垃圾、野猪迁徙。对于非洲猪瘟的传入，我们都应当反思，说明当前我国的防疫体系是不太完善的。如果不重建防疫体系，未来如果有"欧洲猪瘟""美洲猪瘟"等，防疫体系将面临重大挑战。从沈阳发现第一起非洲猪瘟疫情至今，"病毒从哪里来的"这个问题仍没有解决，说明我国的动物疫病防控仍需加强、完善，兽医工作者可谓任重而道远。

6. 非洲猪瘟病毒进入猪场的途径和风险有很多种，不同地方不一样。 在南方，水系发达，受污染的水是比较大的风险因素；在北方，饲料的风险相对大一些，还有就是人（出入）的风险。另外，售猪时外运也是高风险的感染途径。现在大家意识到了售猪时外来的车直接进入猪场是十分危险的。无论病毒通过什么途径进入猪场，最终是要接触到猪。要么是通过人，要么是通过工具、饲料、饮水，最后接触猪，而且要进入到猪体内，否则病毒即使进入猪舍也不一定导致感染，没有合适的生存介质，几天之后就会死亡。因此，最好的办法就是采取一切措施减少病毒接触猪的机会。

7. 关于补偿，如何解决。 如果一个地区的病原消灭之后，再次复养的话会面临同样的问题：就是出现疫情时，如何发现和报告疫情，如何补偿，如何进行有效处置等。这个问题不解决会陷入恶性循环。对于补偿，需要从制度上给予保障和解决。解决办法未必一定是全部要国家补偿，养猪人可以拿出一部分钱投保，保险公司也愿意参与。这不是一个难事，关键是如何运作和落实的问题。

8. 非洲猪瘟对生猪产业的影响，可以说广泛而深远。 从国家和行业层面讲，非洲猪

＊ "拔牙"是指非洲猪瘟防控实践中的精准清除或定点清除。

瘟绝对是一个颠覆性事件，至少影响养猪业及相关产业 5～10 年。但从另一个角度讲，非洲猪瘟促使养猪业提升了生物安全意识。

9. 未来养猪至少有 3 年好行情。我们对非洲猪瘟的认知、防控的重视和措施能到位的话，预计 3 年可以恢复到正常的水平。但我个人认为，没必要恢复到之前的规模，而是保持相对合理的水平。例如，我们过去出栏 7 亿头猪的时候大家挣钱了吗？没有，浪费了很多。现在出栏 6 亿头可能就差不多，后期再通过国内外市场调节，保持猪肉价格相对合理，留出足够的利润，会使市场更健康、更稳定。如果大家有补栏计划，或者还在犹豫徘徊，我建议还是果断进场。当然在技术上对非洲猪瘟要有一个系统的防控认知，还有资金支持。现在各级政府给大家创造了很多机会。

10. 现在猪肉供给保障是重点，政府应保证养猪业政策的连续性。不能猪肉供给不足时就引进养猪项目，供给问题解决之后又不让养猪了，强拆强迁。这里需要政府的顶层设计。不能因为保障供应的需要就一哄而上，不分青红皂白、不管什么地方都开始养猪。不能任何人、任何地方都能随意养猪，不能今天养猪场办起来了明天因为环保等问题就拆了，陷入恶性循环的死胡同。这是一个战略问题，不能因为非洲猪瘟复养而搞短期行为。

11. 非洲猪瘟对我们的正面影响应该是对我们意识上的影响。让我们意识到养猪有门槛。有门槛不是坏事，任何行业都有门槛。如果不具备养猪的能力，没有生物安全意识，这样的养猪场很容易受到非洲猪瘟等疫病的攻击，害了自己，也会害了别人。

12. 从国家层面来说，我们采取了很多措施，但我认为有些措施相对滞后，有些政策很好但没有执行到位。有的是管理问题，有的是技术和平台的问题，也有人员素质的问题。国家应该制定一项前瞻性防控政策，包括未来的净化计划，有一个 3 年、5 年或者 10 年的一个中长期规划。我们可以在一个小的区域在设定一个小的规划，规定好哪些能做哪些不能做，有目标、有共识、有行动，在一个区域和小范围里搞净化是可行的，再慢慢可以扩大到更大的范围。

13. 这是我总结的防控非洲猪瘟（简称"防非"）九字方针："高筑墙，养管防，剩者王"。对于"高筑墙"，我建议猪场除了原有的围墙，可以建第二道围墙，中间形成缓冲区，可以搞绿化，以形成阻挡非洲猪瘟等病毒入侵的物理屏障。防控非洲猪瘟不能只针对病毒，是一项系统工程。一方面是消灭病毒，另一方面是保护好猪。如果猪场被感染，就是非洲猪瘟的扩增器、推进器。"养管防"，我的理解是要搞好营养、饲养管理、环境控制。这些因素都与非洲猪瘟防控有直接或间接的关系。不要只盯着"消消消、杀杀杀"，回头看看猪养得怎么样，看看环境是不是阴冷、潮湿，甚至有的猪舍有氨臭味，猪是不是瘦骨嶙峋，能指望这样的猪对抗非洲猪瘟病毒吗？因此，我们要从营养、管理和环境及生物安全等角度考虑，把猪养好。

14. 有的专家说生物安全没用，因为做不到 100%；假如做到 99.9%，剩下 0.1%，则所有的工作白费了。这个观点貌似有一定的道理，但实际上是错误的。实施生物安全的目的不是要打造一个无病原的猪场，而是要尽可能地控制病毒进入猪场，而且数量不足以引起感染。每个动物都有一个感染的阈值，猪的健康状况、耐受性和抵抗力在不同品种、环境、营养、管理条件下是不一样的。

15. 要科学规划生物安全布局。养猪场应规划好生物安全布局，通过层层阻断、多层设卡，使非洲猪瘟病毒每过一关就被消灭一部分，最终即使少量病毒进入场内也不足以形成"气候"，无法引起感染和发病。建立新的养猪场前应看看周边有没有风险因素，比如屠宰厂、集贸市场、填埋场、饲料厂，思考如何避免公用道路和公用水源等风险。

16. 如何发现生物安全漏洞？我建议分为两个环节，场内和场外，避免内外交叉，列清单、分责任、常检查。有条件的可以邀请外部生物安全专家来"挑毛病"；也可以发动员工自查自纠，并实施奖励；借助人工智能和视频监控发现肉眼不易察觉的问题。

17. 经过这一年多与非洲猪瘟病毒的斗争，我们总结了一些经验。人是"防非"成败的最大变量，可以是正向的也可以是负向的。这里讲的"人"包括所有从业者。可以干好事也可以干错事，既可以把好事做到极致也可以把错事做到极致，就看管理层和老板如何去管理、如何去引导。面对非洲猪瘟，有的养殖场采取猪场工作人员封闭半年的措施，个人认为不太可取，应对一线人员进行科学的培训和人性化的管理。建立实体墙、设立养猪小单元、降低饲养密度都是有效的，酸化剂、发酵产品等也是有用的，这是我们从一线养殖实践总结的经验。猪的健康度、舒适度、黏膜屏障和黏膜免疫都非常重要。防便秘、抗应激对"防非"来说看似没关系，但实际上是非常重要的。动物长期处于应激状态的话，黏膜屏障非常容易被破坏。一些冷热刺激、疼痛、潮湿、燥热、污浊的空气等都是非洲猪瘟发生的诱因。基于生物安全的系统防控是猪场可持续生存和发展的根本出路。且不谈可持续发展，当前先活下来，活到明年后年甚至更远。鉴于目前的疫情形势，猪场不开展生物安全防控是不行的。

18. 云南神农集团的六条经验对每个猪场都适用。一是，云南神农集团开展的区域联防联控的经验值得借鉴。他们实施区域联防联控不是空喊口号，而是拿出了1 000万元资金给政府，让政府帮他们打造一个好的养殖环境。企业不可能对区域内所有调入运出的生猪进行筛查，于是企业和行业协会与政府合作，做到了局部的联防联控。即使发生过疫情的地区也可以实施联防联控，防止第二波、第三波疫情的冲击。二是，选址非常重要，他们的猪场按照PIC千点评分建造，有天然优势。有的猪场可能10年前就选址建成了，但现在可以评估，如果不符合当前生物安全的要求，可以通过改造达到要求。如果改造也不行，就要放弃。三是，有条件的养殖场应尽量打造自己的饲料、屠宰、冷藏及深加工全产业链，可极大地降低外部风险。四是，防患于未然，早发现早监测，对饲料等高风险因素提前逐个排查排除，对于防控非洲猪瘟是非常有效的。五是，上下同心，利益共享，养殖场的管理者带头学习、落实生物安全防控。六是，管理好人才，用好人才。人是最重要的因素，没有一支战斗力强的团队，要想打赢非洲猪瘟的"持久战"是非常困难的。

19. 复养前应进行彻底消杀，"软硬件"的升级改造，包括防疫制度，各种制度要可执行、可落地、可考核。要进行人员培训，一线人员一定要懂得正确的生物安全操作流程。我们认为复养过程中"哨兵猪"不是必需的。按照已有的经验，将猪舍彻底消杀、焚烧、熏蒸消毒后的猪舍在一个月内进行复养应该没问题。但也应注意实际中会遇到很多其他问题，复养不成功的也不在少数。

20. 成功复养有几个关键要点。一是，生物安全意识要入骨入髓，要清楚**非洲猪瘟的特点、传播途径和方式**，并制订可操作的标准操作流程（SOP），进行一线人员的全面培训。二是，复养之后要对猪场进行全面的提升，不仅是"硬件"的提升，而且是对人和猪的认识的提升，采用人性化的管理思想，实施利益共享机制。三是，批次化生产、全进全出是非常好的生产模式，对非洲猪瘟防控也非常有益。四是，母猪舍、保育舍、育肥舍等设置为相对独立的单元进行饲养管理。五是，从营养角度而言，选用优质饲料，则猪的成活率高、生长状态好、感染概率低，回报率就大。六是，防疫理念也要有所转变，不建议养殖场进行抗生素保健，目前国家政策也要求无抗、限抗。不建议过多的疫苗免疫，如果能做好生物安全，完全有可能可以不接种疫苗。当然猪瘟、口蹄疫等重要传染病最好进行疫苗免疫。因为猪瘟与非洲猪瘟临床症状非常相似，一旦养殖场发生非洲猪瘟，而诊断不准确的话，会给防控带来难题；猪感染口蹄疫后口、蹄会出水疱、溃烂，给非洲猪瘟病毒入侵提供可乘之机。

21. 复养不成功的原因很多。例如环境问题。复养区域环境很关键，特别是养猪场周边的屠宰厂、填埋场、集贸市场、其他动物养殖场等，对非洲猪瘟的防控影响较大。养猪场需要与当地政府、行业协会共同营造一个安全的环境。除了猪舍，对办公室、食堂、厕所等也要进行彻底消杀。引种过程中一定要注意隔离和监测，有的复养场不成功就是因为引种携带病毒。一些"硬件"因素没有做好，不舍得投资，生物安全环节薄弱。没有投入就没有产出，投入产出比可能是 1∶1 甚至 1∶2、1∶4 的关系。我们在大北农集团的实践经验表明，投入生物安全改造的成本，通过节省保健和防疫费用一年就可以抵消。再就是人的执行力的问题，需要养猪场负责人高度重视、带头示范、强化鼓励与监管。

22. 非洲猪瘟病毒毒力会不会变弱呢？我个人认为病毒在一年左右时间内出现弱化的可能性很小。有没有可能出现所谓的低毒力毒株呢？目前监测未发现低毒力毒株，但还应持续监测，判断有没有容易变异的毒株。猪场带毒生产不可行，不要试图与非洲猪瘟病毒"共舞"，应发现病毒、清除病毒。

23. 我个人认为，在 3～5 年内研制成理想的非洲猪瘟疫苗难以实现。我们对非洲猪瘟病毒的认识还不够，我们并不完全清楚哪个蛋白与病毒毒力有关，哪个蛋白与免疫保护相关，等等。生产疫苗用的细胞系也没有解决，之前用的细胞系培养增殖过程中病毒很容易发生变异，免疫原性和毒力会发生改变。

24. 国际上如德国、美国、西班牙、葡萄牙等过去几十年研制了 30 多种候选疫苗，包括灭活疫苗、DNA 疫苗、亚单位疫苗、载体疫苗、基因缺失疫苗。对于非洲猪瘟疫苗特别是活疫苗而言，最重要的是安全性，如疫苗会不会直接导致猪群发病或死亡，会不会引起母猪流产、产死胎，会不会影响其生产性能，疫苗稳定性如何，能否规模化生产等，对于上述问题，现阶段没有理想的数据支撑。

25. 国内开始研制非洲猪瘟疫苗约 1 年时间，现在条件稍稍成熟，有少数单位和企业取得了资质。有人半年前就希望疫苗研制成功，尤其是现在更希望疫苗能尽早投入使用，可能吗？这不太现实，我们投入疫苗研发的时间有限，疫苗研发不可能一蹴而就。

26. 当下大家比较关注的两个单位哈尔滨兽医研究所和军事兽医研究所，他们研制的 CD2v/MGF 双基因缺失疫苗，迄今公布的一些数据还不错，至少对仔猪是安全有效的，但对母猪、公猪、育肥猪、亚健康猪是否安全有效还缺少数据支撑。疫苗研发还处在初级阶段，达不到临床评价阶段，到 2019 年 12 月为止疫苗还未获批进入临床试验。什么是临床试验，就是疫苗经过实验室评价之后在现地条件下对疫苗的安全性、有效性进行评价，这是任何一个疫苗的必经过程，临床试验可能持续半年到一年的时间。即便是现在开始就进入临床试验，在一年之内拿出商品化疫苗也是非常困难的。

27. 将来疫苗能不能使用，受很多因素影响，比如技术因素，是否开展过临床试验评价将影响疫苗的投入使用。历史上曾经有深刻的教训，西班牙和葡萄牙曾经使用过疫苗，造成了巨大的直接经济损失。疫苗经实验室评估效果较好，没有经过临床试验就直接投入使用，造成母猪流产，仔猪死亡率达到 20%～30%。教训非常深刻，因为疫苗不仅直接造成猪的死亡，还严重干扰影响了非洲猪瘟的净化，西班牙后来花费 30 年时间才实现净化。使用不安全的疫苗将贻害无穷。我们曾在防控蓝耳病上犯过错误，应用弱毒疫苗造成了病毒返强和重组，引起了许多新的问题。这个教训并不遥远，就在我们身边。

28. 假如安全有效的非洲猪瘟疫苗研制成功了，问题就解决了吗？也许行业内认为有了疫苗就敢于复产和扩产，尤其是散户过去没有生物安全意识、技术力量不足而不敢养，现在都开始投产。可能养猪业很快就会恢复到以前（2017 年，出栏 7 亿头）的水平，但后续可能就陷入过去的周期和循环，猪肉价格下降，养得不好的就赔钱。那时候有多少人挣钱多少人赔钱，大家都很清楚。另外，有了疫苗之后增加了疫苗费用，以目前保护期不到 3 个月计算仔猪至少要免疫 2 次，母猪要更多次，成本会增加。接种疫苗后，将来出现疫情还要扑杀吗？如何鉴别是野毒株还是疫苗株呢？说不清楚了。如果因为接种疫苗而放松生物安全，则整体防控形势和养殖环境不会有太大改善，甚至会恶化。

29. 假如疫苗不够安全有效就匆匆上市，哪怕有 20% 的死亡率，养猪场也甘愿承担风险和经济损失，而采取疫苗接种措施，现在也许还有利润可言，但将来还有吗？非洲猪瘟病毒长期存在可能会发生重组变异出新的毒株，导致疫苗失效，则又要研发新的疫苗，历史不断重演。

30. 未来非洲猪瘟会出现一个什么局面？非洲是老疫区，长期流行，东欧呈流行性或散发，西欧和美洲基本净化，我国和东南亚现在都是流行地区。现在无论是否使用疫苗，无外乎**三种局面**：一种是像蓝耳病一样；一种是像猪瘟一样，但我认为可能性不大，因为现在很难找到像猪瘟疫苗一样安全有效的生物制品；还有一种是非洲猪瘟的净化，这就需要务实行动，只要大家同心协力净化就不是梦。

31. **未来养猪何去何从？怎么布局、怎么规划？**是海外养猪、南猪北养？还是其他什么模式？需要我们思考。养猪模式也需要探讨，希望未来实现健康、绿色、生态的养猪模式。因为目前我们的养猪模式是难以为继的，当前模式会出现周期性的疫情，出现一轮一轮的猪周期。要么发生疫情了，猪少了，价格高了；要么蜂拥扩产，猪多了，不值钱了，这样的故事我们已经重复了几十年。未来我们需要探索新的模式，比如扬翔的"楼房养猪"，比如东北的"阳光猪舍"等，比如种养结合完整的产业链，借鉴欧美的先进做法，实现种植、养殖、屠宰和加工全产业链。即使没有实现全产业链，也可通过上下游企业合作建立紧密的联系，保证利益最大化和生物安全可防可控。

32. **沈阳的"阳光猪舍"，让人大开眼界。**这个"阳光猪舍"看起来比较"奇葩"，饲养人员和参观人员进场不需要换衣服、不换鞋、不消毒。这不是太危险了吗？猪场的人说没事。猪饲料中不加任何药物，且选用高品质饲料，营养充分，猪场不用消毒剂，除了接种猪瘟、蓝耳病和伪狂犬病疫苗外，其他疫苗均不接种。技术人员除了负责通风和温度调控之外，其他什么也不会，不会看病、不懂疫苗接种，按我们传统的观点看就是"笨蛋一个"，但他们猪场场主说了，就要这样的，兽医技术人员还不要。他们这么做真的没有执行生物安全吗？他们用的是大自然给的"消毒剂"，是阳光、干燥、通风、温度，饮水中添加的益生菌。这个例子不是说放弃生物安全，而是不要做过度的、变态的生物安全，而是做有用的、科学的消毒，充分利用大自然条件。当然这个做法仅适用于他们的"阳光猪舍"，未必适合其他猪舍。"阳光猪舍"养的猪吃得好，住得舒服，胃肠功能强；猪舍空气新鲜，没有臭味，冬天不冷，夏天不热，猪舍在设计之初便考虑了温度调节方式，以保障猪舍的温度调节能力，热的时候通风降温，冷的时候有地暖和阳光升温，舍外零下30℃时也敢通风，是一种好的养猪理念和模式。但如果当地不适合这个模式，则未必都要搞"阳光猪舍"，但要向这个方向努力，要因地适宜，遵循猪的生物习性和自然规律。他们讲的养猪就是"养肠道"，"养肠道"就要优化环境和营养，说得非常朴素简洁，可谓大道至简！你们的猪肠道功能好吗？有便秘的问题吗？吃得好吗？有运动吗？母猪难产吗？背部有"铁锈线"吗？如果这些问题没有解决的话，可以向他们学习。需要指出的是，并不是说"阳光猪舍"养的猪就不感染非洲猪瘟，高剂量的非洲猪瘟病毒照样会"撂倒"它们，而是说它们不像普通猪舍养的猪那么"怕"非洲猪瘟！

33. 我们过去在错误的道路上走得太远，希望大家往回走一走。"不忘初心、牢记使命"，我们养猪的初心是什么，我们应该向我们的祖先学习智慧，向优秀的欧洲同仁学习智慧。现在欧洲人已经不搞我们这种养猪模式了，已经开始回归自然，给猪提供必要的福利。

34. 我们要深刻反思非洲猪瘟给我们带来的教训，不能再任由另一个什么"瘟"随意欺负。要把我们的猪养好，把我们的养猪业升级换代，重建一个强大、"不易脆"的养猪业，而不是像过去那样，一个"破病"就把我们的养猪业弄残了——过去一个猪高热病、一个仔猪腹泻、一个非洲猪瘟，就把全国的猪弄死好几成！这种模式真是糟蹋猪、糟蹋养猪业。所以还是要重视生物安全，无论采用什么模式，生物安全是我们养猪最起码的一个操作和日常行为。做好生物安全，做好饲料营养、环境控制和精细化管理，非洲猪瘟就是可防可控的。同时我认为在一个区域内在一个猪场内做好疫病净化，包括非洲猪瘟的净化、高致病性蓝耳病的净化甚至种猪的系统疫病净化是完全可能的。

35. 未来的兽医要干什么，还像过去那样看病治病？我认为将来兽医要走预防型兽医、管理型兽医之路，要把疫病消灭在萌芽之中，我们叫治"未病"。我们都说扁鹊是神医，他能治"已病"。其实能治"欲病"和"未病"更重要。大家可能最佩服会剖检诊病的兽医，一看就知道是什么病，开什么药，但是真正厉害的是会管理的兽医，他不治病，但他懂猪、懂人、懂健康管理。

36. 简单总结一下。非洲猪瘟是养猪业的"头号杀手"，是可管理、可防可控的。基于生物安全的综合防控是猪场的核心竞争力，也是行业的核心竞争力。另外，大家都在期盼疫苗，但是我建议大家不要仅仅依赖疫苗，疫苗不是万能的，我们要立足于在没有疫苗的条件下把猪养好。未来希望我们行业能形成共识，走净化的道路，这远比完全寄希望于疫苗更好。

第2篇　仇华吉：非洲猪瘟是一种可管理的疫病

2019 年 10 月 18 日

▶ 作者介绍

仇华吉

研究员，博士生导师，中国农业科学院哈尔滨兽医研究所猪传染病研究室主任、猪烈性传染病创新团队首席科学家，主要从事猪瘟、非洲猪瘟和伪狂犬病相关的基础和应用研究。

▶ 引言

眼下，猪价高涨，政策加持，加上一年多的抗非历练，让很多养猪人从怦然心动，到悄然行动，开启了复养之路。此刻，且不论非洲猪瘟威胁下的复养胜算几何，如履薄冰的忐忑是一望而知的。面对非洲猪瘟，都说"防非千万条，生物安全第一条"。然而，在抗击非洲猪瘟的过程中，有的猪场消失了，有的养猪企业趁势崛起，个中经验教训也值得反思。痛定思痛，目前最有效的防控非洲猪瘟策略是什么？拨云见日之后，有哪些实用技术是切实可行的？

非洲猪瘟病毒，杀伤力极强，但它并非无懈可击。它有短板和软肋，就是"三怕"（怕高温、怕干燥、怕强酸强碱）和高度接触性传染。故而我将其比喻为**"坐在轮椅上的冷血杀手"**。因此，不要把它妖魔化。非洲猪瘟是可管理的疫病（manageable disease）。人是非洲猪瘟防控的最大变量，是防控成败的关键。加强对各种风险因素特别是对人的精细化管理，才能做好非洲猪瘟防控。

我很早就提出了防控非洲猪瘟的"九字"方针：**高筑墙、养管防、胜者王**。目前各地已经探索出很多有效方法和策略，包括建实体墙、设小单元、降密度、防范性淘汰、通风、抗应激、防便秘、提供全价均衡营养、选用发酵饲料、酸化剂、臭氧水、补血益气类中药等，需要认真总结和推广。

当前无商品化非洲猪瘟疫苗可用，我们不能等、靠、要，更不能坐以待毙，唯有依靠基于生物安全体系的综合防控。生物安全体系不是对付非洲猪瘟的权宜之计，而是今后防控已有和新发疫病的强有力"武器"，应成为规模化猪场的"标配"。做好生物安全，同时加强饲料营养、环境控制、饲养管理、日常免疫接种，提高猪群健康度、舒适度，非洲猪瘟是可防可控的！需要指出的是，疫苗不是万能的。即便是将来非洲猪瘟疫苗上市了，并非万事大吉（可能还要接受疫苗的若干副作用），依然要坚持依靠严格的生物安全，同时做好饲料营养、环境控制、饲养管理等，实行系统性、综合性防控措施，才有可能控制和根除非洲猪瘟。

非洲猪瘟固然是中国猪业的一场劫难，也是对我们过去过于依赖疫苗和药物、漠视生物安全的惩罚！**因此，这也是养猪业转型升级、浴火重生的契机！**

虽然现阶段我国生猪数量减少，短期内对我国居民消费造成了负面影响，但从另一个角度来看，也是净化猪群主要疫病的最佳时机。因为从长远看，净化成本永远最低！在净化非洲猪瘟的同时，尽早实现《国家中长期动物疫病防治规划》确定的目标。

第3篇 仇华吉：格局决定结局、态度决定高度——猪场如何打赢抗非战争？

2019 年 11 月 11 日

▶ 作者介绍

仇华吉

研究员，博士生导师，中国农业科学院哈尔滨兽医研究所猪传染病研究室主任、猪烈性传染病创新团队首席科学家，主要从事猪瘟、非洲猪瘟和伪狂犬病相关的基础和应用研究。

▶ 引言

目前，我国非洲猪瘟疫情处于点状散发状态。虽然势头开始减缓，但是疫情传播途径错综复杂，防控形势仍然严峻。养猪人如何打好非洲猪瘟防控持久战？常备不懈，初心如炬，打有准备之战"疫"。

抗击非洲猪瘟是一场没有硝烟的战争。既然是战争，就要明确谁是我们的敌人？谁是我们的战友、朋友和盟友？格局决定结局，态度决定高度，对他（它）们的态度决定了抗击非洲猪瘟的最终结局。

一、对非洲猪瘟的态度

当前，非洲猪瘟可谓养猪业的"头号杀手"。的确，它的杀伤力极强，传播途径众多，防不胜防。但是，非洲猪瘟再厉害，也只是一种烈性动物传染病而已，既非妖魔鬼怪，也无三头六臂。它的"软肋"也是显而易见的。它是一种高度接触性传染病，相对于口蹄疫和猪瘟而言，其传播速度较慢（所以我把它比作**"坐在轮椅上的冷血杀手"**）。对付它有多种办法，例如，建围墙、隔断，保持高温、干燥，选用强酸、强碱、强氧化性消毒剂等。只要我们不做错误的事、不助它传播，它就无计可施、自生自灭。因此，对待非洲猪瘟的正确态度是，**战略上藐视、战术上重视，既不要把它妖魔化，也要对它心存敬畏，** 无谓的恐慌和焦虑、盲目的自大和自卑，都是不可取的。

二、对人的态度

非洲猪瘟其实就是一种可人为管理的动物疫病。从这个意义上讲，**人是防控非洲猪瘟的最大变量。** 如何将人的正面作用最大化、负面作用最小化，是管理者面临的重大课题。一个猪场（公司）的一把手是这场抗非战争的主帅，决定抗非的方向、进程和结局。他的决心和信心、认知和判断、决策力和执行力，决定着猪场的生死存亡。员工是猪场抗非战斗的一线将士，是管理者的亲密战友和朋友。**他们是否能战善战，事关抗非成败。** 因此，管理者必须与全体员工同舟共济、上下同欲，通过精神鼓励、绩效奖励、股权激励等，充分调动每个岗位、每位员工的积极性和创造性，构筑防疫大堤，织密防控天网，不留短板，不留死角。要定期对员工进行教育和培训，让他们不犯大错误、少犯小错误。同时，抗非是一场持久战，拼的是精神和品格，比的是毅力和耐力，打的是综合实力，因此，对员工的人文关怀和人性化管理是至关重要的。

推而广之，行业主管部门要真心关怀养猪业和养猪人。养猪业上、中、下游从业人员要风雨同舟、生死与共，建立行业命运共同体，形成最广泛的抗非统一战线和气势磅礴的抗非力量。

三、对猪的态度

猪是人类几千年的朋友。在历史的长河中，猪作为一个物种经受了大自然残酷的洗礼和考验，已经进化出对抗不同逆境的天然抵抗力，否则它早就被大自然淘汰了。只是自实行集约化、工厂化养猪以来，人们过分追求高密度、低成本，滥用疫苗、抗生素、添加剂等，猪的生存环境和营养状况日趋恶化，猪的抵抗力被压制和破坏，变得极其脆弱，以至于禁不起任何新发疫情。

猪可能是我们的盟友，也可能变成非洲猪瘟的盟友和帮凶。如果我们对猪好点，让它们吃好、喝好、睡好、拉好，那么**一个健康度高的猪群是能够参与抗非战斗的**（可抵御逃过生物安全网的少量病毒）；相反，**那些体弱多病的猪可能就是非洲猪瘟的"内奸"和"打手"**，充当非洲猪瘟的"加油站"和"接力棒"。

我们行业要思考一下，为什么过去几十年我们反复陷于疫情-猪周期-疫情-猪周期的恶性循环之中？我们是不是在错误的道路上走得太远？要回归本原、不忘初心、敬畏自然、尊重生命。养猪养猪，重在一个"养"字，要真正把猪"养"好！给予猪群必要的动物福利（舒适的环境、充足的营养、清洁的水料、清新的空气等），这不是我们对猪的恩赐，是它们作为生命的必要生存条件。

说大一点，养猪人把猪养好、提供安全猪肉就是最好的爱国行为；一个猪场做好防疫，不让非洲猪瘟病毒感染就是你对同行的最大社会责任。相反，一个没有生物安全措施的猪场其实就是为非洲猪瘟准备的；发生疫情时贩卖病死猪就是在向同行扔"炸弹"，害人最终也会害己。

四、对疫苗的态度

疫苗是对付传染病的有效手段。一个安全有效的疫苗是防控非洲猪瘟的有力武器。虽然使用疫苗防控非洲猪瘟在国际上并非共识，无论是欧盟，还是俄罗斯，普遍接受的认知是，防控非洲猪瘟并不需要疫苗，但是在我国国情下，非洲猪瘟疫苗似乎变成了养猪人的必需品。

但必须指出，非洲猪瘟病毒比较特殊，研制非洲猪瘟疫苗存在很多技术瓶颈（包括安全性与有效性之间的平衡、疫苗与野毒的鉴别诊断、低成本、规模化生产等）。到目前为止，全世界都没有拿出一个安全、有效、质量可控的非洲猪瘟疫苗。**一个不够安全的非洲猪瘟疫苗对于当前遍体鳞伤的我国养猪业来说，无异于饮鸩止渴、抱薪救火、雪上加霜**，对行业会造成直接或间接、短期或长期的危害。其实不安全疫苗的苦果，在几十年前西班牙和葡萄牙已经替我们品尝过了。因此，非洲猪瘟疫苗只是我们未来的潜在盟友。

要鼓励有关单位积极开展科技攻关和探索研究，**给予足够的耐心和必要的时间，不能急于求成，更不能拔苗助长**。另外，要研制出"靠谱"的非洲猪瘟疫苗，科学界必须要有颠覆性思维，突破常规，打破藩篱，汇集全国性科研资源和智慧，才有可能取得重大突破。

不管非洲猪瘟疫苗能否问世、何时面市，要立足于在没有疫苗的前提下，**建立基于生物安全的综合防控体系，这才是猪场最可靠的核心竞争力和可持续生存与发展的根本**，即使将来面临"欧洲猪瘟""美洲猪瘟"，又有何惧哉？

非洲猪瘟是我国养猪业一场史无前例的灾难，它像一击重锤使我们警醒，也像一面镜子让我们反思。我们只有转变落后的观念，纠正错误的做法，建立以生物安全、生态健康、自然和谐为核心的养殖理念，养猪业才能转型升级、浴火重生。

第4篇　仇华吉：防控非洲猪瘟要三管齐下

2020 年 6 月 1 日

▶ 作者介绍

仇华吉

研究员，博士生导师，中国农业科学院哈尔滨兽医研究所猪传染病研究室主任、猪烈性传染病创新团队首席科学家，主要从事猪瘟、非洲猪瘟和伪狂犬病相关的基础和应用研究。

▶ 引言

日前，应对非洲猪瘟疫情联防联控工作机制按照常态化防控新要求，农业农村部畜牧兽医局印发了《非洲猪瘟防控强化措施指引》，明确了 12 项强化措施。的确，只有持续抓好非洲猪瘟防控，才能做好稳产保供，"抗非"重要性不言而喻。

本文再次强调防控非洲猪瘟疫情要从消灭传染源、切断传播途径、保护易感动物三方面入手，旨在让养猪人对非洲猪瘟防控技术措施与防控思路有更深刻的了解，让养猪场毫不松懈抓好常态化防控。

自 2018 年 8 月非洲猪瘟发生以来，我国养猪业遭受重创。在与非洲猪瘟的抗争中，各路专家大显身手，提出了不同的思路、策略、方案和方法，养猪人受益良多，但也有些观点和做法失之偏颇。

任何动物传染病的发生和蔓延，一定是由于同时存在以下三个因素：存在某个不断排出病毒的源头（传染源），存在搭载和散播病毒的工具和路径（传播途径），存在易感动物。从理论上讲，我们只要管控好其中任何一个环节就可以阻止疫情的发生和蔓延，如果三个方面都做好了，疫病就会得到有效控制甚至净化。

一、关"水龙头"：掐住病毒之源，控制病毒增量

防控新冠肺炎的成功"秘诀"就是"应收尽收、应治尽治"，实际上就是有效控制了传染源。

非洲猪瘟病毒的源头在哪里？主要是感染猪及其污染产品，特别是正在暴发非洲猪瘟疫情的猪场及其流出的病死猪，屠宰厂、鲜肉铺，还有污染的水源、车辆、工具、衣靴等。因此，猪场要及时了解周边的疫情动态，实时监测猪场内外环境，正确处置进场的人、车、物、猪等。

要采取以下策略：

第一，建立生猪身份识别和运输可追溯体系，一旦发现疫情，方便溯源根除。

第二，实行区域联防联控、信息共享、命运与共。

第三，建立检测实验室，监测风险源，掌握病原踪迹，走在疫情前面。

第四，定期监测屠宰厂和冻肉库等高风险场所，销毁或熟化带毒猪肉。

第五，合理规划布局活畜交易市场、屠宰厂、病死猪处理厂，确保种猪场和规模化猪场周围的生物安全。

二、降低"病毒载量"：切断病毒之"腿"，消减病毒存量

有人说，非洲猪瘟防不胜防，生物安全百密一疏，所以生物安全没有意义。这是错误的。尽管生物安全很难做到滴水不漏，但它仍然是最基础、最有效的疫病防控手段。通过物理、化学、生物等生物安全手段，可消除或降低猪场内外环境以及猪舍内的病毒载量。在生物安全手段上，不仅要考虑其对非洲猪瘟病毒的灭杀效果，还要兼顾其对人和猪的安全性。

需要关注以下几点：

第一，从硬件到软件，建立严密的猪场生物安全防控体系，在不相信任何人的前提下规划和设计，在依靠所有人的前提下运营和执行。

第二，首选物理方法（隔离、冲洗、高温、辐照等），化学和生物方法次之。

第三，对于人和动物，一定要选用安全、无毒或微毒的消毒剂，勿破坏皮肤和黏膜屏障。

第四，要抓住重点和关键点，采取针对性的病毒杀灭和消减手段。

第五，要经常评估洗、消、烘的实际效果，并不断优化生物安全流程。

三、提升"酒量"：内外兼修，提高猪的耐受性

相信大家都有这样的体会，在酒桌上喝下同样多的酒，酒量不一样的人表现大不相同，有的人已经酩酊大醉，有的人却谈笑自如。要想不喝醉，最好是不喝酒；如果必须喝，那就要控制总量，要想占据主动，就得练酒量。这个"酒量理论"同样适合于非洲猪

瘟防控。有人说，提高猪的抵抗力对于防控非洲猪瘟是个"伪命题"，因为几乎所有品种和不同阶段的猪对非洲猪瘟病毒都是易感的。实际上，任何病原引起感染和发病都有一个最低剂量，这就是"感染阈值"。设想一下，如果我们采取必要的生物安全措施，把病毒载量降低至感染阈值以下，猪群会被感染吗？另外，即便是面对超过感染阈值的病毒，不同健康度的猪群也会有迥然不同的临床表现。

如何提升猪的"酒量"呢？最便捷的途径当然是用疫苗"脱敏"，在当前尚无安全有效的非洲猪瘟疫苗的情况下，可以从以下几个方面着手：

第一，营造符合动物福利和健康养殖的舒适环境，尽量减少应激因素。

第二，提供清洁的日粮和均衡的营养。

第三，选用发酵饲料、酸化剂、中药及其提取或发酵产物等促进免疫平衡、肠道健康和黏膜免疫。

第四，做好基础病免疫防控，及时淘汰病弱猪，减少疫病的突破口和引爆点。

第五，慎用不靠谱的"2mL关键技术"，特别是种猪。

第六，创新育种模式，选育抗逆性较强的品种或品系。

猪场的防控战略和战术都应当着眼于上述三个环节，要三管齐下，系统防控，不可偏废。事实上，成功预防或控制非洲猪瘟疫情的猪场在这三个方面都做得很好或在某个方面特别突出。不同规模猪场可以根据自身实际情况确定优先次序，比如大型集团公司要特别注重源头控制，而小型猪场则要把饲养管理做到极致。

第二部分　对非洲猪瘟的认知

第 5 篇　邵国青：非洲猪瘟发生一周年自问自答

2019 年 10 月 21 日

▶ 作者介绍

邵国青

研究员，博士生导师，江苏省农业科学院兽医研究所副所长。担任亚洲支原体组织理事长，是江苏省"333 高层次人才"第一层次培养对象，享受国务院政府特殊津贴。聚焦猪支原体肺炎防控技术研究，率领团队成功研制猪支原体肺炎活疫苗（168 株）、猪支原体肺炎灭活疫苗（NJ 株）和猪支原体肺炎 sIgA 抗体检测试剂盒。获国家技术发明奖二等奖、神农中华农业科技一等奖、中国专利优秀奖等多项奖励。

一、非洲猪瘟为什么会传入中国？

答：**走私**。感染非洲猪瘟病毒的猪的内脏、肉制品等通过走私或其他非法途径入境是**最可能的原因**。据报道，我国猪肉产品走私数量达百万吨级，所以在流行病学上，边境及靠近贸易港口的区域发病较早。

得失：可以借鉴美国的做法，将反走私和入境控制作为国家安全的重要组成部分，依靠军队的力量、管理手段保护好国门。

二、非洲猪瘟在我国流行的主要阶段和特征？

答：未见系统的调研数据。

三、企业和科教单位的反应异同？

答：中国的养猪企业是不屈不挠的创新主体，科教单位在对于生产实际问题的科技支撑上还有很大的潜力可以挖掘。

四、非洲猪瘟的传染性怎么样？

答：总体上传播性不强，是容易阻断的，前提是市场流通的肉的污染能得到有效控制。

五、生物安全是否有效？

答：在一般环境下是完全有效的，控制规模和生物安全是猪场做强的两个核心关键点。

六、"拔牙"（精准清除）效果怎么样？

答：大部分规模化猪场通过精准清除，获得了成功。

七、未来的养猪格局会是什么样的？

答：多种形式的养猪格局会一直存在，大量企业会由做大转而做强，实现适度规模发展，生物安全优先，全封闭自动化运营。

八、非洲猪瘟调研一周年了，有什么最重要的看法、建议？

答：（1）对市场上流通的猪肉广泛监测，所有疑似阳性者熟化处理，有助于尽快实现大面积复养。

（2）疫苗不断改进，在危险区尽早推出，以期快速恢复产业。

（3）中国地方土种猪保种，推荐用发酵床饲养，使用纤维素发酵的饲料。全国调研发现，这是可以在一般生物安全要求下实现非洲猪瘟防控的良好饲养方法。

第 6 篇　仇华吉：新冠肺炎阻击战对非洲猪瘟防控的镜鉴

2020 年 7 月 11 日

▶ 作者介绍

仇华吉

研究员，博士生导师，中国农业科学院哈尔滨兽医研究所猪传染病研究室主任、猪烈性传染病创新团队首席科学家，主要从事猪瘟、非洲猪瘟和伪狂犬病相关的基础和应用研究。

2019 年年底，一场前所未有的新冠肺炎疫情不期而至、来势汹汹。这场突如其来的大疫事关国家命运、民族兴衰。幸有以习近平同志为核心的党中央果断决策、运筹帷幄、指挥有方，全国上下特别是广大医务工作者不顾生死、顽强抗疫，短短几个月，新冠肺炎蔓延的势头得到全面、根本的遏制。这是一场空前的史诗般的疫情阻击战和人民战争，足以惊天地、泣鬼神！中国共产党和全体人民在这场伟大战役中展示的决心、信心、耐心、万众一心，体现的领导力、决策力、组织力、凝聚力、执行力，采用的战略、战术，令全球瞩目、世人惊叹！

非洲猪瘟是目前养猪行业面临的另一场战争。笔者认为，只要我们养猪行业认真借鉴"科学防治、分区分级、精准施策"的防控理念，拿出抗击新冠肺炎疫情的决心和信心、战略和战术、组织力和执行力，通过全行业的持续共同努力，实现非洲猪瘟有效防控和净化的目标并非遥不可及！

一、实事求是、与时俱进

疫情就是敌情、火情，谎报军情、玩虚的、做表面文章，结果只会贻误战机，造成疫情蔓延。摆花架子、说假话、编造数据就是我们这个社会的"病毒"，就是侵蚀党和国家机器的"毒瘤"。新冠肺炎早期暴露的问题、非洲猪瘟疫情蔓延暴露的漏洞和短板都值得我们深刻反思和改进。

总体防控战略和目标一旦确定，就绝不动摇。但策略和方案要根据疫情的发展和对病毒认知的提升而不断改进和优化。制订的方案一定要不折不扣地坚决执行、做实做细，执行力就是战斗力，细节决定成败。同时战场形势瞬息万变，必须根据疫情的演进及时调整战术方案。《新冠肺炎诊疗手册》先后发布 7 版，每版都有新的认知和改进。非洲猪瘟在我国流行近 2 年，非洲猪瘟的防控方案是不是也要与时俱进、及时更新？

二、举国体制、集体意志

新冠肺炎防控阻击战充分体现了全民团结的力量，可谓举国体制、国家意志、集体意愿、全民参与。中国共产党不忘初心、牢记使命，心怀国家民族命运、心系人民生命健康，以习近平同志为核心的党中央统揽全局、调度各方、指挥若定，医疗人员、人民军队、公安干警、社区社工、民间团体、志愿者等群体饱含家国情怀、投身抗疫、各司其职，全国各地全力驰援武汉、湖北，为抗疫前线提供充足的防疫和生活物资，广大爱心人士有钱出钱、有力出力，近 14 亿人遵照防疫要求宅在家里，把病毒"杀死""闷死""饿死"。这场全民参与的战争展示了前所未有、举世罕见的领导力、统筹力、组织力和执行力。非洲猪瘟的防控和净化也应该是一种国家意志、举国抗疫，事关国计民生和食品安全，需要行业上下、利益相关方形成风雨同舟、同心协力的行业命运共同体。比如建立政府相关部门、专家、行业协会和养猪人共同参与、协同作战的非洲猪瘟联防联控机制。

三、源头管控、有效切断

就像江河水污染治理一样，一定要从上游从源头抓起，在下游修修补补无济于事。对传染源的早期识别和有效管控，是疫情防控的关键。早发现、早报告、早隔离、早治疗，是遏制新冠肺炎疫情蔓延的核心。落实到社区、村屯，逐户排查，不漏一人，应收尽收、应治尽治。根据疫病传播的特点，制订行之有效的应对策略（保持社交距离、戴口罩、勤洗手、多通风等）。

非洲猪瘟病毒的源头在哪里？发病场、病死猪运输车辆、屠宰厂、无害化处理厂、农贸市场等高风险场所均需要采取针对性的管控措施。

四、分级分区、精准防控

新冠肺炎的网格化管理，以社区、村屯等为基本单位，根据风险大小将不同地区（以县为单位）划分为高、中、低风险区，人员只能从低风险区域向高风险区域流动，不能相反。这种风险管理模式同样适用于非洲猪瘟的防控，比如可以根据疫情动态即时进行风险分级，高风险地区的生猪及其产品不能流入低风险地区；根据防控成效及时调整风险等级。

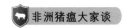

五、依靠法律、科学防控

法律震慑，违法必究。对于不遵守封闭隔离要求、违反防控规定的人坚决惩治。同样，对于非洲猪瘟发病猪、带毒猪及猪肉制品的非法流通和交易，国家有关部门应予以严厉打击，提高其违法成本，形成有效震慑。

疫情防控要有强有力的技术和物资保障，比如新冠肺炎的检测技术（早期基于荧光定量PCR的核酸检测技术，随后基于IgM和IgG的抗体检测技术）、消毒技术（84消毒剂、75%酒精等）、诊疗技术（方案的改进、药物的更新、新技术的应用等）。针对非洲猪瘟防控需求和科技瓶颈，面向全国发榜招标、协同攻关，并根据防控实践和各地经验多次更新、不断完善防控对策。同样，我们要根据疫情发展、毒株变异、疫苗研制和防控实践情况，及时升级非洲猪瘟防控指南，特别是对生物安全、消毒剂、诊断方法和处置技术规范等的更新。

六、以人为本、全民战争

疫情阻击战必须是人民战争，必须遵循"来自人民、依靠人民、为了人民"的原则，才能凝集成一股战无不胜、攻无不克的磅礴力量。这次新冠肺炎疫情阻击战是一场实实在在的人民战争，上至国家领导人，下至黎民百姓，全党、全军、全国各族人民，人人都是指挥员或战斗员，这就决定了这场战争的不绝力量源泉和最终彻底胜利。非洲猪瘟的防控也要动员产业链上中下游所有从业人员，集中人力、汇集民智、整合资源、合力抗疫，同时要切实做好疫情补偿足额到位、生物安全升级改造补贴、疫病防控技术培训等基础性工作。

对于非洲猪瘟净化这个看似"远大"的目标，我们不缺资金、技术和人才，缺的是国家意志、集体共识、行业自律、全民参与、立即行动。千万不要让我们的后代笑话我们什么也不干！如果那样，我们将被贻笑千古！

专家点评

古人云："以铜为镜，可以正衣冠；以史为镜，可以知兴替；以人为镜，可以明得失"。我国的新冠肺炎疫情从2019年底暴发时的来势汹汹到目前的有效防控常态化，令全球瞩目、世人惊叹！防控过程中充分彰显了中国的制度优势和道路自信，成为人类成功防控重大烈性传染病的一面明镜，为养猪行业防控非洲猪瘟提供了借鉴和参考。

本文作者从六个方面凝练出我国打赢新冠肺炎疫情防控阻击战的关键举措和成功经验，只要我们养猪人认真借鉴"科学防治、分区分级、精准施策"的防控理念，少走弯路和险滩，缩短"摸着石头过河"的时间，拿出抗击新冠肺炎疫情的决心和信心、战略和战术、组织力和执行力，全行业群策群力、众志成城，一定能够在不远的将来实现非洲猪瘟有效防控和净化的目标！

（点评专家：吴家强）

第7篇　韩春光：防控非洲猪瘟的几点体会和对行业的见解

2019 年 10 月 19 日

▶ 作者介绍

韩春光

毕业于江苏农林职业技术学院，毕业后一直从事一线生猪养殖工作近 20 年，见证了中国现代化生猪养殖的崛起，并对数据化、流程化、标准化、规范化、智能化的生猪养殖有着深刻的理解，一直致力于帮助猪场实现成本最低化、经济效益最佳化。曾先后在国内各大养猪专业杂志发表文章 30 余篇。

一、非洲猪瘟首次出现的时间

官方报道非洲猪瘟疫情于 2018 年 8 月首次在沈阳发生。

二、各省份的疫情情况

基本全国各地都暴发了，尤其是养殖密集的地区更加严重，如河北、山东、江苏、安徽、河南、湖北、湖南、江西、广东、广西、四川等地，疫情还在持续蔓延中。

三、猪群的发病损失情况

养猪场基本没有能幸免的。大多数养猪集团发病的猪场数量占总猪场数量的 5 成以上，大的规模场生物安全缺口大，中小规模场、散户相对安全得多。

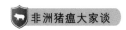

四、各公司的动态

目前各公司都在谈复养。很多公司在大量采购猪苗，如果年终财务报表没有出栏量将是对上市企业的致命打击，眼前非洲猪瘟已经关系到企业的生死存亡，想活下来真正要考验的是企业的资金储备和融资能力。

五、非洲猪瘟下的利欲熏心

发病地区猪场的猪价很低，猪贩子到发病地区运猪，加快了疫情的扩散。东北的发病猪及其猪肉产品竟然能运输到南方贩卖，都是利益在作祟。

六、"三神"趁机行骗、人心不古

实践是检验真理的唯一标准。无论是销售"神药""神疫苗"，还是打着服务养猪人的旗号以"神人"姿态趁机行骗的，事实证明，这种以敛财为目的的"三神"都是一丘之貉。

七、对养猪企业和从业者的看法

发生非洲猪瘟后，养猪板块的股票狂涨，与之相应的却是养殖企业的重度亏损。非洲猪瘟形势下，会有迅速崛起的企业，生猪产业可能会经历一次大的变革。很多同行已经改行了，包括有五六年丰富养猪经验的场长，目前很多企业的人才储备是严重不足的。

八、对复养的看法

复养的高利润大家都看到了，很多人已经加入了养猪大军，包括我这里。散户开始购买猪苗，集团公司开始布局复养，停滞不前的是私人的规模化猪场。散户好进好退，集团公司有资金优势，普通的规模化猪场此次复养走得最艰难，很多这类猪场已经出租给集团公司了。

九、对眼下中小型猪场非洲猪瘟猪群的看法

目前，只要猪群稳定，就可以正常生产。一旦检测出非洲猪瘟病毒阳性，就开始折腾猪、折腾人、"拔牙"，最后折腾来折腾去，清场的速度反倒加快了。

十、对母猪场和肥猪场分工养殖的看法

面对非洲猪瘟疫情，受威胁最大的是母猪繁殖场，因为它一年不停地在生产，而肥猪

场只需购买仔猪，饲养4～5个月这批猪就安全了。因此，疫情会促使分工更加明确，集团场会建设成两点式，对母猪场的生物安全水平提出更高的要求。

十一、对疫苗的看法

自家疫苗的安全性还有待考量，应谨慎使用。使用疫苗应有原则，确定是阳性的猪场猪群才可以使用，阴性场不可以使用。

十二、对未来猪价的看法

中国周边其他国家也在发生非洲猪瘟疫情，比如越南、韩国、菲律宾等国家，预计未来2～3年生猪价格都会高涨，**全世界的生猪价格都会不同程度地上涨，风险和利润是共存的，未来肯定会有大量资金进入养猪业。**

十三、一点心愿

希望有关部门能牵头组织相关专家、养猪集团负责人本着实事求是的态度，共同研究对策，使我国生猪养殖业尽快恢复。

第 8 篇　何启盖：要科学防控
非洲猪瘟

2019 年 10 月 20 日

▶ 作者介绍

何启盖

　　博士，教授，博士生导师。国家生猪产业技术体系疾病控制岗位科学家，农业农村部规模化养殖场疫病净化评估认证专家，国家生猪产业技术创新战略联盟副理事长，亚洲猪病学会理事。主要开展猪伪狂犬病、猪圆环病毒病、猪流行性腹泻、副猪嗜血杆菌病、传染性胸膜肺炎等疾病的病原分离、致病机理、新型疫苗、诊断制剂与综合防控措施研究。常年致力于国内外养猪企业的疾病防控与净化。

一、高度重视非洲猪瘟

　　该病为"百年一遇"的重大疫病，其神秘面纱尚待逐步揭示，因此，必须对该病高度重视，不可失去"斗志"。

二、科学防控

　　该病自然传播速度慢，而且传播途径为经口、鼻传播，如何避免"吃进去"是预防该病的首选措施。**"预防"永远是第一位。**精准清除不失为感染或发病后的一种选择，但会**"伤筋动骨"，损失难以避免。短期内不要奢望"神药"出现。注重饲料、车辆和人员的消毒是当前生物安全的三大关键环节。猪场一定要做到净道、污道分开。**

三、正确选择检测样品和检测方法

唾液样品用于早期发现，抗凝血用于疑似病例的确诊；核酸检测方法敏感性最高。

四、强化培训，提高待遇

加强培训，鼓励和奖励员工早发现、早报告疑似病例，赢得最佳清除传染源的时机。建立合理的薪酬体系，使员工体面的工作，增强"主人翁"意识。

第9篇　王爱勇：防控非洲猪瘟需要系统思维

2019 年 10 月 20 日

▶ 作者介绍

王爱勇

河南省驻马店农业学校教授，从事动物营养和养猪研究，曾任中国饲料工业协会信息中心资深专家，先后担任正大集团、三仪集团、温氏集团等多家企业技术顾问、技术总监。创立的"平衡养猪理论""100－1＝0 疾病防控理论""动态阻断""酒量理论"和"剔苗技术"，对于破解中国规模养殖效益瓶颈技术和解决困扰中国猪业的仔猪流行性腹泻、非洲猪瘟等难题具有指导意义。擅长"母子猪一体化营养战略及落地式方案"实施，被业界誉为"打造母猪乳沟教授"和"肥育猪饲料最优性价比践行者"。

一、非洲猪瘟防不胜防的原因

对于非洲猪瘟，为什么大部分企业防不胜防？ 通常是因为出现了逻辑错误。我们要从原点思维角度解决非洲猪瘟防控的问题。"原点思维"是指给人或事设定一个原点，时常回到原点进行思考、进行状态对照，纠正偏差，不断向目标前进。传染病的三大预防原则：控制传染源，切断传播途径，保护易感群体，即是非洲猪瘟防控的原点。

二、规模化健康养猪，筑牢生物安全防线

与传统养猪相比，规模化养猪必须面临一系列改变，包括密集而高效的工厂化饲养、品种和行为的改变、饲料营养的改变、饲料加工工艺和方式的改变、生产设备和环境的改

变、生产系统的改变以及管理经营心态的改变等。因此，规模化养猪业实际上是一项复杂的系统工程，非洲猪瘟的防控也必然是一项系统工程。就不是"消毒、消毒、再消毒，阻断、阻断、再阻断"这么简单。

非洲猪瘟死亡率高，无疫苗可用，无药物可治，但其传播速度较慢，主要依赖于接触传播。**"千里之堤，溃于蚁穴"**！接触传播依赖性疾病往往只要出现一头猪感染发病，就会大概率暴发。规模化养猪属于大群集中饲养，如何预防第一头猪发病至关重要，因而若生物安全有漏洞，猪群综合免疫力就异常关键了。保持猪群自身免疫平衡状态是保障猪群安全的基石，也是有效防控非洲猪瘟的根本。

三、防控非洲猪瘟需要系统思维

适宜的环境要平衡好温度和通风换气的关系、温度和湿度的关系、湿度和消毒剂型的关系，尤其是用于饮水、饲料和猪舍的消毒剂更应满足以下条件：对动物机体没有刺激性、对有益微生物具有保护性、对猪具有营养性、对非洲猪瘟病毒具有杀灭效果等。抗病营养就是提升非特异性免疫力营养，足量而平衡的维生素、微量元素、氨基酸，以及植物提取物、发酵中药、发酵饲料、微生态制剂、免疫因子添加剂等都有一定的效果。精细的饲养管理就是正常有序、标准化的管理，在非洲猪瘟常态化时期更有必要。停止防疫、停止配种、停止背膘测定等日常工作是不科学的。

总而言之，对非洲猪瘟防控来说，需要系统思维，需要多角度的综合举措，在做好生物安全防控的同时，更要做好适宜的环境控制、精准的抗病营养以及精细的饲养管理等工作。唯有如此，才能打赢非洲猪瘟阻击战。

第 10 篇 区伟波：凡病不治疗

2019 年 10 月 22 日

▶ 作者介绍

区伟波

广东天农湄潭日泉公司经理，曾在温氏集团、正邦集团、双胞胎集团、山西新大象养殖股份有限公司从事技术与经营管理工作，曾任技术负责人、技术总监、总经理等职位，长期在一线指导生产、管理，临床经验丰富。

　　非洲猪瘟属于传染性疾病，遵循"**传染源、传播途径、易感动物**"要素规律。主要传播途径为车流、人流、短距离空气（空气中带毒的浮尘）传播。预防非洲猪瘟应以切断与阻断病毒传播为指导思想，自觉协助维护好大环境。减少环境污染，控制人流、物流、车流等，入场入舍做好常规生物安全。另外，猪场必须要做好病毒入舍随时"拔牙"的准备。**实心墙、小单元、小栏舍等是阻隔与降低风险的有效做法。**

　　病毒入舍，人、猪、物的接触是传播途径的一部分。在规模化猪场，**猪舍机械风机隧道式通风也是重要的传播途径**，管道或地沟风机控制小单元独立通风（排风）则会降低大面积发病概率，能更好地控制因气溶胶引起的大面积感染。

　　我接触过很多案例，在能精确判断非洲猪瘟疫情前，都会在一周时间前有几头猪出现细菌性疾病的症状，初时几乎不传染，治疗马上好转，几天后又发病，这时就会出现传染现象。因此，在病猪排毒前的潜伏期进行"拔牙"处理是最好的，能及时切断病毒的复制与传播。然而，因为在非洲猪瘟疫情的判断上存在技术问题，为了更简单地防控非洲猪瘟，我前段时间提出"**凡病不治疗**"的建议。让养猪变得更简单，更实用。

　　通过管理解决技术问题，**管理是技术的载体！**

　　要做到**"凡病不治疗"**，应将猪群的常规疫苗接种做好，给猪吃好（以符合猪的生理需求为标准，保障蛋白质、氨基酸、粗纤维、维生素等营养合理、平衡），让猪住好（保障适宜的温度、湿度、空气质量），管理应到位。

第11篇 余旭平：非洲猪瘟精准清除与新冠肺炎国内防控方案的对比

2020 年 4 月 2 日

▶ 作者介绍

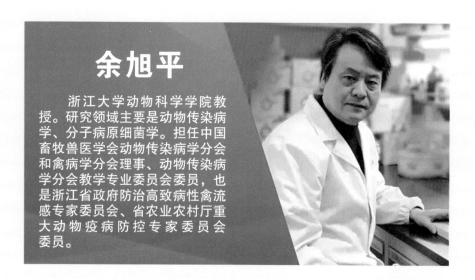

余旭平

浙江大学动物科学学院教授。研究领域主要是动物传染病学、分子病原细菌学。担任中国畜牧兽医学会动物传染病学分会和禽病学分会理事、动物传染病学分会教学专业委员会委员，也是浙江省政府防治高致病性禽流感专家委员会、省农业农村厅重大动物疫病防控专家委员会委员。

▶ 引言

经过艰苦努力，我国新冠肺炎疫情防控形势发生积极向好变化，取得了阶段性重要成果，初步实现了稳定局势、扭转局面的目标，这无疑是防控有道的体现。而近期非洲猪瘟疫情却呈现"回头看"趋势，养猪人如何一鼓作气，咬紧牙关，坚持到底，扛得住，守得住？余旭平教授分享的《非洲猪瘟精准清除与新冠肺炎国内防控方案的对比》，深度剖析传染病防控，尤其是非洲猪瘟精准清除技术。

2018 年中我国报告了首例非洲猪瘟疫情，2019 年末武汉暴发了新型冠状病毒肺炎（简称新冠肺炎）。前者是动物烈性传染病，给养猪业造成了巨大的经济损失；后者是新发人类传染病，对人类健康和生命构成了巨大威胁。非洲猪瘟疫情的防控由兽医相关部门参与和组织实施，新冠肺炎则举全民力量实施防控。

传染病的防控始终围绕着疫病传播的三个基本环节，即控制传染源、切断传播途径和降低易感动物易感性（提高易感动物的免疫力）。本文对二者的防控方案进行对比，可能有助于我们进一步提升对动物传染病防控的认识。

一、新冠肺炎与非洲猪瘟，风马牛不相及的两种病

非洲猪瘟尽管是 2018 年 8 月首次在我国报告暴发，但这个病已经有近 100 年的历史了。新冠肺炎是一种新发的人类传染病。

非洲猪瘟病毒是 DNA 病毒，耐受性极强，仅感染猪；而 2019 新型冠状病毒（以下简称新冠病毒）是 RNA 病毒，冠状病毒科成员，耐受性并不强。非洲猪瘟为接触性传播疾病，人类活动在该病的传播中扮演重要角色。易感猪主要经口摄入病毒，经扁桃体感染，也有少部分经鼻腔或经昆虫叮咬传播。而新冠肺炎主要通过飞沫（气溶胶）经呼吸道传播，也可能有一定比例经眼、鼻等黏膜，或经消化道等其他途径传播。

如果说这两种病有什么相似性，可能是它们的潜伏期都相对较长。新冠肺炎的潜伏期为 1~14d，通常为 3~7d（个别报道说可达 24d 或更久）；非洲猪瘟潜伏期稍长，3~21d，一般以 7~15d 为主。

非洲猪瘟病死率极高，可达 90% 以上，甚至接近 100%。非洲猪瘟耐过猪不多，但这些猪应该会在一段时间内带毒排毒（这是传染病的普遍规律，只是不同传染病带毒排毒比例和时间长短会不同），具体带毒情况、时间长短有待进一步研究。然而，非洲猪瘟病猪潜伏期排毒量极少（病毒主要在扁桃体），且非洲猪瘟病毒感染又需要一定的剂量，因此潜伏期基本不会构成大的传播威胁。

新冠肺炎总体病死率不高（尽管重症病死率较高）。新冠肺炎存在较严重的潜伏期排毒问题，而且许多病例 CT 检查指向新冠肺炎疑似，而核酸检测结果长时间（甚至始终）呈阴性。此外，按两次检测阴性等出院标准出院的康复者还可能复发，或者再次检测出高比例核酸阳性，推测新冠肺炎临床"康复者"可能会存在偏长的带毒排毒时间（仍然是传染源）。更为严重的是，新冠病毒感染者中有一定比例呈隐性，是新冠肺炎重要且隐形的传染源。

这两种病有一个最大的共同特点：那就是这两种病都尚无疫苗，都需要采用经典的传染病学理念进行隔离防控。

我们为什么要对这两种风马牛不相及的病进行防控比较呢？这是因为：

（1）这两种病都是传染病，而且它们都是目前相应领域中最重要的传染病。

（2）这两种传染病都尚无疫苗，都只能采用经典的传染病学理念进行隔离防控。

（3）新冠肺炎"战疫"打响后，防控除遵循早发现、早诊断、早隔离、早治疗原则，"应收尽收"集中隔离治疗外，还进行了人群流动控制，即尽可能地把传染源和易感人群"按住"原地不动（类似军事上的"原地卧倒"），以尽量减少疫病的传播和扩散风险。感染个体经过一个潜伏期后暴发出来，然后把病人收治（也及时控制了传染源），把密切接

触者隔离医学观察。这样的操作与非洲猪瘟防控的精准清除（民间俗称"拔牙"）非常相似。一定意义上讲，这可以理解为新冠肺炎的"拔牙"：即"原地卧倒"，把所有潜伏（包括隐性带毒的传染源）和发病点（个体）逐一拔除，最后战胜疫病。

从两个病的特征对比看，非洲猪瘟相对"直来直去"，而新冠肺炎有点"扭扭捏捏"。因此，相比于新冠肺炎，非洲猪瘟的防控原则上应该相对容易。

二、"原地卧倒"在传染病防控中的至关重要性

当某种新的传染病袭来，我们通常会手足无措，我们不知道谁感染了、谁具有传染性、谁是传染源，因此按照经典的传染病学防控理念进行隔离防控一定是最合理的举动、最好的策略。经典隔离防控理念就是将所有动物（人群）进行"孤岛化"管理，"原地不动"，因为传染病就是在动物与动物、人群与人群之间的活动交流中，通过空气、接触（直接和间接接触）或食物、饮水污染等传播的。只要在传染源与易感动物间建立起一道有形或无形的屏障，让传染源与易感动物"见不着面"（没有任何关联），传染自然会被阻止，传染病自然会消亡。

精准清除（"拔牙"）成功的核心是阻止传播，"原地卧倒"是其中的重要策略（当然还需配合早期检出、定点清除、消毒等多项技术措施）。非洲猪瘟病毒入侵猪场并在场内传播，主要是由于人类的生产活动引起的，因此精准清除操作的第一要务是将人员活动限制在尽量小的区域范围内，不串岗、不交叉、不来往，并禁止开展除了为猪保命（即只提供基本的饲料、饮水和环境控制）以外的任何活动。我们把这种操作状态俗称"原地卧倒"。

除夕前一天武汉封城，目的就是控制武汉市的人员外出，控制传染源扩散，同时也控制武汉之外人员向武汉的输入（当然这些输入易感人群中的一部分会因为感染而成为传染源，若不加控制，一段时间后则会向外输出）。

可能正好是春节放假期间，在武汉封城的同时，国家提出了居家隔离14d的倡议，要求大家少出门，不聚集、聚会、聚餐，不走村串乡拜亲访友等。这也就是"原地卧倒"，是一种"孤岛化"隔离防控传染病的思维和操作。

武汉封城，加上人员居家隔离（不出门），控制的主要是传染源和易感人群；非洲猪瘟精准清除的"原地卧倒"控制的也是人，但这些人是传播媒介，当然猪场通过控制人的生产活动——"原地卧倒"也控制了传染源的移动及其与易感动物的接触机会。由此可见，"原地卧倒"从传染病防控的三个基本环节均进行了有效介入，把传染源与易感动物（人群）进行了有效隔离。

只要隔离措施到位，不发生任何进一步的传播（理想化的状态下），等待一个潜伏期，该发病的也就都表现出来了，一个最长潜伏期后新增病例一定归零，因此，不管是新冠肺炎还是非洲猪瘟，任何传染病都能得到控制。

三、防控措施的落实到位和精细化管理是防控成功的关键

随着疫情的暴发和形势的进一步严峻，一些地区（如浙江、广东等）迅速加强了人员

移动管控，启动了小区封闭管理等操作，这是"原地卧倒"操作的进一步落实和细化。

"内防扩散、外防输入"是新冠肺炎的防控口号。"内防扩散"是控制每一个城市、每一个区域内的疫情扩散，是内源性交叉污染和扩散的防控，是核心。"外防输入"是防控外源性输入，犹如非洲猪瘟生物安全防控的"挡住外面"口号。相对地，对于湖北武汉等内源性疫情较重的区域，"外防输入"可以不作为重点。这有点类似非洲猪瘟"拔牙"相持阶段，一定会以解决内源性扩散问题为主，会适当对"挡住外面"的执行力度（特别是因应急需要输入"拔牙"人员和物资时）较正常猪场适当降低。

"内防扩散"是防控核心，因此，武汉在封城的同时应配套开展社区/小区封闭管理、传染源控制等工作。武汉是一个人口超过1 000万的超大城市，仅仅把武汉作为一个整体封锁起来是不管用的，必须对内部进行进一步细化网格化管理，真正达到"孤岛化"，才能阻止疫病的进一步传播。

同样地，对于非洲猪瘟的精准清除防控，我们仅仅把一个猪场封起来而没有进行进一步的精细化管理和"拔牙"操作，或仅仅简单地把死猪拖出去也是不行的。若这样处理，这个场一定会不断有猪感染发病，拖到最后一定会导致几乎所有的猪都感染发病和死亡，这不是精准清除。

精准清除的成功在于把"拔牙"的规定动作做到位、做精细，这些动作包括：

1."原地卧倒"必须彻底到位。若人员要移动（如进舍采样、定点清除阳性和关联个体等），必须保证鞋子是绝对干净的（更换雨鞋，氢氧化钠溶液消毒盆中站立浸泡，用长板刷彻底刷洗等），保证手是绝对干净的（戴手套，并用氢氧化钠溶液清洗），保证衣裤是安全的（穿防护服，并用消毒毛巾进行全方位彻底拍打，或有条件的进行彻底风淋，将污染的浮尘吹走或拍除，黏着衣物上的即使带入猪舍也绝不会掉下来），甚至还需要戴头套、帽子、口罩等进行防护。此外，人员（包括车辆等）移动必须走在经氢氧化钠溶液反复喷洒湿润的红地毯上，保证行动过程的绝对干净和安全。

2.送料、送餐采用"摆渡"方式。在一些老场，猪场自配饲料，饲养员拉料喂料。这样的猪场"拔牙"期间必须改变传统的饲料运送模式：第一，首先需要进行认真分区，划好红线，保证饲料加工车间和饲料的绝对安全；第二，考虑到大环境和道路污染，在保证车辆车厢内绝对干净、安全的前提下，将饲料从饲料加工车间由专人专车"摆渡"运送到每一栋猪舍。同样道理，将"原地卧倒"员工的餐食以同样的"摆渡"方式运送到每一栋猪舍门口。

3.及时检出阳性病猪。通过采集唾液、扁桃体黏液、鼻腔拭子等样本，尽早检出早期感染个体（阳性携带者）。与此相配套，需要特别关注选择好的采样工具和样品保护、保存、储运方法，选择高效、灵敏的核酸抽提试剂盒和敏感、特异的荧光定量PCR检测试剂盒等，甚至还需要关注荧光定量PCR仪的质量，只有拥有好的"拔牙"工具，才能保证"拔牙"的成功。

4.清除操作时，采用红地毯、彩条布、密封篮筐、铲车等工具，尽量不让猪蹄落地，使病原少散落、扩散；清除操作之后要消毒到位，不留死角，尽可能减少病毒。

只有把每一个环节做好做到位，才有可能经过一个最长潜伏期把新发病例归零，才能达成精细检测清除。

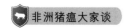

四、控制传染源是疫情暴发初期最有效、最经济的方法

非洲猪瘟刚传入猪场时，即使传入再凶猛、再严重，被感染动物（随后排毒成为传染源）的比例也不一定会很高，及时检出这些感染动物就可以明确传入和污染的范围，及时定点清除可以消灭传染源，最后控制疫情。

新冠肺炎的这一阶段防控也是以控制传染源最为便捷、容易和经济。然而，湖北武汉疫情防控初期经验不足，防控意识没有完全到位，没有及时控制所有的传染源。这其中可能有医疗资源不足的原因，也可能有医学上通常以个体治疗为导向的惯性思维的缘故。

对于传染病来说轻症还是重症，只要向外排出病原微生物、具有传染性的都是同等重要的传染源。传染病防控的首要任务一定是控制传染源，控制传播。

相比较于人医注重个体治疗，兽医需要对付的主要是传染病等群发性疾病（尤其是对于经济动物而言，必须考虑其经济性，群发性疾病防控才划算。当然，对于伴侣动物可以个体治疗为主），因此兽医对传染病的群体防控意识通常会更强一点。当然，兽医有一个人医不具有的优势，那就是可以扑杀传染源，甚至可以误杀、不惜代价扑杀疫点或疫区范围内的易感动物，以避免万一其中某一个体感染而成为传染源。

在防控非洲猪瘟时，一些猪场为了保证外出返场人员的安全，早就征用了宾馆旅店进行隔离。可见征用临时空间、启动人员出行管理等，一定程度上不是资源充足或缺乏的问题，而更可能是防控意识的问题。

五、可靠准确的检测技术对传染病控制的重要性

非洲猪瘟精准清除成功的关键在于可靠准确的检测技术。即，在强有力的流行病学分析的指引下，进行及时、准确地采样，通过荧光定量PCR精准、及时检出发病（传染源）和早期感染动物（潜在的传染源），及时清除。

检测的可靠性和准确性有赖于每一个环节、每一步操作的一丝不苟，这包括可靠的样品采集技术（如唾液采集技术、扁桃体表面黏液采集技术、尾部采血技术等），确实、可靠的样品保存和保护技术，高效、灵敏的核酸提取试剂盒，以及灵敏、特异的荧光定量PCR检测试剂盒。只有这样，通过可靠、准确的检测进行早期预警（第一时间发现和检出阳性病例和感染者），通过流行病学分析指导下的精准采样（及时甚至提前采样）检测出感染动物，通过可靠、准确的检测确认传染源和潜在的传染源，及时精准清除，才有可能最终消灭传染源，达到净化猪场的目的。

针对新冠肺炎病毒，科技工作者第一时间研发出了荧光定量PCR检测试剂盒，但可能由于新冠肺炎这个疾病的特殊性（痰液黏稠、排毒不稳定等），也可能是采样操作技术不到位，或者是试剂盒还存在技术或质量问题，新冠肺炎病毒的检测出现了发病前期检出率偏低、阳性检出不稳定、按"标准"出院的病人高比例再次检出阳性等问题。

新冠肺炎的检测瓶颈严重限制了疾病的及时确诊和收治，结果一些假阴性患者（即隐

形的传染源）可能因为没有被识别和及时有效隔离，引起疫病的传播和扩散。同样，新冠肺炎核酸检测的特殊状况还可能让假阴性的"康复者"释放到社会，他们同样可能是隐形传染源，也同样会引起传播扩散的问题。

尽管非洲猪瘟的检测目前也存在着猪场"赶鸭子上架"、技术人员缺乏等问题，存在试剂盒多种多样并可能有质量参差不齐的问题，存在样品采集或保存不规范、可能有交叉污染的问题，以及存在猪场实验室布局不规范、交叉污染不可避免等问题。

积极主动采样、尽早检出是非洲猪瘟精准清除的一个努力方向，但对于新冠肺炎防控不容易做到。从新冠肺炎现有防控效果可以看出，这其实并不完全影响最终的控制效果和结局，至多可能会影响解决所需的时间。

六、流行病学分析有利于追踪传染源头，将有限的防控资源用于刀刃上

传染病的控制，流行病学分析至关重要。对于非洲猪瘟精准清除，通过流行病学的关联性分析，尽可能地找出传染源头（即尽量找出 0 号病例，或那一批感染动物及其所在区域），分析出因随后的生产活动而可能导致的疫情扩散范围。流行病学分析有助于研判猪场疫情的进一步发展趋势，提前规划重点防控区域，把有限的防控资源用到刀刃上。流行病学分析还有助于有的放矢地开展重点监测工作，及时甚至提前检出已感染动物（潜在的传染源），进行定点清除。因此，流行病学分析对于防控资源和检测能力有限的一些规模猪场，优势更为突出。

对于新冠肺炎，流行病学分析同样重要。流行病学分析可以找出传染源，关联传播关系，将紧密接触者进行控制隔离，避免进一步的传播和扩散。流行病学分析还有可能分析出潜在的隐性带毒排毒者，将隐形传染源找出来，加以控制（传播伤寒的"超级玛丽"就是经典的历史案例）。

新冠肺炎疫情期间，定位技术与大数据分析等现代高科技技术的介入，将素不相识的传染源与易感人群之间的短暂"接触"而偶然引起的传播进行流行病学关联，助力于实现更加精准的分析与控制，值得借鉴。

七、最后几个问题

1. 消毒是否管用？ 2003 年 SARS 暴发期间采取了广泛的公共空间（如公交车、地铁车厢、出租车、宾馆电梯等）消毒，而且进行了广泛的宣传。与 2003 年 SARS 期间的操作略有不同，这次新冠肺炎疫情前期并没有强调开展公共空间的消毒工作和宣传，只是到了中期发现可能存在呼吸道之外的传播方式之后，才开始大范围地进行公共空间环境消杀。

非洲猪瘟暴发以来，许多兽药企业开足马力生产，甚至新上马生产消毒药，猪场也采购了大量的多种多样的消毒药和消毒设备，进行了大面积的喷洒、气雾、熏蒸消毒等。但是，消毒管用吗？其实，消毒不是没有作用，而是不能将消毒等同于非洲猪瘟

的生物安全防控。因为消毒不容易做到彻底，特别是这么大面积的猪场内，污染不知道在哪里？而没有重点的广泛消毒难免会有遗漏的地方，因此，生物安全必须是以物理硬隔离（划红线）方式为主，用消毒这根"救命稻草"替代物理硬隔离的思维方式非常不可取。

2. 易感动物（人群）的保护与"神药"。可能也是惯性思维，当一个传染病袭来的时候，我们本能地会问：有没有药？有没有疫苗？遗憾的是，目前非洲猪瘟与新冠肺炎这两种疫病既没有可靠的治疗药物，也没有有效的疫苗。

非洲猪瘟防控期间，出现了大量的虚假广告和"神药"，如今珠多糖、单月桂酸甘油酯、恩诺沙星等化学药物，或打着中兽药名义的各种"神药"（如"囊膜完""战菲""可达菲""猪自清"）等，还出现了"2 mL核心技术"等非法疫苗。

新冠肺炎期间也出现了很多"神药"，包括满天飞的从美国、加拿大、新西兰、泰国等舶来的各种"神药"消息，瑞德西韦就属于其中一种，试验才刚开始，就谣传具有96%的治愈率（有可能它确实有效，只是不该谣言满天飞）。

非洲猪瘟防控期间"神药"的大行其道，新冠肺炎期间人们对有效药物的渴望，可能是人类本能的驱使结果，毕竟病急了都会乱投医，心中总是期望万一出现有效的奇迹。

其实，保护易感动物（人群）最好的方法是"挡住外面的"物理性隔离的思维方式和操作。对于非洲猪瘟防控，应划好红线，把猪养在绝对安全的净区，让猪遇不到非洲猪瘟病毒。对于新冠肺炎，广大群众尽量少出门、少聚集，需要出门时人人戴好口罩，可能的话同时戴好手套，回家洗脸、洗手等；对于医护人员，除戴口罩手套之外还应穿防护服、戴护目镜等。

3. 隔离的含义。同样是隔离措施，在传染病防控中有两种不同的含义：

（1）易感动物或易感人群与传染源有过"接触"，可能存在被病原感染的风险时，需要对这些"紧密接触者"进行隔离观察。这个隔离观察的时间是该传染病的一个最长潜伏期（新冠肺炎约14d，非洲猪瘟21d）。这种隔离观察其实有一个更专业的名称：Quarantine，检疫。

（2）易感动物（人群）被感染了，可能发病（显性传染），也可能不发病（隐性传染）。经过一段时间的潜伏，该动物（该病人）不管是否有症状，也不管是否是发病后经过治疗已临床康复，但只要这个个体向外排毒，具有传染性，它（他）就是传染源。为了控制传染源传播疫病，我们采取隔离措施（如果不能扑杀），需要隔离的时间是整个传染期（会排毒的时期）。对于新冠肺炎，应该包括一部分潜伏期、整个发病期，还可能包括临床康复后的很长一段时间。对于非洲猪瘟，主要是发病期和临床康复后的很长一段时间，估计潜伏期的传染作用有限。

因此，这两种隔离的真实含义、作用和隔离时间长短是不一样的。

4. 为什么SARS期间北京只建了一个小汤山医院就解决了，而并不需要实施封路、大规模小区封闭管理等更严厉的封城措施？而这一次面对新冠肺炎疫情，武汉建了火神山、雷神山两家更大的医院，依然不能满足疫情防控需要？

这是因为SARS的传播能力弱，当初北京的SARS感染病例较少，小汤山医院可以收治所有的感染患者。而这次新冠病毒的传播能力强，防控前期综合措施不到位，未能很好地控制传染源，致使被传染的病人数量初期呈现暴发式增长，火神山、雷神山医院最多也只够应付重症患者，因此需要再建方舱医院，需要临时征用饭店、学校等作为轻症患者和可疑病人（传染源或疑似传染源）的隔离和治疗点，以有效控制传染源。

　　兽医针对烈性传染病防控可以采取扑杀传染源和流行病学关联易感动物的措施，这是兽医的优势，由此感觉，动物传染病防控似乎不会碰到上述类似的医院人满为患的问题。其实不然，我们在一次非洲猪瘟精准清除时，就碰到了应该及时全群扑杀产房内母猪和仔猪，因为没有挖好坑，冷库又满了，而造成战机被延误的问题。

　　控制传染病的时机很重要，传染病学强调"早、快、严、小"原则。延误时机，大量感染动物（人群）无法得到有效控制（收治），传染源依然在活动没有隔离（或没有扑杀），风险可想而知。因此，不管是人类传染病还是动物传染病，都应该充分考虑最坏的可能性，未雨绸缪，提前做好应急预案，准备好充足的物资储备，才能保证疫情扑灭的及时有效和快速成功。

专家点评●

　　乍一看，新冠肺炎与非洲猪瘟似乎有点风马牛不相及，但这两种疫病有一些共同特点：尚无特效药和商品化疫苗，都能通过接触传播，防控需要采用经典的隔离理念，而且非洲猪瘟防控的精准清除（"拔牙"）与新冠肺炎"战疫"过程中采取的人员流动控制、病人"应收尽收、应治尽治、集中隔离、集中治疗"，具有相似性。

　　传染病防控主要是围绕控制传染源、切断传播途径和降低动物（人群）易感性三个基本环节展开的。余旭平老师从防控传染病的"孤岛化"隔离理念、防控措施的细化和落实、控制传染源的重要性、准确可靠检测技术的必要性、流行病学调查的意义等几个方面进行了比较分析，还就消毒的作用与局限性、疫情暴发时人们对"神药"的追求、两种隔离类型的不同含义、医疗资源挤兑对防控的影响进行了阐述，同时还总结了非洲猪瘟精准清除的操作要点。

　　余旭平老师对两种疫病的防控策略和方案进行对比，有助于我们进一步提升传染病防控认识，更好地开展非洲猪瘟防控，特别是非洲猪瘟的精准清除。

（点评专家：仇华吉）

第 12 篇　白挨泉：临床兽医专家对
非洲猪瘟的再认识

2020 年 3 月 28 日

▶ 作者介绍

白挨泉

佛山科学技术学院动物医学系教授，硕士生导师，中国兽医协会动物诊疗分会副会长、猪病组组长，广东省生猪产业体系岗位专家，广东省养猪行业协会专家委员，广东省猪病委员会副主任委员。主要研究方向为猪病的分子生物学诊断及猪场疾病的综合防控，主编猪病著作 3 部，发表论文近百篇，业余时间在内地及香港地区多个养猪公司从事养猪生产技术指导工作。

▶ 引言

据农业农村部公开信息可知，2020 年湖北省、四川省、河南省等发生非洲猪瘟，疫情的发生既有野猪又有家猪，既有外省违法调运猪又有本地生猪养殖场的猪，这也警示我们非洲猪瘟并不是过去时，它仍是进行时。白挨泉分享的《临床兽医专家对非洲猪瘟的再认识》，采用问答形式，深度阐述了对非洲猪瘟的新认识，具有参考价值。的确，非洲猪瘟疫情防控仍是生猪行业最重要的工作，我们应不麻痹、不厌战、不松劲。

非洲猪瘟是由非洲猪瘟病毒引起的一种高度接触性、广泛出血性烈性传染病，强毒株感染的致死率可达 80％以上。世界动物卫生组织（OIE）将其列为法定报告动物疫病，我国将其列为一类动物疫病，是我国重点防范的外来动物疫病之一。全世界均无商业化疫苗，只能依靠生物安全、监测、扑杀等措施！

非洲猪瘟于 1921 年首次发生在非洲的肯尼亚地区，2018 年 8 月我国首次公布在沈阳市一养殖户发生非洲猪瘟疫情，到目前为止该病已扩散到全国各地，非洲猪瘟对我国养猪业的危害超出我们的想象。在这之前国内养猪人对非洲猪瘟的认识仅仅来源于文献资料，刚发病时整个行业一片恐慌，面对新的疫情所有人没有一点经验。各个问题都考虑，"芝麻西瓜一起抓"，结果很多猪场败得很惨。经过这一年多的时间，我们已经和非洲猪瘟面对面的碰撞多次，走过由陌生到熟悉再到战胜非洲猪瘟的过程，目前很多猪场已经取得初步的成功。以下就从一个临床兽医专家的角度谈谈对非洲猪瘟的新认知。

一、非洲猪瘟病毒是不是难以杀灭？

非洲猪瘟病毒是非洲猪瘟病毒科的唯一成员，有双层囊膜结构的线性双链 DNA 病毒，对外界环境的抵抗力非常强，特别对温度、pH 和腐败的抵抗力很强。在 60℃下可存活 20min，56℃可存活 70min；37℃条件下，血液中的非洲猪瘟病毒能存活 1 个月；−70℃冷冻条件下，血液中的病毒能存活 18 个月，脾脏组织中非洲猪瘟病毒感染力 2 年内不受影响；4℃保存的带骨肉中至少存活 5 个月；在未经烧煮或高温烟熏的火腿或香肠中能存活 3～6 个月；冷冻猪肉中能存活 15 周；半熟肉及泔水中也能长时间存活；在室温下的粪便、尿液和物体表面（桌子、墙面）中可存活 11d；在尸体中长达 1 年。血清等有机质可以增强病毒的抵抗力，在有血清时病毒可耐受 pH 3.9～13.4。特别要注意，猪场存在的病毒都是在有机质包裹下的病毒，杀灭难度比在实验室中大。

在病毒中，非洲猪瘟病毒是抵抗力最强的一种病毒，但比起细菌的芽孢抵抗力要弱很多，只要细致努力，经过反复多次的消毒，非洲猪瘟病毒是可以被杀灭的。在杀灭非洲猪瘟病毒的过程中，要根据消毒的环境、消毒的对象等具体情况，选用物理的、化学的及生物学的方法，组成"消毒组合"，保证消毒效果。

多种消毒剂和物理消毒法能有效灭活非洲猪瘟病毒，如次氯酸钠、二氧化氯、戊二醛、过硫酸氢钾复合盐、过氧乙酸、臭氧等化学消毒剂，以及高温、火焰等物理消毒法。空栏猪舍、场地等可用 2%～3%氢氧化钠溶液或 3%邻苯基酚溶液。消毒时可采用泡沫消毒法、密闭舍内气体或气雾消毒等方法。

二、非洲猪瘟可否净化？非洲猪瘟传播速度到底快不快？

非洲猪瘟于 1957 年在葡萄牙被发现，首次进入欧洲，导致 100%的死亡率。此后西班牙、法国、意大利（除撒丁岛外）、马耳他、比利时和荷兰均有发生，目前上述欧洲国家均根除了非洲猪瘟。2007 年非洲猪瘟进入格鲁吉亚；在 2007 年 12 月进入俄罗斯，在 2009—2010 年期间，非洲猪瘟停留在俄罗斯的南部地区，形成了第一个疾病流行区；2011 年非洲猪瘟进一步扩散到了俄罗斯北部地区形成第二个疾病流行区；在 2017 年 6 月捷克和罗马尼亚也确认了家猪群感染非洲猪瘟病毒，这是在东欧开始流行后 10 多年的传播过程。

从非洲猪瘟在欧洲的流行情况来看，本病的传播速度并不快，而且是可以净化根除的疫病。但在我国的传播速度却非常快，为什么？流行病学调查表明，我国非洲猪瘟的主要传播途径：第一阶段是由于使用餐厨废弃物饲喂猪导致猪场发病。第二阶段主要是由于生猪及相关肉制品的调运造成社会环境的大污染，再通过车辆、人员以及其他传播媒介机械性带毒传播，导致非洲猪瘟在我国快速流行。因此，非洲猪瘟在我国的快速传播是借助了媒介物（如交通工具）加快传播速度的。

三、非洲猪瘟为何是传播不快的传染病？认知本病传播特点对防控非洲猪瘟有何帮助？

非洲猪瘟是高度接触性传播的猪的烈性传染病，主要传播方式有：①通过与病猪的直接接触传播，如配种、分娩等；②通过带毒的软蜱叮咬传播，软蜱感染后成为储存宿主，病毒在其体内存活可长达数年，能通过卵及雌雄交配的方式将病毒传播给子代，导致非洲猪瘟病毒在软蜱中持续循环；③通过带毒的粪便、血液、尿液、唾液等，被病毒污染的饲料、饮水、用具、衣物、鞋、运输工具等媒介物，以及苍蝇、鼠等间接生物媒介传播。猪经口或皮肤黏膜伤口感染；④通过气溶胶短距离传播。病毒通过各种链条（自然宿主或传播媒介机械性携带）导致非洲猪瘟病毒由猪场外部到达猪场内部，易感动物经口、鼻子、皮肤黏膜伤口等感染。污染的水非常容易感染猪，其感染剂量仅为通过饲料感染的万分之一，加强水的处理和消毒非常重要。

经过一年多的临床试验，许多猪场通过定点清除，在10～30d内清除了病毒，达到场内净化，成为阴性场。我们知道目前养猪场很多是高密度密闭式饲养模式，如果传播途径像新冠肺炎一样，主要通过气溶胶传播，那么定点清除净化猪场的方案必然是失败的。通过这些成功案例，我们可以认知本病是高度接触性传染病，传播速度不快。

利用本病传播慢的特点，第一时间发现感染猪并早期扑杀同群猪对定点清除、重新培育阴性猪群非常重要。早发现感染动物，划分疫点，扑杀并无害化处理传染源（早、快），封锁疫点（严、小），对疫点进行严格的消毒、杀蜱。根据本病的传播特点，严格管理人员、物品、工具及车辆等的流动，切断传播途径，达到阻断内部交叉污染的目的。不要恐慌，按部就班，抓住工作重点，把各项生物安全落实到位，就可取得定点清除的胜利。

四、目前流行的非洲猪瘟临床表现有何变化？

非洲猪瘟在我国流行已经一年多的时间，伴随着认知的加深和早期识别、更早的临床措施的介入，我们不断发现非洲猪瘟新的临床特征。

非洲猪瘟的潜伏期一般为5～19d，最长可达21d。被蜱叮咬后不超过5～7d可出现典型症状。早期发病猪场主要表现为怀孕母猪厌食、呕吐、便血，皮肤发红、发绀，发病急、病死率高。目前临床表现症状不典型病猪仅表现不吃、发热现象，呕吐、便血等症状较少见，病理变化也不明显，不像流行初期剖检可见脾脏肿大5～10倍。这使得本病和其他传染病在临床上难以区别，造成一线兽医早期发现有困难，加大了本病防控的难度。为何出现这种临床表现的变化，有待进一步的研究。

当非洲猪瘟病毒进入养殖场，并感染猪后，首先在感染局部（如扁桃体）定位增殖，这时并不具有传染性。当病毒繁殖到一定量后，侵入血液并到达肺等部位大量增殖，这时猪可通过排泄器官排毒，传染性逐渐增强。病猪开始表现高热、厌食、皮肤发红、出血、不愿运动。Claire Guinat 等研究发现，同群猪之间自然接触感染猪的潜伏期 7～10d，平均 9.9d，比人工肌内注射感染猪的潜伏期长 3～6d（平均 4.4d）。因此，有足够的时间来检测发现潜伏阶段的猪，这就为早诊断及定点清除的成功提供了理论基础。从病原检出部位来看，最早可检出的是扁桃体，然后是口、鼻拭子，其次是肛门拭子，最后是血液。病毒从扁桃体进入血液，猪就开始具有了传染性。因此，最理想的检测样本是扁桃体，其次是口、鼻拭子，但考虑到采样的方便性，临床用得最多的是口、鼻拭子或唾液。

特别要提示的是，对于疑似猪，严禁在猪场内部剖检，避免病毒污染，导致疾病在本场扩散。

五、国内外疫苗研究结果如何？

非洲猪瘟病毒只有一种血清型，基因组庞大，编码 160 多种病毒蛋白，超过一半蛋白的功能未知。非洲猪瘟病毒具有复杂的免疫逃逸能力，不能及时诱导中和抗体的产生，同时还具有复杂的遗传多样性，免疫保护机制不清楚，导致疫苗研究难度很高。有效控制非洲猪瘟疫情扩散、研发安全有效的疫苗将是我国非洲猪瘟防控面临的最大挑战。

非洲猪瘟疫苗研制始于 20 世纪 60 年代，由于非洲猪瘟病毒生物学特性的复杂性，迄今未能研制出安全有效的疫苗。非洲猪瘟疫情发生后，中国农业科学院哈尔滨兽医研究所和军事医学科学院军事兽医研究所迅速开展了我国流行毒株双基因和单基因缺失候选疫苗的研究工作，但短时间内难以推出。基因缺失苗被认为是短期内最有希望开发成功的疫苗，具有同源保护作用，但面临许多挑战：①需构建病毒稳定培养的细胞系，而不是原代细胞；②生物安全要求高，需建设高水平的生产平台；③疫苗评价周期长，需要在仔猪、母猪、肥猪等做安全性评估，甚至其他动物是否感染也需要考虑；④要有配套的鉴别诊断方法。

六、如何取得防控非洲猪瘟的成功？

非洲猪瘟的防控主要依靠全体员工共同参与，在目前没有疫苗和药物的情况下，非洲猪瘟的防控主要是消灭传染源、切断传播途径和提升易感动物的自身抵抗力。利用本病病原及流行病学的特点，制订出科学并可操作性的生物安全措施是预防或定点清除非洲猪瘟的关键措施。

（1）公司成立防非复产小组，一把手任组长，由有责任心的兽医技术人员亲自负责生物安全制度的制定、执行和监督。定期举行全场员工培训，普及非洲猪瘟的生物安全制度及该病的危害性，加大宣传，提高全体员工的积极性和主动性，严格执行公司制订的生物安全方案。

（2）目前风险最大的疫源地有屠宰厂、饲料厂、农贸市场、猪场、兽医站、洗车店，以及疫区的道路、河流等，应密切关注。严格管理来源于风险点的人、物、车等。

（3）制订可执行的生物安全措施阻止病毒入侵，加强内部管理以阻断内部交叉污染。

生物安全的核心是人、车、物、水、虫、检六个重点。制订生物安全措施的关键是抓住重点，阻断人员、车辆、物品、虫媒、水等关键媒介的传播，不要采用"芝麻西瓜一把抓"的办法，面面俱到的方案不利于一线人员执行落地，结果反而适得其反。特别要注意的是，在传统的养殖习惯下，很多猪场往往对消毒工作很重视，而忽视了杀虫工作。

（4）在一线工作中难以阻断内部交叉污染是目前猪场防控的短板，要引起管理者的重视。阻断内部交叉污染，第一，应完善基础设施的升级改造工作，可从硬件着手，如改造定位栏，使用单独料槽，严格执行一猪一料槽一水嘴。第二，猪场内部使用的所有工具必须严格执行每栋猪舍独立使用，不能交叉。一些和猪接触比较频繁的工具可以多配备几套，每五头母猪或每栏生长猪使用一套。第三，实行定人定岗生产，责任到人，各司其职，用不同的衣服颜色区分不同区域的员工，禁止串栏、串岗。人员进出猪舍时必须更换鞋、帽、大褂并洗手消毒。第四，饲养管理模式采用批次化管理，做到同期配种，全进全出，多点饲养，同时免疫。免疫过程中必须做到一头猪一个针头，一栏猪更换一次手套，不要追求速度，要注意避免交叉污染。第五，猪群转栏过程是一个感染高风险过程，必须做好防范。可采用以下两种方式转栏，第一种方式：采用车辆（机动车或手推车）转栏，所有猪在转栏过程中不接触地面；第二种方式：提前做好道路的消毒杀虫工作，地面铺好消毒过的地毯，制造出一个临时的赶猪通道，猪嘴戴上防护口套再转栏，目的是使猪的嘴和鼻不要接触地面。

（5）建立独立的实验室，培训检验人员的检验技术，提高检验的准确率（现在临床上假阳性和假阴性的现象很常见）。每天对异常猪、饲料、车辆、员工、环境、用具等抽样监测。通过实验室检测，争取在带毒猪向外排毒之初，就发现传染源，及时划出疫点，做好定点清除。

（6）贯彻管重于养、养重于防、防重于治的养殖理念。满足猪的基本要求，保证猪"吃好""住好"，是对猪免疫力的最好保障。第一，加强饲养管理，保证猪舍干燥、卫生、通风良好，保证空气清新，做好保温、防暑工作，提供清洁饮水、营养均衡全面的饲料，监控饲料勿被霉菌毒素污染。第二，减少转群和打针次数，减少猪群应激。可免可不免的疫苗尽量不免。第三，饲料中可添加微生态制剂和有效的中兽药复方制剂进行预防。第四，做好免疫抑制性疾病的预防和净化工作，PRRSV（猪繁殖与呼吸综合征病毒）、PCV2（猪圆环病毒2型）、PRV（伪狂犬病病毒）等病原的靶细胞是巨噬细胞，当这些病原感染猪后，诱导猪体抵抗力下降，从而导致猪对非洲猪瘟病毒的易感性增加，可能低剂量的非洲猪瘟病毒就能使猪感染。同时由于猪体内有这些病毒的存在，可使非洲猪瘟病毒感染后的传播速度加快，发病率和死亡率升高。因此，猪场在防控非洲猪瘟的同时要做好这些免疫抑制性疾病的防控及净化工作，猪瘟和猪伪狂犬病必须净化。

七、结语

根据国际国内非洲猪瘟的流行特点，我们可以清楚地认识到，非洲猪瘟并不可怕，我们不要把它过分妖魔化。在国际上，已有多个国家成功净化非洲猪瘟。在俄罗斯流行本病的13年内，俄罗斯的生猪产能反而上升。在我国一年多的流行过程中，目前有很多养猪公司在控制非洲猪瘟上已有一定的经验，迈出了成功的第一步。因此，我们养猪人一定能战胜非洲猪瘟。经过一年多的流行，本病的临床症状和病理表现已有变化，使得发病猪的症状和病理变化不典型，导致在一线工作的防疫人员早期发现和确诊本病的难度加大，因此，实验室诊断在防控非洲猪瘟中就显得特别重要。

专家点评●

　　我国非洲猪瘟的防控能力，伴随着我们对非洲猪瘟及非洲猪瘟病毒的不断认知，总体呈现螺旋式上升的趋势。如同当前我国新冠肺炎防治，建立最广泛的统一战线，实行严格细致的生物安全隔离管控等措施，是我们在没有商业化疫苗和/或特效药物情况下的强有力措施。相较于我国在差不多2个月的时间内强有力的管控，取得了防控新冠肺炎的阶段性胜利，我国非洲猪瘟的防控还是值得深思的。

　　我国某些地方非洲猪瘟疫情依然猖獗、复产依然面临重重困难，但伴随着越来越多猪场成功预防的实现，甚至是"拔牙"控制住非洲猪瘟，以及国际上一些国家和地区成功净化非洲猪瘟的经验的激励，养猪人已经从最初的手足无措、诚惶诚恐、自怨自艾等负面情绪中逐渐走出，越来越明确非洲猪瘟是可防可控的。我国非洲猪瘟防控依然面临诸多困难，但整体进入"战略相持"阶段。

　　本文中，白教授从一位临床兽医专家的角度入手，凭借深厚的理论功底和扎实的临床实践经验阐释了其对非洲猪瘟的新认识。虽然非洲猪瘟病毒抵抗力较强，但是可以通过科学的消毒方案，借助"消毒组合"等措施成功杀灭它。国际上一些成功净化的案例结合国内不断增多的成功防控案例，让养猪人逐渐建立了成功防控非洲猪瘟的信心，同时需要清楚认知非洲猪瘟的传播特点，针对其特点，结合传染病防控的"早、快、严、小"等原则进行综合防控。

　　非洲猪瘟在我国流行已经一年多的时间，伴随着认知的加深和早期识别、更早的临床措施的介入，我们不断发现非洲猪瘟新的临床特征。疫苗预防也是潜在的预防非洲猪瘟的重要措施。但是非洲猪瘟疫苗的研制依然困难重重，临床成功防控非洲猪瘟的实例表明，非洲猪瘟可防可控，非洲猪瘟疫苗"可期不可待"。临床非洲猪瘟防控是一项系统工程，需要建立最广泛的共同战线，需要借助精确细致的生物安全措施结合预防性处置、检测和监测等措施，上下一心，严格执行，不断迭代更新知识、方案和措施，相信我们一定可以防控好非洲猪瘟。

（点评专家：仇华吉）

第 13 篇　刘立茂：过去的兽医实践
对非洲猪瘟防控的启示

2020 年 1 月 13 日

▶ 作者介绍

刘立茂

杭州同壮农业发展有限公司项目负责人（副总经理级），1993 年毕业于长江大学畜牧兽医专业。畜牧师（2001），国家首届执业兽医师(2010)。曾经就职于湖北五三陈湾畜牧有限责任公司 18 年，并担任公司技术总监和供港活猪注册责任兽医 8 年，河南雄峰大区服务经理 17 个月，建明（中国）科技有限公司（Kemin）全国服务经理 8 年。养猪行业朋友众多，以敢于讲真话而闻名于行业。

▶ 引言

　　20 世纪 90 年代以来，我国发生过多次疫情，前人通过各种实践经验和办法，防控并消灭疫情。本文通过回顾以往的一些兽医实践，对今天的非洲猪瘟防控提出启示。正如刘立茂所说，防控非洲猪瘟不能蛮干，我们应该大量总结和吸取历史经验。不能重复犯低级错误。不能"秦人不暇自哀，而后人哀之；后人哀之而不鉴之，亦使后人而复哀后人也。"

　　接下来，刘立茂从三个方面，谈谈过去的兽医实践对非洲猪瘟防控的启示。

　　2018 年 8 月初， 非洲猪瘟在我国首次被报道以来，一年多时间内肆虐全国，对我国

养猪业是一场劫难。党中央、农业农村部、各级兽医部门、科研机构、养猪企业等做了很多有价值的工作，进行了数不清的尝试，有些局部成功案例的报道。但是无论依靠生物安全、提高猪体免疫力、中兽药，还是预防、"拔牙"、复产，都是战役级别的小胜。要想取得防控非洲猪瘟战略意义上的胜利还任重道远，需要做好持久战的准备。疾病的防控，既有相通相似的，也有各自的特点。20 世纪 90 年代以来，规模化养猪蓬勃发展，猪场面临的疫病防控也越来越复杂。回顾以往的一些兽医实践，对今天的非洲猪瘟防控有何启示呢？

一、通过特异性免疫预防控制疾病已经进入死胡同

预防接种对保障我国养猪生产的贡献是不可磨灭的。早期防控猪瘟、口蹄疫、猪伪狂犬病等疫情都是仰仗疫苗免疫。1993 年初，从美国引种时我们的猪群引入了伪狂犬病病毒（PRV）。在陈焕春院士为我们解决问题前我们束手无策。伪狂犬病也成了记忆中最后通过预防接种解决了的问题。1995 年之后，随着附红细胞体、猪繁殖与呼吸综合征病毒（PRRSV）、猪圆环病毒（PCV）等的相继传入，与支原体、传染性胸膜肺炎放线杆菌、副猪嗜血杆菌等狼狈为奸，加上低水平的饲养管理，形成了"复合病因"。猪场发病表现最多的是"16～18 周龄墙"或"18～20 周龄墙"，猪每生长到这个阶段就像撞到墙一样，会出现复杂的以呼吸系统为主的问题。从发病猪场送检的病料中可以检测到绝大多数常见病原，如 PRRSV、PCV、PRV、支原体等。病原复杂，常规的疫苗接种效果不太理想，行业内一些专家就自创了"自家苗"，其实应该准确地称为"自家病理组织苗"。据说当时解决了很多猪场的燃眉之急。人们还是希望有一种一用就灵的绝招来对抗日益严重的猪病问题。现在看来，这样的处理存在违法嫌疑，在商业利益的驱使下，通过"2mL 核心技术"控制疾病的流行一直影响到至今的非洲猪瘟防控。很多人现在都还将全部希望寄托于疫苗来解决非洲猪瘟防控问题。

做好一次有效的预防接种，应该满足 3 个最基本的条件：①病毒感染前接种。疫苗毒株的免疫原性肯定低于野毒，竞争性占位必须是在野毒感染之前。给带毒的猪接种疫苗，就应该看看欧盟委员会对国际知名疫苗企业高管重罚的判词，给已经感染和疑似感染的动物接种疫苗是犯罪行为。②有明确的免疫机理表明疫苗接种后可产生中和抗体。以现在的非洲猪瘟病毒为例，"非洲猪瘟病毒不能诱导完全的中和抗体免疫反应，导致无法根据血清型进行分类"（《猪病学》第 10 版），"其诱导的保护免疫还不清楚"（Neilan 等，2004）。目前非洲猪瘟病毒能否产生中和抗体我们还不清楚。根据相关专家的研究，非洲猪瘟的候选疫苗毒株在实验感染猪后可以持续带毒。这从安全性角度更加增加了研制非洲猪瘟疫苗的难度。③产生足够的抗体。抗体浓度一方面取决于病原。华中农业大学方瑞副教授认为，2011 年发生的新型腹泻就存在病毒的免疫逃避，则机体产生的抗体就可能少或不产生抗体。另一方面，就是决定于接种的猪是否免疫健全或者是否存在免疫抑制。猪场有时是人为地加重了免疫抑制状态。超大剂量、频繁接种疫苗，期望形成免疫干预或者避免野毒干扰，造成了许多免疫抑制疾病和严重的问题。

非洲猪瘟病毒的致病机理在于感染和摧毁猪的免疫系统，而免疫系统被摧毁或严重损

伤的情况下猪是否可以产生足够的中和抗体？因此，在没有科学实验和数据支撑的情况下，推广使用非法的非洲猪瘟假疫苗，本质上和谋财害命没有区别。

二、"药物保健"和治疗控制疾病，有很多缺陷

"药物保健"被一些别有用心的"神人术士"吹得神乎其神。在第17届世界猪病大会之后，"综合征"的概念被传入。人们认识到综合征的复杂性，存在病原与宿主、病原与病原、病原与环境之间的复杂互作，在很多情况下，病原只是发病的必要条件而不是充分条件；在和病原做斗争的过程中，人类往往处于下风，企图完全消灭病原几乎是不可能的，有提出"不敌其力，则消其势，而去势之法，莫如釜底抽薪"，也为"药物保健"提供了理论基础。意思是杀灭不了病毒，就把细菌、支原体等杀灭，猪群发病就少了。

"药物保健"在当时历史条件下是有一定意义的，药物保健是在原来防控疾病思路"加疫苗"的思路下做了减法，减少病原种类，从而减少病原协同致病。在思考问题的逻辑上，面对复杂的病原做减法的思路是正确的。但药物保健有几个致命的硬伤。其一就是药物只能杀灭猪体内的病原微生物（不包括绝大多数病毒）。体内没有病原微生物，猪吃药干什么？猪体内有了病原微生物，用药就是治疗。从这个角度，建立在"杀灭"基础上的药物保健的确是忽悠。其次，不管是饲料加药还是饮水给药，都是群体用药，在猪群中猪有"位次现象"，容易造成比较强壮的猪采食（饮水）过多药物，而弱小的、需要"保健"的猪药量远远不够。非洲猪瘟是一类烈性传染病，治疗是违法行为。治疗也是非常被动的。寄希望于治愈非洲猪瘟也是一厢情愿。通过添加物进行猪群免疫调节和提高抵抗力，在面对非洲猪瘟时也多是辅助性的作用。

群体层面治疗猪烈性传染病是非常危险的。如果猪不幸被非洲猪瘟病毒感染，没有"壮士断腕""刮骨疗毒"的决心而优柔寡断，其结果一定是"全军覆没"。这也就是"没病不能胆大，有病不能胆小"。

三、生物安全防控体系也迫切需要与时俱进的科学重建

生物安全不是口号，必须根据情况具体化。我对生物安全的理解是，为了防止病原微生物进入（或传出）某群体而建立的完善的、严格的、科学的、层次逻辑清晰的可操作系统体系。本质上讲生物安全是一种"防御体系"。

生物安全也不是"绝招"。首先要明确建立生物安全体系的指导思想。建立在落后思想上的、静态的、万无一失、放之四海皆准的体系是不存在的。建立防御体系，我经常比对的是我们的三峡大坝工程。为什么三峡大坝高175m？因为在成本经济、生态破坏最小的情况下，高175m的大坝结合沿江的防洪设施，可以抵御千年一遇的洪水。**这体现了典型的体系建设思想，有两层意思：**①无论怎样防控非洲猪瘟，最后的目的都是为了正常生产。恰当的设施是必需的，完全不考虑成本是不符合实际的。②生物安全必须结合各种其他的措施才能发挥最大的作用。

生物安全不可能建立在 100% 准确操作的基础上，人的操作错误难免。真正有作用的生物安全体系一定是科学化、人性化、全覆盖的。不科学地想当然，违背大多数人的习惯，只要求员工不要求老板的，都是形同虚设。虽然人不可能 100% 准确，但对全员进行培训仍然十分有意义。"不训之师绝不可用"，培训可以提高员工的操作准确率，更重要的是，培训可以提高组织纪律性。防控非洲猪瘟级别的生物安全，严格的组织纪律很重要。

2007 年秋冬，猪口蹄疫在湖北暴发，湖北某 8 000 头母猪存栏的供港基地猪场却没有发生口蹄疫。猪场负责人介绍了他们的经验，就是对运猪车进行恰当的消毒。他们摒弃了售猪时才将运猪车开到猪场附近清洗消毒的做法，改为在距离猪场 1km 以外的指定地点清洗消毒，停放 24h 后再装猪上车。看似平常的消毒，什么地方和什么时间消毒是非常有科学内涵的。《养鸡与消毒》（横关正直，农业出版社，1986），**其上记录了一个兽医检测的事实：在执行门口脚踏消毒和手清洗消毒后的鸡场内外，病原微生物的种类和数量没有显著差异！** 这也提醒我们思考猪场相关措施的有效性，我们既然费心地采取了一项消毒措施，就应该保证其有明确的效果。病毒是有最低感染剂量（阈值）的，降低饲养环境中病毒载量显然有重要意义。非洲猪瘟以接触传播为主，所以环境消毒可作为防控非洲猪瘟的一项措施。但普通消毒药杀不死猪体内的病毒，也不能进入猪的循环系统，所以饲喂消毒药不可取。

生物安全最严厉的措施是隔离。 消毒不是灭菌，就算是消毒过的物品进入生产区，也是达不到防控非洲猪瘟要求的。核心生产区的所有人和物品都必须进行严格的隔离。隔离是比消毒更高级别的生物安全措施。陕西的一个现代化规模猪场，饲料塔建在猪舍附近，运料车经常开进生产区添加饲料。虽然进行了严格、认真的消毒，猪场场主也亲自参与了，但很不幸，猪场还是发生了非洲猪瘟疫情。猪场外的交通工具不能进入生产区，这是最基本的隔离原则，如果这个都保证不了，在非洲猪瘟背景下猪场是很难生存的。生产区应该将所有非生产区的人和物品排除在外！

进入生产区的也会有一些特殊物品，比如疫苗等不可能完全消毒。如果其中污染了病毒，对猪是非常危险的。因此，防控非洲猪瘟，必需品进生产区要有一个环节，就是进行检测和存放，检测阴性后，存放过"安全期"的才能有效保证安全性。另外，检测也可以评价隔离和消毒前后的工作效果，提供实时的疫情信息。敏感的检测技术是今后猪场都需要的，并且普检比仅检测猪群是否感染更有意义。生物安全最基本的单元应该采取"普遍检测—安全存放—绝对隔离—科学消毒"。

防控非洲猪瘟不能蛮干。 虽然对非洲猪瘟病毒的了解还远远不够，防控非洲猪瘟也缺乏必要的实时流行病学信息，缺乏大范围的联动，在某种程度上防控非洲猪瘟也失去了最佳时机，基于淘汰和紧急处置理念的"拔牙"时机和有效性仍需探讨，但无论怎样，防控非洲猪瘟，应该大量总结和吸取历史经验。我们不能重复犯低级错误。不能"秦人不暇自哀，而后人哀之；后人哀之而不鉴之，亦使后人而复哀后人也"。

专家点评

　　非洲猪瘟给我国生猪产业造成了极大的损失，短期内对整个产业负面影响非常大，长期对生猪产业的转型升级、不断发展是有正面作用的。特别是目前防非已经取得一些阶段性的胜利，按照毛泽东同志论持久战的理论，目前属于"战略相持"阶段。同时我们要清楚地认识到，目前只取得了一些战役级别的胜利，还需寻找取得抗非战略胜利的良方，本文从"以鉴于往事，有资于治道"的角度，给我们提供了防非的重要思考。在特异性免疫方面，作者从1993年的猪伪狂犬病案例讲起，告诉我们猪病病原的复杂性，同时揭示了"自家苗"在解决某些燃眉之急后造成不良的影响，最后提出非洲猪瘟疫苗的使用需要十分慎重，需要依据更多的科学试验和科学数据的支撑，不然是不负责任的。在"药物保健"和治疗方面，作者认为，在"加疫苗"的大的历史疫病防控背景下，通过"药物保健"减少感染的病原量，降低"综合征"的影响是有积极作用的，但是对于非洲猪瘟等烈性传染病，群体层面进行治疗是非常危险的，更需要的是"没有病时不能胆大，有病了不能胆小"。在生物安全防控体系建设方面，作者反对"闭门造车"的专家提出的所谓"高大上"的非洲猪瘟生物安全防控体系，建议生物安全防控体系应科学化、人性化、全覆盖，强调了隔离在整个生物安全体系建设中的重要性，做好"普遍检测—安全存放—绝对隔离—科学消毒"这一基本单元，对非洲猪瘟生物安全防控体系的建设十分必要。作者通过深入浅出的介绍方式，详实的陈述而又独特的切入点，告诉了我们如何取得非洲猪瘟防控战略胜利的一些良方，值得养猪人学习思考。

（点评专家：陈芳洲）

第 14 篇　区伟波：疫情是大自然
对人类的警醒

2020 年 2 月 24 日

▶ 作者介绍

区伟波

　　广东天农湄潭日泉公司经理，曾在温氏集团、正邦集团、双胞胎集团、山西新大象养殖有限公司从事技术与经营管理工作，曾任技术负责人、技术总监、总经理等职位，长期在一线指导生产、管理，临床经验丰富。

▶ 引言

　　受新冠肺炎疫情影响，防控措施和交通管制趋向严格，调运受阻使得猪价处于高位。虽然近期有多项保证畜牧产品供应的政策出台，但短期内生猪出栏、调运仍有一定困难，供应紧张状态或将持续。也正是由于此次疫情，物流、车流、人流受到管控，切断了病毒的传播路径，从近几个月来看，农业农村部并未公布关于非洲猪瘟疫情的新增案例。正如区伟波所说：病毒的传播途径就是物流、车流、人流，管理好公共环境卫生，是控制疫病的有效手段。

　　接下来区伟波将从实际出发，谈谈疫情是大自然对人类的警醒。

　　自然环境的过度开发、破坏，各种未曾谋面的细菌、病毒也被无意释放出来。它们随着环境的变化被现代化运输工具带到了人类生存的空间，对人类或动物产生攻击与伤害。**总体来说，人类的疾病都是我们对自然界了解不透、不尊重环境而造成的，非洲猪瘟的传播不也是人类不尊重自然环境和养殖环境而引发的恶果吗？要解决这些问题，在于大小环境控制。那些疫苗、"神药"对于一个要规模化发展的产业，也就是一个笑话。而保健产**

品与更适合动物生理需求的日粮，才是对提升动物的自体免疫系统能力尤为重要的因素！在新冠肺炎期间，全中国车流、人流基本停止运行了，非洲猪瘟在我们的大脑中随着消失了（随着全国新冠肺炎的蔓延，车流、人流、物流受到管控，切断了病毒的传播路径，从近几个月来看，农业农村部并未公布关于非洲猪瘟疫情的新增案例）。**说明了病毒的传播途径就是物流、车流、人流，管理好公共环境卫生，是控制疫病的最有效手段。**

一、分析养猪操作过程中的一些现象

（1）气溶胶借助通风，大部分从门口进入猪舍，扩散到圈内。

（2）带毒的爬行动物和短距离飞行昆虫，也从门口进入，造成隐性传播现象。

（3）敞开式猪舍比密封负压通风猪舍更容易感染，没有实体墙的阻隔。

（4）保育床与实心地面对比：实心地面养猪，携病毒粉尘容易接近地面的猪；保育床使猪蹄部离开地面，猪感染的概率降低，空间病毒载量也减少。

（5）有围墙与无围墙的检测环境：有围墙可以物理阻隔与减缓风媒造成的大面积传播。

二、参考猪场（公司＋农户）防控经验做法

（1）猪场外围（营造安全大环境）：100m 范围内（尽量宽点），安排专职人员每天进行环境消毒与每周最少 2 次杀虫（这些人员不能与生产或外界人员交叉接触），以长效消毒剂为好，主要针对人员流动的路径。

（2）减少每个栏位的猪的数量，降低猪群密度。

（3）大门口、猪舍门口建消毒池，选用氢氧化钠溶液作为消毒剂，因为氢氧化钠溶液既可消毒，还可以杀虫、驱虫。建消毒池要根据当地风速，长度一般 4～5m，宽度以门口宽为准。

（4）猪舍尽可能建高床，离地面（走道）60cm 以上更好。

（5）人员的入场，分 3 个区隔离，第一个隔离区选择场外的宾馆，第二、三个隔离区在场内。人员入场时在每个区应经过 2d 以上的洗消、隔离。

（6）生产区尽可能保持干燥为好，但注意猪以 45％～55％湿度最舒适。

（7）猪场尽可能建实心围墙，密封式猪舍会更好。

（8）做好非洲猪瘟防控管理工作，避免各生产单元人员交叉污染的风险，进场、进舍人员必须经消毒、更换干净衣服、鞋等。

（9）售猪一定要转运出去，减少转运车辆的相互接触，建议建一个中转出猪台，将猪存放在出猪台，场内转运人员撤离后，由场外人员进行售猪与清洗、消毒。

（10）物品进场必须要消毒。

营造一个干净环境，切断隐形传播途径，降低猪生存环境病毒载量，通过精细化管理来实现非洲猪瘟的防控，敬畏大自然，尊重自然规律，才能让动物与环境和谐相处！

专家点评●

　　今天看到了一位在线直播课程的班主任的视频感慨很深。班主任含着热泪说：一些同学生于非典疫情暴发的 2003 年，今年即将高考时又遇到了新冠肺炎疫情，担心疫情对各位学生高考有较大影响，同时鼓励大家注意身体健康，好好学习，没有一个冬天不可逾越，没有一个春天不会来临。同理，防控非洲猪瘟，也应有如此心态。因此，如同本文作者提出的，我们人类需要不断反思，敬畏生命，尊重自然，禁止野生动物的买卖交易，减少对自然环境的破坏，避免打开潘多拉魔盒的时候反噬了我们自己。

　　非常赞同本文作者"非洲猪瘟疫情是大自然对人类的警醒"的观点。非洲猪瘟的防控，知己知彼，才能百战不殆。本文作者通过分析养猪操作过程中的一些现象。提供了作者公司猪场（公司＋农户）防控做法供参考，指出营造干净的环境，切断隐性传播途径，降低病毒环境载量，敬畏大自然，尊重自然规律，就能通过管理实现非洲猪瘟的防控，才能实现动物和环境的和谐共处！

（点评专家：陈芳洲）

第 15 篇　刘朋昌：猪场常见的非洲猪瘟防控漏洞

2020 年 3 月 31 日

▶ 作者介绍

刘朋昌

嘉吉动物营养中国区农场解决方案专家，从事农场技术服务多年，在农场数据管理、批次管理、母猪背膘管理、猪舍环境管理、猪场绩效管理、生物安全等方面给农场提供解决方案。

自非洲猪瘟暴发以来，一直战斗在防控非洲猪瘟第一线，协助多家规模猪场建立防控非洲猪瘟流程，给 30 多家猪场做防控非洲猪瘟审计，积累了大量的防控非洲猪瘟的经验。总结形成嘉吉 3-4-5 猪场防控非洲猪瘟方案，并推广应用，帮更多的猪场构建了防控非洲猪瘟体系。

▶ 引言

　　非洲猪瘟是我国生猪行业的烈性传染病，影响力不容小觑。虽然现阶段非洲猪瘟疫情防控工作取得了阶段性的成效，但仍有猪场受其拖累，纵使养猪人时刻关注猪场各个环节、各个层面的防控措施，但不免有所疏漏！嘉吉饲料刘朋昌分享《猪场常见的非洲猪瘟防控漏洞》，重点阐述防控非洲猪瘟过程中人员管理存在的问题，并总结分析！

　　经过一年多的防控非洲猪瘟（防非）历程，很多猪场都建立了自己的防非体系，并不断升级完善。作者在 2019 年为 30 多家猪场做了防非审计，有几百头母猪的家庭农场，也有几万头母猪的集团公司。针对审计过程中发现的一些共性问题，进行了总结和分析，整理出《猪场常见的非洲猪瘟防控漏洞》，以供猪场自查。

一、猪场负责人心存侥幸、员工执行不力，难以始终如意地持续防非

非洲猪瘟之后，猪场开始严格防控非洲猪瘟，对员工要求也非常严格。猪场负责人更是天天提心吊胆，关注每个风险因素、每个防控非洲猪瘟细节。但是随着局部地区的疫情稳定，猪场负责人开始放松警惕，沉浸在高行情、高利润的喜悦中，心存侥幸地认为非洲猪瘟疫情高发期已经过去了，今后可以放松一下了。员工也更加放松，防非流程逐渐出现执行偏差，并且越来越大。**正是这种放松状态，让猪场抵御风险的能力降低、疫情发生概率增加。**

生物安全不是猪场的权宜之计，非洲猪瘟也不会凭空消失！猪场要做好长期与非洲猪瘟做斗争的准备，坚持防控非洲猪瘟不放松。风险一直存在，稍有放松，非洲猪瘟就会乘虚而入。

二、防非团队成为最大的潜在污染源

现在很多猪场都建立了防非团队，但很多猪场（90%以上）的防非团队由于没有足够的专业知识和防非意识，**对其他人要求很严格，而自身防控措施不到位，甚至没有防控措施，造成防非人员自身被污染。**

原本要入场的人员和物资等都是不带病原的，结果在被污染的防非团队消毒、中转、配送过程中，反而被污染了。因此，猪场建立专业化防非团队很重要，始终保持防非团队的"干净"更重要，应提高防非团队的专业知识和防控意识，明确防控非洲猪瘟工作的操作流程和规范。**如有条件，应每周检测防非团队成员及交通工具等是否有非洲猪瘟病毒存在。**

图 15-1 中展示了始终保持防非团队"干净"的重要性。

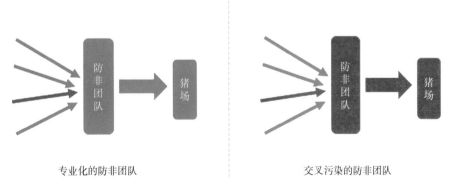

专业化的防非团队　　　　　　　　　　交叉污染的防非团队

图 15-1　防非团队本身干净无污染的重要性

三、宾馆隔离（或场外隔离中心）形同虚设

现在很多猪场设有宾馆隔离（或场外隔离中心）环节，宾馆隔离执行不彻底、形同虚

设是普遍问题。大部分猪场的宾馆隔离属于"放羊式"管理。存在的主要问题有：**隔离人员洗澡、更衣等过程中交叉污染严重，无专人负责处理；隔离人员的行李不做消毒处理；宾馆隔离期间人员可以随意出入等**。这样的宾馆隔离是无效的。

宾馆隔离要有专人负责指导隔离人员洗澡、更衣，处理隔离人员的衣服和个人物品，并进行消毒，整个处理过程应严谨细致，不能存在交叉污染。宾馆隔离应封闭式管理，隔离期间人员不能离开隔离房间，一日三餐需有专人派送。

四、送人员入场的车辆污染

在宾馆隔离之后，送员工到猪场的过程没有进行严格的控制措施，车辆存在交叉污染，经常是猪场场主开车或防非专员开私家车把隔离后的人员送到场内。经过严格的宾馆隔离，员工自身是"干净"的，结果由于车辆不是专车专用，造成再次污染，宾馆隔离前功尽弃。

员工从隔离宾馆离开后一定由专车、专人送到猪场，整个过程严格防控，中途不能下车。

五、城内隔离存在交叉污染

很多猪场没有独立的隔离区，所谓的员工隔离大多在生活区进行，隔离期间也跟其他员工住在一起，这样的隔离是没有意义的，交叉污染的可能性非常高。

猪场隔离要有独立的隔离区，隔离区内只允许隔离人员活动，其他人不允许进入隔离区。隔离区内要定时消毒，隔离人员每天需进行 1～2 次洗澡。隔离完成之后换上专用衣服和鞋才可进入生活区。

六、洗澡换衣百密一疏

猪场洗澡换衣的过程要求很严格，但是大部分猪场忽略了一个细节——没有换鞋。**员工穿着同一双拖鞋，从脏区淋浴后进入净区，然后到下一个换鞋点再次换鞋（两双鞋靠得很近），这就存在了交叉污染。**

因此，猪场要在洗澡间铺设防滑垫（图15-2），人员在整个洗澡的过程都要光着脚，这样两个换鞋点之间的距离非常远，整个淋浴更衣过程是没有交叉污染的，这样就能够有效避免拖鞋造成的交叉污染。

以上列举了 6 个与人员相关的防非漏洞，是很多猪场常见的问题。希望同行们对照这些

图 15-2　洗澡间铺设防滑垫

问题进行自查自纠，有则改之，无则加勉，不断完善防非流程，升级生物安全措施，筑牢防控非洲猪瘟大堤，把非洲猪瘟挡在场外！

专家点评●

　　经过一年多与非洲猪瘟的斗争，我们对其有了基本的了解和科学的认知。非洲猪瘟的病死率很高，但不一定是100％；非洲猪瘟是高度接触性传染病，在其传播过程中，人是最关键的因素。因此，在猪场生物安全防控过程中，要充分考虑人的因素。

　　本文详细描述了6个与人相关的防非漏洞，是很多猪场实际存在的共性问题，很有参考价值。防控非洲猪瘟的核心其实就是管住人，防止人为将病毒带入猪场，这就需要有疫病风险意识，需要对相关人员进行有效消毒、隔离等。但是，在执行过程中，由于意识、知识、态度、管理等多方面的因素，导致执行不到位，没有到达理想的效果，最终造成交叉污染。猪场若要有效防控非洲猪瘟，必须加强对人的人性化、精细化管理，态度必须端正，操作必须到位，意识不能松懈，执行力不能下降。

（点评专家：孙元）

第 16 篇　张国栋：非洲猪瘟背景下的养殖理念

2020 年 4 月 1 日

▶ 作者介绍

张国栋

山东利邦牧业股份有限公司销售总监，毕业于哈尔滨工业大学，2014 年开始从事畜牧养殖研究、销售工作，致力于推广实用高效的无抗养殖保健方案。非洲猪瘟发生后，专注于生物安全防控与无抗高效养殖，累计服务并帮助数百家猪场成功抵御非洲猪瘟，实现成功复养。

▶ 引言

目前，非洲猪瘟对我国养猪业的影响持续存在，2020 年全国仍然发生非洲猪瘟疫情，虽然这对生猪行业来说是一场劫难，但挑战与机遇并存，这也是对养殖思想的"大洗牌"。张国栋分享的《非洲猪瘟背景下的养殖理念》，文中强调非洲猪瘟背景下需要温故而知新，要想获得新的认识，必须反思旧的观念，站在一线猪场的角度阐述抗非经验，供养猪人参考。

2018 年 8 月中国首次发生非洲猪瘟疫情，发展到现在影响极其深远、损失无比惨重。在这种情况下养猪业该如何发展？未来猪场何去何从？必然引起从业人员的思考：非洲猪瘟背景下如何养猪？

温故而知新，要想获得新的认识，必须反思旧的观念。

必须深刻反思发生非洲猪瘟前的养殖理念和养殖模式存在什么问题？有哪些隐患造成疫病来临？无数养猪场为何纷纷倒下、损失如此巨大？

一、非洲猪瘟发生前的养殖模式和养殖习惯

任何事情发生后都有它的意义，值得思考总结。非洲猪瘟发生前，我们的养殖模式是怎么样的呢？

养殖场人员、物资、车辆的流动，生猪出售，以及生物安全防控体系不健全就不做过多赘述，这些都是导致疫情迅速传播的重要因素。

就养殖场内部养猪这个环节来说，笔者认为主要存在以下问题：

1. 养殖密度大　盲目地扩大养殖规模、不合理的增产扩繁、极端地利用圈舍空间，导致养殖密度过大、猪群生存环境恶劣、各种疾病泛滥。

2. 过量使用抗生素、激素　过度依赖抗生素"保健"，过度依赖激素，人为强行干预调节母猪生殖系统，导致母猪自身激素水平紊乱，生产性能下降，抗病力下降。由此产出的仔猪抗病力低，各种疾病频发。

3. 过度依赖各种疫苗　疫苗是抵抗疾病的最后一道屏障，而传统养殖习惯下，各种疫苗繁琐杂乱，严重干扰猪体自身免疫系统，甚至不科学的疫苗接种造成病毒的重组变异使疾病更加复杂。

4. 使用劣质饲料原料，营养成分不达标　过度追求降低饲料成本，使用不合格的饲料原料，营养搭配不合理，导致猪体缺乏必需微量元素。

5. 母猪保健意识不强　高产母猪负重大、应激大，不额外保健或不合理保健极易造成母猪自身和仔猪的一系列问题，影响生产效益，甚至提前淘汰，造成极大浪费。

6. 生物安全防控不到位　猪场不封闭，消毒不彻底，无法有效降低猪场各种细菌、病毒的载量，导致各种疾病反复发生。

7. 人员管理混乱　无法真正调动饲养人员的积极性，负责养猪的一线饲养员、技术员工作流于表面、完成度差，导致饲养管理水平低下。

上述因素导致猪体免疫力差，尤其是母猪长期处于亚健康状态。

因此，很多猪场尤其是大型规模化猪场，在这种粗放式的养殖模式下，虽然养殖数量很大，但浪费极其严重，尤其高昂的用药成本，造成**高投入低产出**。

二、非洲猪瘟背景下的无抗养殖

无抗养殖是以保护动物健康、保护人类健康、生产安全营养无抗生素残留的畜禽产品为目的，最终以无抗畜牧业的生产为结果。

众所周知，抗生素是把双刃剑，在急功近利、浮躁的养殖模式下，过度依赖抗生素"治病为主，以药养猪"虽然创造了短期效益，但却埋下了深深的隐患，不能成为养殖习惯甚至养殖理念。

非洲猪瘟疫情带来了非常惨痛的教训！

错误的指导思想下开展的养猪业，繁华浮于表面，危机隐之骨髓。

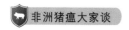

三、如何实现无抗养殖

实现无抗养殖是一个系统工程，需要全产业链共同努力。在此仅仅从养殖场的角度分析如何实现无抗养殖。

当然，考虑到猪场的实际养殖效益，我们说的无抗是指在大群饲料或饮水中停用抗生素，当个别猪发病时，及早发现并与大群隔离，再配合适当的治疗手段。大群保健要区别于个体治疗。

非洲猪瘟以及新冠肺炎疫情带给我们的思考，最终都提炼出一个关键词：免疫力。机体免疫力表面看是一个概念性的名词，但实际上是抵抗疾病、抗击疫情的关键因素。

从一线猪场的角度，笔者认为至少可从以下几方面着手：

1. 饲养管理 饲养管理是一个猪场最关键、最本质的工作。

一是要改善猪舍条件，包括粪污的处理、料水管线的设计、猪舍通风、温度、消毒等。猪和人一样，也需要一个干净清爽的环境，在好的环境下，各种细菌、病毒载量也低，猪体抗病力也强，生长繁殖性能也高，这是相辅相成的，这也是国外倡导的动物福利理念。

二是要提高饲料营养，使用无霉变的优质净粮原料，不能过度追求降低饲料成本而使用劣质原料。饲料中必需的蛋白质、油脂、多种维生素等必须保证，尤其是预混料中没有添加猪体必需的微量元素时必须单独添加。

三是必须添加优质的脱霉剂。优质的脱霉剂不仅仅在体外脱除饲料原料中的霉菌，更重要的是，吸附排出猪体内毒素而不吸附营养物质（当前先进的脱霉技术和脱霉剂产品是可以实现这一点的）。猪群所需的营养物质都是从饲料中获得，因此，选择饲料不能一味地考虑价格，而是要看到其所能创造的潜在价值。

还有很重要的一点就是：**人员管理**。

如何充分发挥员工的主观能动性？绩效考核就是一个很好的理念，但我们要清楚实行绩效考核的目的是什么。绩效考核的模式不是固定的，而是要灵活，一切围绕充分调动员工积极性的目的来设计，重奖之下必有勇夫。猪场是一个平台，大家一起共同做一件事，实现一个共同的目标：养好猪。这样人员管理的目的就达到了。

一个猪场就是一个企业，有一种理念是猪场场主提供一个平台，猪场的猪是饲养员、技术员、场长的，大家在这个平台上各显神通，把猪养好，然后猪场场主从他们手中把猪收走。这就相当于在猪场小环境内形成了一个公司＋农户的模式，只不过结合当前生猪行情把具体的工资待遇政策制定出来即可。

2. 生物安全 生物安全的概念已经被普遍接受，而且传统的养殖模式确实在这方面存在非常严重的漏洞。非洲猪瘟背景下猪场封闭式管理是最基本的，包括人员、车辆、物资的进出等。但这仅仅是针对可人为控制的，其他针对蚊、蝇、飞鸟、鼠、猫、虫等的防控仅靠封闭猪场仍然难以实现。因此，非洲猪瘟背景下生物安全必须上升到思想的高度。

首先是硬件投入：比如当下很多猪场进行了改造，产房中每个产床采用实体隔离，种猪舍和育肥舍小单元栏采用实体隔离，门窗安装防蚊蝇纱窗等。如果条件允许，猪场水源的净化也是很有必要的，尤其是对于南方猪场，地表水浅，净化可以杜绝水污染带来的隐患。同时硬件升级也很好地改善了圈舍环境，这与前面提到的提高饲养管理水平也是相辅相成的。

其次是加强有效消毒：第一，猪场必须制订严格的消毒程序，包括全进全出后猪舍的洗消和日常管理过程中的带猪消毒。第二，需要严格彻底地执行，这涉及人员的管理，比如消毒液的浓度配比、消毒液喷洒是否全面彻底等。猪场的生物安全需要群策群力，各岗位人员高度自觉严格执行的同时，可以发挥各自的聪明才智献计献策，务求完善。这里举两个简单的例子：一个是圈舍门口设置氢氧化钠溶液消毒盆，这一点猪场基本都可以做到；另一个是对于清粪用的粪铲，可以准备一个盛放氢氧化钠溶液的水桶，结合产床和育肥栏之间已有实体隔离的现状，这一个小细节可以更好地起到隔离效果，两个小单元相互之间减少串联，很实用。

生物安全不可能做到100％的完善和面面俱到，但无论采取什么样的措施，一定要结合自身猪场的实际情况，并严格执行。笔者认为严格执行非常重要。

3. 保健投入　这里说的保健有别于商业意义上的"保健"，比如定期添加抗生素"保健"的方式已经证明是弊大于利。抗生素是用来针对个体发生疾病进行治疗的，而不是全群无差别的日常保健，这本身就是错误的养殖理念下导致的对抗生素的过度依赖。

科学的保健是指使用微生态制剂、中草药提取物、肽酶等无抗产品，定向精准地调理猪群健康状况，解毒、排毒，解除亚健康，提高猪体的免疫力。保健的目的是让猪群更健康，抗病力更强，这个成本像饲料一样必须投入。换个角度想，保健成本高了，猪健康度高、免疫力强、得病少，最终将会降低治疗成本。而且猪群发病难免有伤亡，也会影响猪的生长，使料肉比升高。而保健就是通过提高机体自身的免疫力来预防疾病，提高其生产性能，从而提高养殖效益。当下很多成功抵抗非洲猪瘟的猪场证明，这是完全可以做到的。增加保健成本看似高投入，其实实现了更高产出。

因此，通过改善养殖环境、调整动物营养、提高管理水平、加强动物保健等，是可以弥补甚至超出停用抗生素"保健"后的养殖效益的。比如丹麦的养猪生产已基本实现无抗生产，而养殖效益并未受到明显的影响，相反母猪、仔猪和育肥猪的生产性能均略有提高。

传染病流行的三要素是传染源、传播途径、易感动物。前面介绍的饲养管理、生物安全、保健投入更多的是着重于阻断传播途径和保护易感动物，在消灭传染源这一点还有一个很关键的问题就是关于非洲猪瘟病毒的检测。准确有效的检测有助于猪场及早发现、清除可能存在的传染源。因为当一头猪发病后即成为一个传染源，必须及早消灭剔除。

笔者认为唾液检测是很实用的。尤其是复养猪场的初期阶段，引种的前3个月以内，建议采用唾液拭子检测。阳性者立即隔离*或者直接淘汰。

---

　　* 这里补充阐述一个病猪圈的概念。病猪圈不能仅仅从字面意思理解就是养发病猪的圈，而是分群时及时把病弱仔猪或老弱病残与大群隔离饲养的专用场所，病猪圈与大栏必须间隔一定距离，因为在小范围内非洲猪瘟或其他病菌是可以通过气溶胶传播的。病弱仔猪最易感染各种疾病，而且当猪发病时就变成了传染源，持续排毒，与大群混养在一起是断然不可取的。

关于猪场养殖过程中的血液检测，笔者认为没有太大意义，因为当发现血液检测阳性时可能猪已经表现症状了，甚至已经开始持续排毒。这失去了检测的意义，检测的目的是为了及时淘汰可能发病的猪，及时消灭传染源。而采用唾液检测，可以为精准清除赢得宝贵的时间。

机体本身的免疫系统是抵抗病毒最强的屏障。通过消毒降低环境病毒载量后，即使少量病毒进入猪体内，猪依靠自身强大的免疫系统也可以清除。其实我们身边就有很多这样的例子，同一地区或同一个养殖小区，大环境是相同的，但有的猪场发生疫情，有的则一直没问题。这是怎么实现的呢？最终还是要回归到加强生物安全、科学养殖、合理保健、提高猪体免疫力上。

四、总结

非洲猪瘟不仅仅是行业的巨大灾难，更是对养殖理念的颠覆！以前靠抗生素、疫苗弥补管理水平的不足或实现人为的目的已经证明是不可取的，从提高养殖效益的角度来看也是实现不了的。非洲猪瘟加快了我国养猪业向营养保健、科学养殖、养重于防、防重于治的转型。

本文阐述的更多的是战略的层面，"一万个人有一万个哈姆雷特"，每个猪场也各不相同，还是应该结合自己猪场的实际情况，制订适合自己的战术。

最后以三个词结束：**乘胜追击、胆大心细、壮士断腕。**

乘胜追击：送给一直稳定的猪场。这类猪场本身养殖水平很高，通过一年来的实践积累了丰富的抗非经验，在稳定生产的基础上一定会有更大发展。

胆大心细：送给清场后准备复养的猪场。所谓磨刀不误砍柴工，前期工作可能很辛苦，而且涉及理念、习惯的转变，但只要坚定信念，虚心学习，一定会苦尽甘来，成功过渡到乘胜追击的阶段。

壮士断腕：送给正在"拔牙"的猪场。必须要有壮士断腕的决心和勇气，精准清除，淘汰老弱病残，彻底梳理猪群健康度。甚至淘汰整个经产母猪群，仅保留下后备猪，因为后备猪饲养时间短，体内病毒蓄积较少，及时辅以无抗保健方案，强化饲养管理，并配合严格的生物安全措施，存活下来的希望还是非常大的。

专家点评●

当前养殖模式下，养殖场过度依赖抗生素促生长、防病治病，导致动物自身的免疫力越来越差，形成了一个恶性循环，不仅对动物有很大的伤害，也对食用动物产品的人类的健康产生了很大的威胁。药物饲料添加剂于 2020 年全部退出，农业农村部确定了各地兽用抗菌药使用减量化行动试点养殖场数量，明确了养殖端减抗和限抗的时间表。我国正在加速饲料端无抗化与养殖端减抗、限抗、禁抗化的进程。绿色健康养殖是大势所趋，如何实现更是关键。

　　本文作者从一线猪场角度系统剖析了非洲猪瘟前的养殖模式和养殖习惯，探讨了多数猪场在非洲猪瘟面前兵败如山倒的深层次原因，明确指出过度依赖药物、疫苗弥补管理水平不足的养殖模式必须转变，并分享了科学养殖、人员管理以及非洲猪瘟防控的宝贵经验。在传统养殖模式下，无抗养殖注定无解，但是，非洲猪瘟不仅是行业灾难，同时必然影响行业洗牌和理念升级。作者直面非洲猪瘟的挑战，提出作为经营主体和疫病防控主体的猪场本身应发掘自身潜能，尤其是有效激发人员的潜能，快速调整认知，扎硬寨，打呆仗；加强生物安全、科学养殖、合理保健、提高猪体免疫力，回归健康养殖之道，为加速养殖端减抗、限抗进程指明出路。

（点评专家：黄良宗）

第 17 篇　唐红宾：从非洲猪瘟病毒到新冠病毒，那些不得不说的事

2020 年 4 月 8 日

▶ 作者介绍

唐红宾

新疆物美生物科技有限责任公司，多年从事饲料生产、养猪生产及猪病诊疗工作。

▶ 引言

　　现阶段，国内新冠肺炎疫情防控形势正朝着积极转好的方向变化，且已实现了"大局稳定"之态势。而同是疫情暴发，非洲猪瘟疫情近期再次"偷偷潜入"养猪人腹地，传染病防控始终围绕着控制传染源、切断传播途径和提高易感动物非特异性免疫力。那么，病毒是如何造成感染、传播以及致病的？

　　唐红宾分享《从非洲猪瘟到新冠病毒，那些不得不说的事》，本文尽可能真实还原出病毒的基本生物学特性，供养猪人参考。

　　2019 年岁末，一场突如其来的新型冠状病毒肺炎疫情，让本该举国欢庆、欢乐祥和、亲朋聚会的春节，按下了暂停键。更是让正在经历非洲猪瘟肆虐、心有余悸的养猪人，再一次感受到了病毒的可怕，人类的无助，生命的无常。不管我们如何无助，如何恐慌，都要直面病毒这个与人类终身相伴的"小伙伴"。

　　无论如何，只有深刻地了解病毒结构，病毒的生物学特征，才能有的放矢地设计出防控方案，研发出有效的疫苗或者药物来对抗它。

一、病毒的生物学特征

　　自列文虎克通过显微镜观察到细菌的存在后，人类才开始真正了解、探索细菌、病毒这些微生物。不管你愿不愿意相信，病毒都不能算作具有完整意义的生命体。病毒很小、

很简单，大部分病毒只有几十到几百纳米，比细菌小得多。一般来说，病毒有一个蛋白质外壳，包裹一小段最简化的遗传物质片段，病毒没有自己的代谢系统，没有酶系统，无法独立生长和繁殖，需要寄生于别的生物体内。在进入宿主细胞之前，病毒完全处于休眠状态，与自然界中的粉尘没有太大区别；但是病毒一旦进入宿主细胞，立刻就会展现出强大的生命力，会充分利用宿主细胞内的营养物质进行繁殖。

二、病毒是如何造成感染的?

在人类生活的环境中，分布着各式各样的病毒，并且从未停止繁殖和变异。不是所有的病毒都是有害的，因为与细菌的多宿主感染不同的是，病毒具有很强的宿主选择性，会非常挑剔地选择宿主细胞。绝大多数进入机体的病毒，并不一定造成感染，只有可以进入宿主细胞的病毒，才会造成感染。那些无法进入宿主细胞，在血液中循环的病毒，无异于免疫细胞的美味佳肴，不可避免地会被免疫系统消灭。

病毒只会选择特定物种的特定细胞上的特定蛋白质分子，结合并侵入宿主细胞。比如说新冠病毒与 SARS 病毒，就是靠病毒蛋白质外壳表面的刺突糖蛋白，结合人体细胞表面的血管紧张素转换酶-2（ACE2）。人体很多器官分布有 ACE2，如肺、小肠、肾脏、心脏和睾丸等，新冠病毒与 SARS 病毒能很好地识别和入侵这些器官的细胞。

与此不同的是，**非洲猪瘟病毒是结合了猪的单核-巨噬细胞上的 CD163 蛋白质分子，侵入宿主细胞的。**单核-巨噬细胞起源于骨髓干细胞，在骨髓中经前单核细胞分化发育为单核细胞，进入血液，随血流到达猪全身各种组织。正是因为猪全身各种组织都有 CD163，才会造成猪体内各组织广泛感染。并且作为免疫细胞的单核-巨噬细胞首先被入侵后，免疫系统清除病毒的能力严重受损，从而造成病毒大量繁殖，宿主细胞大量死亡。也恰恰因为人体内没有能被非洲猪瘟病毒结合的 CD163，所以人体细胞不会被非洲猪瘟病毒侵入，更不会发生人感染非洲猪瘟病毒。

三、病毒是如何传播的?

在商业世界里经常用到"病毒式传播"这个词，说明病毒的传播速度特别快。那么病毒是如何传播的呢?

病毒的传播主要有三个层次：

第一种情况是同一宿主内，不同细胞之间的传播。这个比较容易实现，当一个病毒结合特定宿主的特定蛋白质分子侵入宿主细胞后，会快速复制出大量病毒颗粒，导致宿主细胞死亡后会在机体内选择相邻的细胞，进行无差别地入侵、繁殖，完成生命的第一要义。

第二种情况是不同宿主之间的传播。这个看起来有点麻烦，因为病毒没有腿脚、没有翅膀，无法自行移动到另外一个宿主体内进行传播。

这个时候，病毒会聪明地利用宿主的自我保护反应，借助宿主进行传播。

比如说 SARS 病毒与新冠病毒，先在人体内完成细胞之间的传播，然后会寻找下一个宿主繁殖后代。于是病毒会在呼吸道大量聚集，这个时候人体就会自行启动先天性的自我保护反应，先是用呼吸道黏膜包裹病毒，然后通过打喷嚏、咳嗽，排出病毒以减少身体中的病毒载量。而病毒则借机随飞沫排出体外，如果恰巧旁边有其他人，病毒就顺理成章地进入另一个宿主。

粪口传播也是遵循相同的传播方式。病毒在消化道聚集，引发消化道先天性的自我保护反应，消化道内分泌物增加，通过排泄冲洗消化道，减少身体中的病毒载量。病毒就会随排泄物进入环境、饮用水、果蔬等食物链中，静候进入另一个宿主的机会。

第三种就是物种之间的传播。科学家猜测，SARS 病毒、新冠病毒、流感病毒，就是在积累了足够的变异后，获得了跨越物种屏障传播的能力，它们先是进入中间宿主，在中间宿主体内继续大量复制、变异，最终获得进入人体细胞的能力，进行传播。

四、病毒是如何致病的？

病毒本身并不会造成危害，只有病毒结合特定宿主的特定细胞的特殊蛋白质分子侵入宿主细胞后，才有可能造成感染发病。

机体内大量存在着包括病毒在内的多种微生物，正常情况下，它们与机体属于共生关系，与免疫系统一起维持着动态的平衡。只有病毒获得了大量繁殖的条件，或者宿主免疫系统受到某种损伤的时候，平衡被打破，才会造成发病。

病毒导致发病的原因：

第一种是病毒入侵宿主细胞后，利用宿主细胞复制出大量的病毒颗粒，最终会造成宿主细胞死亡，随后宿主细胞破裂，释放出大量的病毒，继续结合、侵入其他宿主细胞。在短时间内大量破坏宿主细胞，从而造成宿主细胞大量死亡，自然就会导致发病。

第二种情况稍微有点复杂，有些时候，病毒本身不会杀伤宿主细胞，而是嵌入在宿主细胞中成为宿主细胞的一部分。在这种情况下，宿主细胞自身的防御措施可能会导致发病。比如说，艾滋病病毒就是结合辅助 T 细胞上的 CD4 蛋白质分子，将自己的基因片段嵌入在辅助 T 细胞的基因中。而人体中有一种负责监视功能的杀伤性 T 细胞，不仅杀死被病毒嵌入的细胞，很多时候连相同类型的正常细胞也进行清除，这样人体免疫系统就瘫痪了。失去免疫系统保护的人体，暴露在各种各样微生物的"饱和攻击"中，很容易被其他微生物感染造成发病。

第三种发病的原因与免疫系统异常有关。人体免疫系统的核心任务之一，就是识别和清除人体内的病原。如果人体内细胞已经被病毒感染，这些细胞也会成为免疫系统的攻击对象。SARS 病毒和新冠病毒感染，引发的就是这样的反应——人体免疫系统剧烈地攻击那些携带病毒的人体细胞，比如说肺部的细胞。淋巴细胞和巨噬细胞持续激活和扩增后，分泌大量的细胞因子，导致"细胞因子风暴"，会触发免疫系统对患者身体进行猛烈攻击，引起急性呼吸窘迫综合征和多器官衰竭。在短时间内破坏肺部和其他人体器官的正常功能，导致人发病和死亡。

五、病毒如何逃避宿主免疫系统？

大部分病毒都拥有病毒包膜结构，如非洲猪瘟病毒、猪繁殖与呼吸综合征病毒、冠状病毒、流感病毒；包膜病毒具有很强的适应性，可以在短时间内发生变化，以逃避免疫系统，因此能造成持续性地感染。那么，病毒是如何获得这种逃避免疫系统追杀的能力呢？前面我们说过，病毒是完美的寄生者，需要依靠宿主细胞的物质复制、装配后代。病毒在侵入宿主细胞后，先是复制出 RNA，然后通过 RNA 发出指令，利用宿主细胞内的物质，制造自己的后代。也就是说，除了 RNA 是病毒自己的，其他部分都是利用宿主细胞的物质装配出来的。病毒包膜物质通常源自宿主的细胞膜，携带宿主的磷脂和蛋白质。因为病毒包膜来源于宿主细胞，所以造成宿主免疫系统的识别障碍，病毒从而能够躲避宿主的免疫系统的清除。

这也是我经常开玩笑时说的：猪繁殖与呼吸综合征病毒、非洲猪瘟病毒都是"狞笑者"等待单核-巨噬细胞本能的追捕，然后反杀夺舍后，披上宿主细胞的外衣，造成免疫系统的识别障碍，从而规避免疫系统的识别，延缓免疫系统对病毒入侵者的围猎。

第18篇 刘向东：非洲猪瘟背景下的养猪文化建设与制度保障

2020年4月22日

▶ 作者介绍

刘向东

副教授，畜牧学博士，兽医学博士后，华中农业大学国家家畜工程技术研究中心、农业农村部生猪健康养殖重点实验室固定研究人员，英国皇家兽医学院访问学者，美国动物科学学会会员，美国肉质学会会员，现任广西扬翔股份有限公司养猪事业部副总裁。

2016年荣获湖北省科学技术奖励技术发明奖一等奖，2018年荣获"中国改革开放40年推动养猪产业提升百位'猪博士'"奖，2019年荣获"中国改革开放40年八桂最美养猪人"奖，2019年入选第七批贵港市优秀科技人才，任职广西扬翔股份有限公司（简称"扬翔公司"）期间，搭建了扬翔公司养殖生产体系，推进批次化生产，在扬翔公司非洲猪瘟防控期间，组建扬翔防非中心，组织搭建、建立健全扬翔防非体系，深入一线指导防非工作的开展。

▶ 引言

我国是世界养猪大国，更是猪肉消费大国。官方预计2022年之后，我国生猪产能呈稳定增长趋势，预计2029年猪肉产量达到5 972万吨。非洲猪瘟疫情的发生不仅给猪场带来了巨大损失，同时也侧面反映出我国落后的养猪文化与硬件设施还远满足不了应对新形势下防控非洲猪瘟的总体要求。

作为一个传统产业，养猪业伴随着我国改革开放30多年的步伐也同样发生了巨变，但对于非洲猪瘟疫情的防控，目前的养猪观念显然是达不到理想中的防控效果。刘向东博士分享《非洲猪瘟背景下的养猪文化建设与制度保障》，文中强调了我国养猪业存在着整体系统性的问题，在抗非工作中应从文化和制度上下功夫，重视"软实力"，还应修炼"真功夫"，并列举实例细述防控非洲猪瘟的措施，供养猪人参考。

2018 年 8 月我国东北出现了非洲猪瘟疫情，不到一年的时间，非洲猪瘟横扫我国大江南北，给养猪人造成了巨大的损失，影响之深、波及之远，长者闻所未闻，智者见所未见。养猪人都有着类似的心路历程，**从最开始的看热闹、不屑一顾，到城门失火时的看不懂，以至于最后殃及池鱼时的来不及。从最开始"被动防控，消极应对"未果的失望，到"武装到牙齿、严阵以待"失守后的绝望，再到后来"理性防非、科学防非"后的希望**。其实回望过去，面对瘟疫，人类始终是非常脆弱和渺小的，这次的新冠肺炎疫情也证明了这一点。而对于疫病的防控，最难的还不是对疫病的未知，而是即使知道如何防控，但不知道如何保证时时刻刻让防控措施"落地"，让每一个人"落地"，让整个生猪行业"落地"。没有一个猪场能够脱离行业孤立的生存下去，一个个猪场的失守，一头头猪的死去，说明了我国养猪行业不是局部出了问题，而是存在着整体系统性的问题，我们的养猪人和养猪文化也自然脱不了干系。**防控非洲猪瘟，不仅仅需要"硬功夫"，还需要"软实力"**。基于此，笔者想在这里重点谈谈"软实力"，和大家探讨一下防非、抗非工作中的养猪文化建设与制度保障，因为这种"软实力"决定着我们能否笑到最后。

非洲猪瘟的肆虐反映出我国落后的养猪文化与硬件满足不了新形势下防控非洲猪瘟的总体要求。谈养猪，就离不开养猪人，有人的地方就有文化、有规矩、有制度，就会有相应的行为习惯与之相适应，一旦特定的群体养成了良好的习惯，慢慢大家也就忘记了为什么要养成这个习惯，昨天这样做，今天就这样做，本来是为了传承文化的好习惯，遇到重大历史事件，当外部环境改变了，就变成了阻碍新文化形成的坏习惯，起了反作用。

其实我国不缺先进的养猪文化，所有的新文化都是酝酿于旧文化。我们判断一个人或者一个国家养猪文化的实际水平，不能看知道了多少，也不能看最高水平，而是要看大多数情况下真正做到了什么水平。当下所有养猪行业同仁对于养猪相关的所有行为的共识就形成了所谓的当下真实的养猪文化，构成了养猪理念，这些东西，看似虚无缥缈，一旦形成，很难改变。如果接受了低成本的养猪文化，不要说消毒药，就连疫苗可能都不想用，更不用说进行所谓的"洗消烘"，这些生物安全措施在非洲猪瘟流行前，大家都知道，但很大一部分人认为这是成本、是费用，而不是保险。

防控非洲猪瘟的新养猪文化最大的特点是补短板，需要整体上提高国家和地区养猪的平均水平，因为每一个薄弱的环节就有可能成为非洲猪瘟入侵的一次机会，这需要全产业链、全社会所有人共同参与，要靠大家一起建设、一起践行。大家不要小瞧文化对于疫病防控能否落地的影响，简而言之，落后的文化会阻碍各项疫病防控措施的执行，反之亦然。

在 2019 年初，针对非洲猪瘟，**扬翔公司就在行业内率先提出"防非五策"：不动猪、加热料、卡住车、守住人、鼠类苍蝇一起防**。在"防控非洲猪瘟五策"落地的初期，大家议论纷纷。不让转猪，那怎么组织生产？如果所有的饲料都要煮一遍，那不是又倒退了？

猪场本来就有苍蝇和鼠，几千年都是这样的，那怎么能防得住呢？有些老员工说没见过没有鼠、苍蝇的猪场，因为防不住，所以没必要防，多几只少几只无所谓。员工不休假，那谁还敢养猪啊！很多公共道路，哪里能避免交叉？这种由于环境发生变化而带来的制度调整，对于仍然保留着原有养猪观念的养猪人来讲，是根本接受不了的。如果不去转变大家的认知，僵化执行，各项措施的执行力度将会大打折扣，必然达不到防控的效果。

针对这些问题，管理者千万不能埋怨员工、抱怨员工、一味地批评员工愚昧无知、老顽固。必须要从基层到高层，从各个技术线路的角度，开展广泛而深入的思想碰撞。针对生猪、饲料、车辆、人员和四害这五个方面，扬翔公司陆续找到了有效、可执行的方法，比如：生物安全设施改造达标的猪场可以实现转猪；对于饲料加热，可以通过高温制粒来实现；人员可以通过三级隔离，车辆通过三级洗消；防四害可以通过打造"铁桶猪场"改造硬件等方案来落实，而员工也逐渐理解了这些举措对于防控非洲猪瘟的重要意义。非洲猪瘟疫情的发生与应对将淘汰不学习、不改变的老一代的养猪人，将会培养拥有新文化的新一代养猪人。

万事开头难，若要持之以恒地防控或者消灭非洲猪瘟难上加难。我们该如何应对呢？只有通过非洲猪瘟背景下的养猪文化和制度的建设来保障非洲猪瘟防控的胜利成果。就像这次新冠肺炎疫情，政府为了有效应对疫情陆续出台了一系列的非常规的政策，全社会克服了春节习俗和传统习惯（爱聚集、爱热闹），严格执行，切实彻底防控新冠肺炎，取得了阶段性的胜利。那么，防控非洲猪瘟也是一样的。

这种改变，不仅仅是个人层面，需要整个行业的同频共振，更需要整个产业链甚至全社会共同形成一种全新的养猪文化。这种文化以保障人和猪的健康安全为核心，生物安全是重中之重。这种养猪文化更加健康、更加科学、更加环保、更加智慧。除了从业人员要自律，政府也要从国家层面倡导并保障这种养猪新文化，要为动物生物安全立法，对进出口动物产品要采取更有效的管控措施，要推行各项有利于科学养殖的政策。学过遗传学知识的人都知道，有些病毒在与宿主斗争的过程中，会引起宿主基因突变或者与宿主发生基因重组。在非洲猪瘟大背景下，我们希望看到的，不是非洲猪瘟过后的"一地猪毛"，而是更多的文化基因的有益突变。只有从养猪文化和制度上下功夫，才能打赢这一场持久战。

专家点评

新冠肺炎是当今对全球各国影响最大的人类疾病，对应的，非洲猪瘟是当前对我国甚至世界生猪产业影响最大的猪病。两者的防控中有很多共同点。在全球大流行的背景下，我国在较短的时间内取得了新冠肺炎防控的阶段性成果，值得我们深思和总结。针对新发传染病的防控，我们需要早发现（对临床症状敏锐）、早鉴定（有高效鉴定病原基因组信息的能力）、早检测（建立高效、敏感的检测方法），并不断提高认知，特别是对于病原学、流行病学、病理学、防治方法等方面的知识，如病原结构和分子特点、传播方式和途径

（是否人传人）、病理剖检知识、中西医防控是否有疗效等。同时也需要充分的人力、物资和资金，政府的统一指挥，全体国民的认真执行抗疫方案，以及共克时艰的精神等。回顾一下，与我国非洲猪瘟防控的重点是一致的，同时也能为我国非洲猪瘟防控提供很多参考。其中非常重要的一点就如同本文作者所说的文化建设与制度保障。

　　本文中，作者展示了我们非洲猪瘟防控过程中波涛起伏的心路历程，从看热闹、看不懂、来不及、失望、绝望到"理性防非、科学防非"的希望。非洲猪瘟这块"试金石"不仅揭示了我们养猪业整体性和系统性的问题，还提出了养猪人和养猪文化的问题。非洲猪瘟的防控不仅依赖各种硬件，还需要各种软实力，特别是养猪文化建设和制度保障。防控非洲猪瘟的新养猪文化最大的特点是补短板。在2019年初，针对非洲猪瘟防控的一些短板，扬翔公司就在行业内率先提出"防非五策"：不动猪、加热料、卡住车、守住人、鼠类苍蝇一起防，对整个行业都有非常重要的积极影响。无论当时大家是否认同，事实胜于雄辩。提升养猪文化建设和制度保障需要整个行业、产业链甚至全社会的参与。这种养猪文化以保障人和猪的健康安全为核心，生物安全是重中之重。这种养猪文化更加健康、更加科学、更加环保、更加智慧。除了从业人员要自律，政府也要从国家层面倡导并保障这种养猪新文化，要为动物生物安全立法，对进出口动物产品要采取更有效的管控措施，要推行各项有利于科学养殖的政策。只有从养猪文化和制度上下功夫，才能打赢这一场持久战。

（点评专家：仇华吉）

第19篇　解伟涛：浅谈非洲猪瘟防控常见误区

2020年5月6日

▶ 作者介绍

解伟涛

　　南京农业大学兽医专业博士生，执业兽医师，目前在陕西石羊农业科技股份有限公司担任兽医总监。2013—2018年，在河南省农业科学院动物免疫学实验工作室。2005—2012年，在河南新大牧业工作。主要从事规模化猪场疫病防控与净化工作。

▶ 引言

　　非洲猪瘟这场前所未有的疫情赤裸裸地暴露出我国养猪行业的短板，如生猪产业链上下游从业人员认知不够全面、经验不够丰富、处置不够迅速、决策不够有力等。纵观整个养猪业，业内对于非洲猪瘟防控的认知相对滞后，从而导致防控没有起到有效作用。

　　解伟涛分享《浅谈非洲猪瘟防控常见误区》，文章从目前非洲猪瘟防控常见的误区进行分析，用实例解释非洲猪瘟防控绝非依靠单纯的严防死守就能成功，并总结了一线生产人员大量的成功经验。本文主要从盲目求大、忽视硬件、迷信"神药"、依赖检测、操作不当及缺乏激励这六个方面剖析问题并提出相应解决方案，总结了非洲猪瘟防控的系统工程，供同行参考。

非洲猪瘟传入我国一年多时间，给我国养猪业造成了巨大经济损失，生猪产业损失惨重。目前该病防控压力依然很大。一线生产人员一方面总结了大量成功经验，有些在世界范围内都是首创，值得推广应用；另一方面也有许多失败教训，值得反思总结。笔者就目前我国非洲猪瘟防控常见误区进行简单分析，仅供同行参考。

一、盲目求大

由于受环保、土地、成本、生物安全等因素制约，在国内找到一块合适的猪场建设用地很难。一些猪场场主在有限的土地上片面追求生猪产能最大化，没有形成固定可复制的养猪模式，猪场规模与疫病防控及管理能力等不匹配，导致疫病频繁发生。尤其是非洲猪瘟对各种猪场"通吃"。

对于规模化猪场，建场选址非常重要，我们可以利用生物安全 PIC 千点评分等方法结合临床实际来选择最佳地块，然后再根据公司成熟的、可复制的管控模式进行猪场设计布局。在非洲猪瘟疫情形势下，笔者建议猪场布局要结合自身生物安全条件和管控能力，单场规模大小要适中，不要盲目求大。比如：新建独立的母猪场，建议单场规模以 1 200～6 000 头母猪为宜（图 19-1），最好不超过 12 000 头母猪，并采取分线管理。

图 19-1　陕西石羊农业科技股份有限公司 6 000 头母猪场

断奶仔猪转出饲养，保育和育肥猪最好以场为单位全进全出，单场规模要与上游母猪场配套，最好进猪时 7 d 内可以装满，售猪时 7 d 内能够全部清空，经过严格冲洗、消毒、干燥、检测后再进下一批猪。

对于家庭猪场，如果饲养母猪，建议采取批次化生产（3～5 周批）模式，集中配种、产仔、断奶、销售，尽量减少猪、人员、车辆、物资等进出频率。养猪人员也可以与大公司合作，采取"公司＋农户（家庭农场）"模式专职饲养育肥猪，同样以场为单位进行全进全出。

二、忽视硬件

众所周知，非洲猪瘟病毒主要通过接触传播，病毒在场内传播速度较慢。物理阻断是目前非常有效的控制方法之一。不同地域、规模的猪场,外部感染压力不同。在养猪密集区域,湿冷天气有利于病毒传播,干燥炎热天气有助于非洲猪瘟防控。在北方寒冷季节和南方梅雨季节,非洲猪瘟防控压力较大。一些猪场过度依赖消毒操作,片面强调"软件"执行,忽视"硬件"改造,造成疫病频繁发生。

以运猪车辆为例,笔者建议场内转猪车辆、场外中转车辆和下游运猪车辆要配置到位,专车专用,专人负责(图19-2)。场外转猪车辆最好一车一天只运一次(一趟),然后经过严格洗消、烘干(图19-3)、检测和静置过夜后才能再次使用。

图 19-2　仔猪中转车辆

图 19-3　车辆洗消烘干中心

对于猪场出猪台或场外中转平台,建议使用大容量平台(暂存舍)(图19-4和图19-5),最好可以容纳当天全部待转猪。在中转平台装满、上游中转车辆和人员离开后,下游的车辆和人员才能过来,然后由专人把平台上的猪全部赶至下游车上,中转平台经过严格消毒和检测合格后才能再次使用。这样操作可以在空间和时间上双重切断上、下游之间的连接,有利于非洲猪瘟防控。也可以通过上、下游设置物理高度落差,最大限度地防止猪回流,以及人员或车辆交叉污染。

另外,笔者建议猪场使用散装料车,打料车辆不进场,在墙外打料,司机全程不下车(图19-6)。猪场要改善淋浴设施,使员工洗得舒服(尤其是在寒冷天气),愿意洗澡,防止出现应付走形式情况。在设计或改造猪舍时采取小单元、实心栏;给每个限位栏母猪单独安装一个饮水器,或者把通用水槽隔断,每10头左右母猪共用1个水槽等。在当前非洲猪瘟疫情压力之下,猪场只有通过系统性硬件改造,才能阻止外部病毒传入,延缓病毒在场内的传播速度。猪场员工如能及时发现异常猪,并快速检测确诊,完全可以成功"拔牙",最大限度地减少猪群损失。

图 19-4　仔猪中转平台

图 19-5　淘汰猪出猪台

图 19-6　散装料车墙外打料

三、迷信"神药"

在非洲猪瘟出现后，市场上出现了许多抗非"神药"，其实目前尚无对非洲猪瘟有特效的药物或疫苗。笔者建议猪场当下重点还是以生物安全防控为主，努力改造硬件，科学消毒，防止外部病原传入，同时加强饲养管理，增强猪群抗病力，提高病毒感染阈值，防好其他重要疾病（比如猪蓝耳病、伪狂犬病、猪流行性腹泻、猪圆环病毒病等）。一些猪场过分依赖某些"神药"或消毒剂，忽视对相关传染源的管控，结果导致防控效果无法保证，事倍功半。减少相关传染源的病原载量、进行严格冲洗消毒及充分静置干燥，比单纯

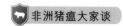

依赖消毒剂或"神药"更重要。

四、依赖检测

好产品是生产出来的，不是检验出来的。非洲猪瘟检测的主要意义在于加强监管，尽早发现问题，督促有关部门科学决策、及时整改、消除隐患，通过不断改造硬件、优化流程、强化执行，从而降低非洲猪瘟感染风险。非洲猪瘟防控是一项系统工程，我们在尽量确保检测结果及时、准确、可靠的同时，更应该狠抓生物安全，千方百计减少外部车辆、物资、人员、猪群以及环境中的病毒载量，这是非洲猪瘟防控工作的重点。如果片面倚重实验室检测结果，容易出现决策失误，不利于非洲猪瘟防控。目前现有的非洲猪瘟检测试剂盒以及采样检测方法都有局限性，检测结果受到试剂盒的敏感性、样本采集范围、气溶胶污染、人员操作等多种因素影响。样品检测结果阴性不代表没有病毒，检测结果阳性也不一定就有病毒存在或有活病毒存在。一般情况下，对于环境样品或物资样品，如果能检测到病毒，说明病毒污染已经很严重。如果检测不到病毒，可能样本病毒含量太少，没有采集到或者没有检测出来。对于猪群检测，如果大群一直稳定，持续监测也未检测出病毒，可以视为非洲猪瘟阴性猪群。即便如此，也不能认为猪场内部完全没有非洲猪瘟病毒，从而放松警惕。因为病毒可能潜藏在某个环境角落里，一旦机会来了，它就会"兴风作浪"。阴性场样品如果首次检测到阳性，建议更换试剂盒、设备和人员，重新检测；并立即再次采样，一式两份，同时送两个实验室检测，以免发生误诊。

五、操作不当

一些猪场在猪群出现异常时，出现决策失误，手忙脚乱，盲目淘汰和转群，以及不规范采样，甚至试用一些来历不明的"神药"等情况，造成人为散毒，情况严重的猪场最后以清群告终。笔者建议猪场在情况未明之前，尽量保持静默，不动猪、不接触猪，不乱用"神药"。平时根据突发情况处置预案，做好演练培训，以及物资和技术储备，并不断完善相关预案。对于常用的电击处死器、快速检测设备和试剂盒、采样棉棒和纱布、火焰枪、彩条布、一次性防护服、一次性 PE 手套、雨靴、消毒剂等物资要有足够储备，以备不时之需。在非常时期，根据猪舍布局和场内污染情况，综合分析，采取正向"拔牙"（剔除问题猪）或者反向"拔牙"（移走健康猪）的策略，按照怀疑一切原则和进手术室原则进行相关操作。比如：在每次猪移动前进行检测；铺 U 型彩条布隔离通道（图 19-7）；对道路、工具和猪体表进行消毒等；对于弱猪和病死猪，按疑似带毒处理；相关操作工具和车辆在每次使用前后进行严格消毒和检测；同时操作人员要做好自身洁净，防止带毒和散毒。

六、缺乏激励

非洲猪瘟防控人人有责，上下同欲者胜。虽然硬件配置和流程设计很重要，但一切操

图 19-7 铺 U 型彩条布隔离通道
引自姚建聪等，猪业科学，2020，37（3）：92-93

作都离不开人的落实和执行。建议管理者在设计薪酬时一定要让每一个员工切实感受到非洲猪瘟防控结果带来的喜悦或刺痛，只有充分调动大家的积极性，各种防控措施才能真正有效落实。有时候通过利益分享机制，正向激励可能比高压管理效果好。

七、小结

非洲猪瘟防控是一项系统工程，养猪企业最好能做到生物安全闭环生产。鉴于各场情况不同，笔者建议猪场结合自身条件，通过采取科学选址、适度规模、合理设计、硬件配套、狠抓执行、利益分享等机制，本着怀疑一切原则、进手术室原则、系统防控原则和安保匹配原则进行综合管控，相信一定可以成功防控非洲猪瘟疫情，为养猪行业健康发展、国家食品安全和保障猪肉供应做出一份贡献。

专家点评●

本文中解老师从养猪生产实践角度出发，详细分析了非洲猪瘟防控领域的常见误区。他强调目前没有可靠的"神人""神药"可以完全防控非洲猪瘟。养猪企业只能依靠生物安全，采取适合自己的养殖模式，本着怀疑一切原则、进手术室原则、系统防控原则和安保匹配原则，通过改善硬件、完善流程、强化执行、增加激励，才能最终形成有效的非洲猪瘟防控体系。

非洲猪瘟防控绝对不是靠单纯的严防死守就能够成功。综合性防控方案包含方方面面，从防控的一点到多点，从多点汇成一条主线，再从一条主线汇聚成一个整体，最终形成一个有效的综合性防控体系。无论猪场规模大小，都很适用。感谢解老师的精彩总结。

（点评专家：韩春光）

第 20 篇　王直夫：系统思维，把握重点，
精准防控非洲猪瘟

2020 年 9 月 30 日

▶ 作者介绍

王直夫

　　国家执业兽医师，高级兽医师，现任江苏正大苏垦猪业有限公司总经理。从事大型规模化养猪企业的生物安全体系建设运营管理、主要疫病净化、生产经营工作 20 余年，在国内专业杂志上发表论文 20 余篇。

　　2018 年 8 月，我国首次发生非洲猪瘟疫情。这两年，猪价一路飙升，表明我国总体上缺猪，生猪产能还没有恢复到理想的供需水平。国内兽医科研院所、动物疫病防控机构的猪病专家们带着"忧国忧民忧猪"的情怀和担当，"顶天立地"，深入基层，贴近一线，指导培训，释疑解惑（图 20-1）；养猪企业负责人定期、不定期，采用"线上线下"的方式，交流、分享成功防控非洲猪瘟的经验，剖析猪场发生非洲猪瘟的教训，痛定思痛，认真复盘，解放思想，辩证思维；党中央、国务院高度重视，各省、直辖市、自治区人民政府相继出台了若干优惠政策，在分解（出栏、存栏）指标、引种补贴、用地审批、环评条件、动物防疫条件审核、农机补贴、养猪贷款、出栏奖励等方面都给予了大力扶持，力度空前，前所未有，目的是千方百计加快恢复生猪生产，尽快满足国民对猪肉产品的刚性需求；行业同仁对猪场生物安全体系的认识明显提升，"防非"信心增强，加大投入，改造升级，完善防控措施，精准防控非洲猪瘟、促进稳产复产的形势进一步向好，生猪存栏和出栏数量大幅度增加。非洲猪瘟是严重危害我国生猪养殖业的疫病之一。目前，既没有安全有

效的疫苗，也无有效的治疗药物。其防控主要依赖于及时、准确的诊断、消毒灭源和严格的生物安全管控措施。通过运用系统思维、坚定信心、把握重点、查漏补缺、升级改造、联防联控等科学有效的管理措施，非洲猪瘟完全可以做到可防、可控、可根除。

图 20-1　2020 年 9 月 12 日，中国农业科学院哈尔滨兽医研究所仇华吉研究员莅临正大苏垦猪业调研指导交流非洲猪瘟防控工作

一、系统思维，管控风险

1. 系统思维

（1）猪是活的生命体，对饲料营养、温度、湿度、密度、光照、舍内环境卫生、干爽、通风换气、减少应激（换料、断奶、转群、热应激、冷应激、环境有害气体和粉尘等）有很高的要求。

（2）肠道健康是维持猪群健康的基础，日粮中要供给优质鱼粉、**优质添加剂**、益生菌、复式酸化剂、中草药提取物和膳食纤维等。

（3）非洲猪瘟病毒主要通过口鼻腔黏膜和血液传播，尽量不接触、减少接触或安全接触猪。

（4）任何猪病的发生，都与猪对病原的耐受性（敏感性）高低、病原剂量大小、毒力（强毒株还是弱毒株）和病原感染途径以及环境条件等有关。

（5）生物安全要做且要做好，但要讲科学、讲逻辑，把握重点、抓关键点，不能做成过度的、变态的生物安全，不要把猪和人搞得鸡犬不宁、疲惫不堪，这会加速非洲猪瘟病毒的入侵。

（6）了解非洲猪瘟病毒的 6 个特点：一是耐低温；二是喜欢有机物和脏的环境；三是耐盐，比如火腿中的非洲猪瘟病毒能存活很长时间；四是怕高热；五是怕干燥，圈舍保持干燥则病毒不易存活；六是耐酸碱，但是强酸强碱可以杀灭病毒。

（7）加强管理和生产团队防控非洲猪瘟应急预案演练和超强执行力的培训。

（8）养猪要以猪为中心，以猪为本，实行"猪性化"管理。有的公司以领导为中心，有的公司以成本为中心，有的公司痴迷于"2mL核心技术"和不靠谱的"神医神药神法"。思路决定出路，思维理念不同，防非结果迥异。

2. 管控风险　先全面、客观地看看猪场自身条件：

（1）设施缺失不配套、防疫条件差的现状有无改善。

（2）非洲猪瘟防控水平不高、生物安全意识欠缺，通过一系列培训交流后有无显著提升。

（3）周边3km范围内的猪场数量、生猪存栏量、饲养密度如何，中小养殖场（户）业主的年龄、学历、结构和管理水平如何。

（4）近期，周边3～10km区域的猪场是否发生过非洲猪瘟重大疫情，都要了如指掌、胸中有数，要在这方面做足功课。

（5）猪场的地理位置是否具有优势，要考虑地形地势地貌，猪场生物安全高低顺序依次为：高山优于丘陵，丘陵又优于平原。

（6）距离自家猪场3～10km范围内饲料厂、农贸交易市场、病死动物收集和无害化处理点、屠宰厂、粪污消纳点、垃圾收集站、车辆洗消中心和公共厕所以及乡村中巴车站分布情况如何。

（7）场内生产区、生活区最近一次的非洲猪瘟环境采样检测结果是否全为阴性。

（8）场内净道与污道是否完全分开，是否存在个别点状或部分重叠交叉，有无规定消毒措施。

（9）后备猪引种资金是否准备充足，后备猪来源、引种评估、隔离舍准备、引种路线规划、隔离观察及疫苗免疫驯化方案。

（10）分区管理方面，如雨污分流、病死猪处置及生活垃圾、医疗废弃物、粪污无害化处理设施是否分区管理到位等。

二、把握重点，升级改造

笔者认为生物安全是一门**管理和实践学科**，既包括科学的方法、严谨的思路和逻辑，也包括有效的实践。其主要内容包括猪场选址、猪舍布局、生产模式、车辆洗消中心管理、引种控制、主要病原载体（猪、车辆、物资、饲料、精液、食品、人、动物、空气等）进入猪场生产区的流量和频次的有效管控。

生物安全措施的执行有个前提条件，就是要具备硬核和配套的硬件，譬如员工场内外隔离点、物料预处理中心、3km外的转猪平台、场内外专用转猪（料）车、防鸟网等，主要用于猪流、人流、车流、野生动物流和物流的管控。人员从外部进入猪场需要经过场外1km隔离点24～48h隔离，经过非洲猪瘟病毒核酸检测阴性后，准许进入猪场生活区再隔离。通过场门口洗澡房，10min以上的沐浴更换场内服装。车辆分为场内使用和场外使用，运输前后要在消毒点进行1～3级消毒和1～3次清洁度检测。猪场所用器物都需要经过严格有效的消毒方可进场。场内要严格灭鼠、防鸟、灭蚊蝇，切断非洲猪瘟病毒通过生物媒介传播入场的风险。

三、科学评估，联防联控

养猪人要时刻保持警醒意识，经常评估猪场所在区域的非洲猪瘟疫情发生的现状和流行趋势。

如果距您 1km 的猪场常年管理混乱、疾病不断，猪场场主头脑中完全没有生物安全概念，甚至于连门卫和车辆洗消设施都没有，您感到紧张吗？

如果您附近的猪场近期购买了便宜的猪苗（15kg 左右的猪苗 600 元）回来饲养，您是否感到焦虑和不安？

如果您所在猪场 2km 范围内的某家猪场正在暴发非洲猪瘟（或者蓝耳病、流行性腹泻等疫病），您晚上还能呼呼大睡，一觉睡到自然醒吗？

非洲猪瘟大环境下，任何一家猪场都不能单打独斗，孤军奋战，独善其身；更不能事不关己，高高挂起，坐享其成。

在 30～50km 半径范围内，所有猪场可以结成**"区域防控联盟"**，形成命运共同体，互通信息和资源，交流经验和教训，联防联控，群防群控。一起努力，强化生物安全防控意识，提升管控水平，共同投资完善防疫硬件设施，培训人员，规范操作，专人监督，定期监测。做好区域联防联控，维持本区域非洲猪瘟阴性，事半功倍。

成功抵御非洲猪瘟病毒入侵猪场的实践已经证明，**做好猪场生物安全、体内外阻断非洲猪瘟病毒**是所有猪场猪群疫病预防和控制的根本措施，也是**最有效、最可靠、成本最低**的猪群健康管理措施。

四、认真复盘，查漏补缺

非洲猪瘟病毒太凶残、太狡猾，无孔不入，百密一疏，全盘皆输。防控非洲猪瘟时不要做帮助非洲猪瘟病毒加速传播的事情，如过度消毒、带猪消毒、饲养管理不当、营养不均衡、频繁或高强度应激等；

非洲猪瘟的防控不是极限操作生物安全，应更多关注场内的猪群健康和饲养管理工作，场内的猪群才是防疫一线。对于非洲猪瘟防控，不要指望疫苗，要采取基于生物安全的综合防控，要舍得投入必要的设施设备；

猪场外围应加强人员巡查和环境采样监测，如车辆、人员、路面、地表水等；猪群每周抽检一次即可，但每天发现的问题猪必检，及时淘汰处理病弱猪；雨天和极端天气停止售猪、转猪等操作；

在猪场日常生产管理、疫病防控实操等方面要有"超前和前置"意识。猪场的外围是防控重点，对物流、猪流、车流、人流、饮用水和外来动物（鸟、**猫、犬**、鼠和蚊蝇）的管控，经常对标对表，检查、评估，查漏补缺，要不断改进提升，逐步减少生物安全盲点和死角，循环往复，周而复始，你的猪场管理会越来越规范，你的猪场会越来越安全，疫病会越来越少，你的猪场生产水平越来越高，你的猪场盈利能力会越来越强。

五、坚定信心，积极有为

当前，生猪市场行情和政府扶持政策双双持续利好。从事养猪业的同仁们要审时度势，抢抓机遇，乘势而上，科学评估，管控风险，对猪场软硬件要加大投入，持续改造、升级，完善猪场生物安全防控体系。

猪场从老板到员工的所有人，结成利益和命运共同体，做到思想上拧成一股绳，劲往一处使。加强全员生物安全培训考核、过程督导、绩效挂钩、奖惩兑现、有功人员提拔重用、晋升职位。从外到内，每个人每一天每个环节做实做细生物安全措施，才能保障猪场的稳产复产。

生物安全防控依然是猪场生存的对策，但在可持续发展的前提下，变态的生物安全措施并不是长久之计。结合生物安全基本红线，在人员的洗消隔离、外围道路的消毒、场内的带猪消毒、饲料车洗消管理等方面，我们还需要对流程和要求持续优化，抓住防疫重点，实施人性化、科学化、流程化管理。另一方面，不能只盯着病毒，还要关注猪。提升易感动物耐受性也是我们防控非洲猪瘟的努力方向，要加强场内环境管理、猪群健康管理、营养管理等，养育出抵抗力强、感染阈值高的猪群。

加强与农业、兽医主管部门和本区域所有猪场业主的沟通对接，联防联控，积极作为，打造非洲猪瘟无疫小区。长期坚持下去，从国家层面来彻底根除和净化非洲猪瘟病毒，利国、利民、利己、利企业、利行业！

专家点评●

非洲猪瘟疫情在我国发生已2年有余，关于非洲猪瘟的防控思路已初步成型，即"采用系统化思维，坚持以生物安全为红线，以猪为本，实行猪性化管理，实现体内外阻断非洲猪瘟病毒传播的目标。"

作者全面阐述了系统化思维的内涵和要点，并从5个方面对非洲猪瘟防控过程中的风险管控进行了深入分析，提出生物安全要做好、不过度，坚持讲科学、讲逻辑、抓重点，并倡议域内猪场结成"区域防控联盟"，互通信息、联防联控，为非洲猪瘟防控工作捋顺了思路，指明了方向。最后作者基于当前精准防控非洲猪瘟、稳产复产形势进一步向好发展的态势，始终相信只要"坚定信心、积极有为"，定能净化和根除我国的非洲猪瘟，实现"利国、利民、利己、利企业、利行业"。

（点评专家：吕广骅）

第三部分　生物安全防控

第 21 篇 余旭平：非洲猪瘟可防可控，生物安全：让非洲猪瘟病毒遇不到猪

2019 年 10 月 18 日

▶ 作者介绍

余旭平

浙江大学动物科学学院教授。研究领域主要是动物传染病学、分子病原细菌学。担任中国畜牧兽医学会动物传染病学分会和禽病学分会理事、动物传染病学分会教学专业委员会委员，也是浙江省政府防治高致病性禽流感专家委员会、省农业农村厅重大动物疫病防控专家委员会委员。

自 2018 年 8 月非洲猪瘟入侵国内已一年有余，对非洲猪瘟的认识从最初的模糊渐渐地清晰起来，而且明确感受到**通过生物安全，非洲猪瘟完全可防可控**，也由此坚定持续地推动猪场生物安全防控的宣传和实践。

在浙江大学动物传染病学的教学工作中虽然安排有非洲猪瘟内容，但由于学校课时安排非常紧张，之前有关非洲猪瘟的内容在课堂上仅仅占用两三分钟时间，一笔带过，因此当初笔者对它的认识也是模糊的。出于对该病的重视，也为下一个学年传染病学教学做好准备，笔者开始了资料查询和课件制作工作，随后也到基层和猪场一线开展非洲猪瘟基本知识科普和防控方法介绍，随着疫情加重，参加科普讲座的次数逐渐增多。

在 2018 年 8 月 10 日关于非洲猪瘟科普讲座的第一稿 PPT 中，提出了非洲猪瘟防控的 6 个要点，分别是：
- 1. 临床诊断与怀疑
- 2. 及时报告与实验室确诊
- 3. 扑杀、扑杀、扑杀

- 4. 防止动物及产品调运
- 5. 防止猪及餐厨下脚料喂猪
- 6. 猪场生物安全

现在看来依然没有过时，其中 2（实验室确诊）、3、4、5 这四点为政府层面的操作，扑杀是核心（连续使用 3 个扑杀），6 为猪场自身防控措施，1、2（及时报告）是猪场在发现可疑疫情后的操作和义务。

然而，检测权的限制以及动物及其产品调运政策的漏洞，加上追责机制，防控接连不力。作为从事动物传染病学教学、科研、实践的老兵，心在忧虑。**形势逼人，当下我们唯一可以推动去做的只剩下"6. 猪场生物安全"**了。

通过分析 2018 年 8 月 19 日江苏连云港疫情及随后发生的一些案例，明显观察到非洲猪瘟病毒的传播能力很弱，实体墙就能挡住或减缓其传播，由此推断**生物安全完全可以挡住非洲猪瘟**。

生物安全怎么做？猪场生物安全如何做到位？结合 2011 年和 2012 年连续两年成功防控猪口蹄疫、猪流行性腹泻传入杭州某猪场的经验和操作，再经 1 个多月时间查阅资料、反复思考，于 2018 年 10 月 23 日完成了猪场生物安全 PPT 第一稿，10 月 29 日凌晨完成第二稿并转换成 PDF，通过网络向公众发放，希望养猪人能了解更多的生物安全防控知识，可从中获得借鉴和帮助，防止病毒传入，保全自家猪场。笔者个人能力有限，直接指导的猪场不会超过 100 个，而全中国有上百万个需要帮助的猪场、家庭农场，希望通过网络的力量让更多的猪场受益。

在随后的讲座和指导猪场一线的实践中，特别是仇华吉老师提出**"你只是提到了控制要点，但很多地方还没有明确的解决方法，还不具有可操作性"**的意见后，发现生物安全理念需要通俗易懂，解决方案需要进一步完善，并且生物安全操作应代价不高、易做到位、不太复杂、具有可操作性。朝着这个方向，一稿一稿地改进 PPT 讲稿，现场指导时则手把手教。

猪场生物安全就是要**"让非洲猪瘟病毒遇不到猪"**！具体包括：划红线和关键点控制，其中划红线要像孙悟空用金箍棒画圈一样，具有实质性阻断作用，而防控的关键点则包括：

- 1. 人员出入
- 2. 装猪台与装猪车
- 3. 尸体与粪肥的转运
- 4. 饲料的输入与运输车辆
- 5. 兽药、疫苗与小件物品的输入
- 6. 食材消毒与食堂就餐
- 7. 水源与水消毒
- 8. 引种相关操作
- 9. 昆虫（苍蝇、蚊等）控制
- 10. 鼠、鸟、野猪等野生动物

- 11. 空气

相对来说，前 7 项更为重要。

非洲猪瘟生物安全防控的关键控制点就是让非洲猪瘟病毒遇不到猪！

生物安全（硬件）方面能做到的，应尽快尽量做到和做好，管理（软件）方面则需反复进行人员培训，提高其防控能力；若在这个过程中实在不小心出了问题，则应及时发现、精准检测和清除……周而复始、不断提高扎紧生物安全的篱笆，让非洲猪瘟病毒再也遇不到猪。

第22篇　高远飞：用"铁桶模式"提高抗击非洲猪瘟的可靠性

2019年10月18日

▶ 作者介绍

高远飞

广西扬翔股份有限公司党委书记、副总裁、CMC 注册管理咨询师。加盟扬翔 20 多年，致力于为中国成为养猪强国而竭尽所能。主管服务养猪板块的业务，关注行业动态，传播行业知识，对接行业资源，服务养猪业，造福养猪人。

当下，虽然非洲猪瘟还在，其造成的痛感也还在，但想养猪的人还是越来越多了，讨论复养的人越来越多了，甚至敢于下手了。

现在敢养，有的人是觉得非洲猪瘟虽然厉害，但并没有"扫荡"所有的猪场，不管有没有搞清楚自己的猪场是否足够安全，看在高猪价的份上，就敢上马；有的人觉得疫苗很快就会研制出来了，不管疫苗效果如何，总有一定的保护率，看在高猪价的份上，算算也还有得赚；还有的人是尝过非洲猪瘟带来的痛苦，觉得有了经验，又有高猪价的预期，打翻身仗在此一搏；更有的人是为了抢项目占地盘。如果敢养是出于这样的一些考虑，估计他们在养猪能力的可靠性方面似乎有些不足。

通常所说的"可靠"，也不是 100%，但需要达到一定的度。定义可靠性是一件复杂的事，但做到心中有数、稳定运行、有风吹草动出手就能控制这三点是比较重要的。扬翔集团在河南、河北、广东、广西、山东等多地服务的外部猪场，也能做到可靠生产，得益于"铁桶模式"。

一、猪场"铁桶"的打造

将猪场按照4层生物安全圈的要求进行改造，包括物理围墙、密闭连廊、净污分区洗澡间、物品传递窗、消毒间、AB水塔、中转料塔、内外隔离料房、脚踏池等设施，做到猪、人、车、兽药、疫苗、猪精、食品、饲料、物资、水、空气、四害（鼠、苍蝇、蚊、蟑螂）等传播路径的切断，打造成铁桶一般。包括但不限于以下要点：

（1）洗消点　猪场外围设置一、二级洗消点，用于运输车辆的洗消。

（2）猪场围墙　猪场要有实体围墙，把猪舍、宿舍、仓库等全部围起来，并具备防鼠功能。

（3）净污分区洗澡间　人员隔离中心、猪场大门口、猪场生活区-生产区、连廊都必须配备净污分区洗澡间。

（4）物品传递窗、消毒间　猪场门口设置物品传递窗，配送猪场的物资由传递窗进入，消毒后进入猪场。

（5）密闭式生活区　生活区使用铁纱网密闭，起到防蚊、蝇、鼠的作用。

（6）消毒静置仓库/间　设置AB门，用于生产物资静置消毒。

（7）帘廊通道　猪场生活区通往生产区的工作通道、赶猪通道等都需要用铁纱网密闭（简称"帘廊"），防止蚊、蝇、鼠等污染通道。

（8）密闭式猪舍　用铁纱网和碳钢瓦等将整个猪舍密闭，门口加装挡鼠板，起到防鼠、防蚊虫的作用。

（9）中转料塔/内外隔离料房　在外围墙内侧设料塔，方便散装料车能在围墙外把饲料传送到料塔。对于使用包装料的，要求建设内外隔离料房，包装料拆袋后通过溜管或绞龙输送饲料进入生产区，确保包装袋不进入生产区。

（10）AB水塔　猪场至少配备两个水塔，交替使用，保证有充足的消毒时间。

（11）应急通道　设立应急通道，紧急状态下将死猪、淘汰猪迅速运至场外进行处理。

二、服务中心的配套

因为我们现有的猪场在设计的时候都没有考虑要防控非洲猪瘟，因而缺失相应的结构与功能，所以防非最重要的是把这部分功能补足。扬翔集团的做法是建立一个服务中心，把车辆的洗消烘、物资的彻底消毒、人员的彻底隔离、快速检测等功能做到极致并使用消毒达标的运输车辆服务相应的猪场。

（1）人员隔离中心　养猪人员在进入猪场前，需要在隔离中心隔离住宿、洗澡、换衣后由专用车辆运送至猪场。

（2）中央厨房　所有食材统一采购，消毒处理后使用专用的车辆配送至各养猪场。

（3）物资总仓　猪场的生活、生产物资（如兽药、疫苗、耗材等）统一采购，在物资总仓消毒、库存，并由专车配送至猪场。

（4）车辆洗消中心 具备清洗、消毒、烘干功能，所有车辆都在洗消中心经过洗消合格后才进行运输工作。

（5）检测中心 具备检测非洲猪瘟病毒资质的实验室，对猪场进行定期抽样检测，是否有非洲猪瘟病毒。

之所以要这么做，第一是确保进入猪场的物资和人员都不带病毒；第二是运抵猪场的物资和人员都是干净的，不会增加猪场门口的病毒载量；第三是用服务中心体系化的运行来长期保证生物安全的效果，单靠猪场员工的责任心和紧绷的神经难以长期坚持，这是非常重要的关键点。

服务中心是从结构上弥补猪场的功能缺失。结构和功能是哲学研究的一对范畴，结构决定功能。猪场要有阻挡非洲猪瘟的功能，就必须要有对应的结构。面对非洲猪瘟，不要心存侥幸，从完善抗击非洲猪瘟的结构来达成防控非洲猪瘟的功能问题，类似服务中心这样的结构就显得很重要。

三、管理体系的规范

防控非洲猪瘟的硬件投入很重要，软件也同样重要，甚至更重要。一个完善的防非管理体系，才能保证"铁桶"不出现漏洞，真正做到固若金汤（表22-1）。

表22-1 扬翔"铁桶计划"防非体系

场景	防非要素	硬件配套	设施设备使用操作规范
服务中心	1. 人	人员隔离中心	1.《隔离中心日常管理规范》 2.《隔离中心人员进出流程与操作规范》
	2. 车	车辆洗消中心	1.《洗消中心车辆洗消流程与操作规范》 2.《洗消中心烘房操作规范》 3.《洗消中心不同类型车辆洗消要求》
	3. 猪	检测中心	1.《检测中心样品接收及管理规范》 2.《猪病检测操作规范清单》
	4. 物资（物品、兽药、疫苗）	仓库	1.《物品进出服务中心仓库流程与操作规范》 2.《兽药、疫苗进出服务中心仓库流程与操作规范》 3.《物资配送流程与操作规范》
	5. 食品	中央厨房	1.《服务中心食品进出流程与操作规范》 2.《服务中心食品配送流程与操作规范》
养户场	1. 人	净污分区洗澡间 衣物溜槽 臭氧消毒箱	1.《人员进出养户场流程与规范》 2.《栋舍消毒设施配置及人员进出要求》
	2. 车	车辆洗消点	1.《养户场非拉猪车洗消流程与操作规范》 2.《猪苗车洗消操作流程与规范》

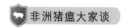

（续）

场景	防非要素	硬件配套	设施设备使用操作规范
养户场	3. 猪	封闭或半封闭出猪台	1.《养户场猪舍清洗及消毒流程与操作规范》 2.《养户场进猪验收流程与规范》 3.《养户场赶猪流程及操作规范》 4.《养户场肉猪销售流程与操作规范》 5.《养户场猪群病原检测要求与规范》 6.《养户场异常猪只处理流程与操作规范》 7.《养户场场区消毒流程与操作规范》 8.《养户场猪群、环境采样操作规范》
	4. 四害	实体围墙 封闭连廊 栋舍挡鼠板	1.《猪场围墙防鼠设施及防鼠带建造要求及规范》 2.《封闭连廊建造要求及规范》 3.《开放栏舍防鼠、防蚊蝇改造要求及规范》 4.《栋舍防鼠及防鼠带建造要求及规范》 5.《养户场灭四害操作要求与规范》
	5. 物资（物品、兽药、疫苗）	AB门消毒间 臭氧消毒间 浸泡消毒间	1.《养户场疫苗进场流程与操作规范》 2.《养户场兽药、其他物品进场流程与操作规范》
	6. 料	料塔 熏蒸功能料仓 饲料溜管	1.《养户场包装料进场流程与操作规范》 2.《养户场散装料进场流程与操作规范》
	7. 水	双水塔	《养户场饮水消毒流程与操作规范》

四、"铁桶"模式经验证可靠、有效

实践证明，基于扬翔养猪服务中心支持的"铁桶"猪场，可以在非洲猪瘟流行的大环境下安全养猪。2019年3月7日贵港市港南区某猪场发生非洲猪瘟疫情，猪场周围1km范围内的三家规模分别为3 400头、1 800头、1 500头的肉猪养殖场，与扬翔公司合作，通过扬翔服务中心的技术指导，按照"铁桶"要求改造，并依托扬翔服务中心支持，出栏第一批肉猪的成活率分别达到95.8%、96.1%、95.5%。该疫点3km范围内与扬翔合作的养户现有10家，肉猪养殖规模接近3万头，目前均在正常生产。

扬翔公司在广西、广东、江苏、湖南、湖北、辽宁等地设立了多个"铁桶"模式的服务中心。2019年7月至今，"铁桶"防非成效显著，母猪场成功率100%，肉猪场99%，"铁桶"模式成为农业农村部在全国推广的复养模式典范。扬翔公司被授予"2019年度中国三农创新十大榜样"称号。

第 23 篇 吴家强：把控非洲猪瘟防控关键点，重构猪场生物安全体系

2019 年 11 月 22 日

▶ 作者介绍

吴家强

博士，山东省农业科学院研究员，博士生导师，山东动物学会副理事长，山东省畜禽疫病防治与繁育重点实验室主任。主要从事兽医免疫学和新型疫苗研究，获得省部级以上科技奖励 11 项，主编著作 7 部，发表论文 160 余篇（SCI 收录 44 篇），制定国家标准和地方标准 11 项，获得国家万人计划领军人才、泰山学者特聘专家等荣誉称号。

▶ 引言

我国是生猪养殖和猪肉消费大国，受到非洲猪瘟疫情侵袭之后，生猪产能连续下滑。目前，稳定生猪生产、着力保障市场供应是生猪及消费市场的刚需，生猪产业如何实现可持续发展？这个问题的答案关系着我国生猪养殖业的未来。

非洲猪瘟疫情管理、预防、控制等不到位给生猪养殖业造成了巨大损失。欲切断病毒感染途径，落实生物安全措施是行之有效的方法。接下来，吴家强研究员分享《把控非洲猪瘟防控关键点，重构猪场生物安全体系》。

2018 年 8 月初，我国首次报道非洲猪瘟疫情，一年多以来，几乎蔓延全国。非洲猪瘟在我国的传播速度之快、造成的经济损失之大，令人不寒而栗。但面对强敌，有些猪场至今依然安然无恙，这提示我们，只要措施得当、执行落实到位，就能将非洲猪瘟拒之门

外。我们将近期指导猪场防控的经验总结、整理出来，供同行参考。

一、建设"孤岛式"猪场

根据非洲猪瘟高度接触性传播的特点，提出"孤岛式"猪场设计，杜绝可能的传染途径。猪舍内部的单元格用实体墙代替原有栏杆，单独铺设供水管道，为精准清除措施的执行提供物理条件。在猪场围墙外围拓展一定缓冲区，用铁围栏围起来，杜绝人畜进入。把出猪台从场内转移到围栏以外，把病猪隔离舍从场内转移到围栏外僻静处，专人管理。

二、把控生物安全关键点

目前尚无针对非洲猪瘟的商品化疫苗，生物安全是防控非洲猪瘟的有效手段。生物安全的加强与提升可围绕以下几个关键点进行：

（一）车辆

1. 外部车辆 应设有洗消中心，严格按洗消中心程序对车辆进行清洗消毒和干燥，专人监管，采样检测合格后方能运行；车辆使用频率不高的猪场，也应该严格监管车辆在临时地点的清洗消毒，其中最关键的是有机物的处理，可使用发泡剂浸泡。

外部车辆与外部环境接触多，最易携带病原，且大型猪场车辆的使用频率较高，因此设立洗消中心十分重要，外部洗消中心的选址及数量应因地制宜，科学规划，且注意洗消中心处理完的车辆应静置过夜，检测合格后方能使用。

2. 内部车辆 可购买二手车改装处理专用，运猪前和使用完以后冲洗、干燥，使用1：600过硫酸氢钾消毒，也可使用戊二醛、酚类或者复合碘类等消毒剂，驾驶室烟熏；按需使用，车辆消毒和静置隔离时间至少24h。

（二）道路

1. 场区外道路的管控 加强场外道路的管控，运送物资的路线和运猪车路线避开；与其他猪场的车辆路线也尽量避开；使用3%的氢氧化钠溶液消毒。

2. 场区内道路的管控 分区管理，规划各项工作的专用路线，道路的消毒可使用小型氢氧化钠溶液泼洒车。

（三）物资

1. 食物蔬菜、人员随身物品 应在生活区进行首次消毒，可选用38W紫外线灯，食物和蔬菜至少4h，人员行李至少紫外线照射6h，需要进入生产区的应照射过夜。

对于蔬菜，有条件的猪场可自行种植，条件不允许的猪场可固定采购，在场外预处理、臭氧水消毒后，运送至场内生活区。

2. 疫苗和兽药 应在外包装加一层外包膜，首选喷洒消毒剂作用至少2h，然后去除外薄膜，再次消毒后去除外包装，喷洒消毒剂过夜或者消毒剂浸泡2h后方可进入仓库。

3. 饲料 尽量使用颗粒料，有条件的可进行二次高温制粒。袋装料表面要消毒或紫外线灯照射。在确保饲料安全的前提下（无霉变等），单次进饲料量尽可能大。场内设有临时储存间，国外研究表明，带毒饲料存放时间与病毒含量成反比。

4. 后备母猪 设立场外隔离舍，按计划引入后备母猪；要求场外隔离至少 3 个月，同时注意其他疾病如猪蓝耳病、猪伪狂犬病和猪流行性腹泻等的监测、免疫；隔离时间需根据引种数量、猪的日龄及场内隔离舍的数量等而定，通常为 1.5 个月。

5. 其他物资 如猪场常用输精管、水鞋、工作服、注射器等，尽量多储备，减少采购次数，入场时应严格消毒（消毒剂浸泡、喷洒或紫外线灯照射），静置隔离 24h 后入库。

（四）人员

1. 人员出入 制订人员进出流程，并提升待遇。尽量减少人员进出场频率，外出期间不能接触猪肉制品；设立人员隔离宿舍，严格执行采样检测、洗消、隔离等流程，随身物品分开处理，专车送至猪场门口隔离点，更换专用的衣物和鞋子。

2. 场内人员 建议分区管理，同时规划运猪、人员、物资、淘汰猪等固定路线，避免交叉。生活区（外联/餐厅人员）与生产区人员严格分开，食物、药品、疫苗、精液等物资领取可借助传递窗，不同圈舍的生产区人员也应分开，可通过颜色予以区分（不同生产区配不同颜色的工作服）。

（五）"四害"及其他媒介生物

对于鼠、飞鸟、蚊子、苍蝇及其他媒介生物，应定期驱灭，可选择药物和物理隔离的方法。

（六）精液

尽可能使用本场种公猪经检验合格的精液。因为外购精液一方面需考虑提供方的声誉，另一方面就是提供方的疫情情况，再就是注意流通环节的污染。流通时双层包装有一定作用，只有检验合格的外购精液才能使用。

（七）外部猪中转中心

场外猪中转中心（图 23-1）的设立尤为重要，可使场内的车辆、人员等与场外分开，避免接触，可使用吊桥式中转中心。

图 23-1 场外猪中转中心

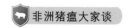

三、做好实验室检测与监控

准确快速的实验室检测对非洲猪瘟的防控至关重要，一是有助于非洲猪瘟的"早诊断、早发现"，二是有助于采取精准清除措施对个别单元格进行"早处置"。有条件的猪场可设立独立的检测实验室，采用灵敏度较高的荧光定量 PCR 或 RPA（重组酶聚合酶扩增技术）进行检测，没有条件的猪场应选择有科研实力、有检测资质的机构进行检测。

（一）场外环境

1. 场外道路 使用生理盐水浸润纱布每 50m 左右随机采集一次路面样本，重点是汽车压痕，如道路为 500m 则使用同一纱布采集 10 个点，采样后纱布放入自封袋后编号，立即送检。**频率**：平常每周 2 次。

2. 人员进场门口和淋浴间 使用可更换拖布的拖把全覆盖采样；对于不便使用拖把的地方，用浸润的纱布全面涂抹，比如门把手、电灯开关、淋浴开关、洗发水瓶外壁等。**频率**：每次人员返场淋浴进入后，或有人员接触进场门口。

（二）场内环境

可选择单元饲料落料口、饮水槽、风机进风口、出猪台、物资熏蒸室、猪舍进出口（尤其是门把手）、无害化处理区域等重点目标进行采样；使用可更换拖布的拖把或浸润纱布采样。**频率**：每月 1 次（出猪台每次售猪后检测）。

（三）人员

人员到达场外隔离点和场门口先后进行 2 次采样，使用生理盐水纱布，每个人对自己进行采样，包括头发、衣服、鞋、手机，每个人一个采样纱布自封袋，采样后编号送检（人员也可到临时暂缓点接受采样，待检测结果阴性后再到场外隔离点进行更衣和淋浴，开始隔离）。**频率**：人员每次返场进入场外隔离宿舍或场门口更衣间前。大场每 2 个月休班一次，分 8 批；小场每个月休班一次，分 5～6 批。

（四）物资

用生理盐水纱布对货物外表面进行全面涂抹，纱布放入自封袋编号。**频率**：对于物资进入，每周入 1 批，每批检测。

（五）饲料

饲料厂向散装料车打料的口安装大的盐水浸润纱布，让所有饲料都过一遍纱布，收集后编号送检。到猪场门口同样用大的浸润纱布接到打料车的料口，收集卸料口粉尘，采样后编号送检。**频率**：对于每批饲料进行检测。

（六）饮水

蓄水池最近出水口放水 3～5min 后，使用离心管收集 5～10mL 水样，编号后送检。**频率**：每周 1 次。

（七）车辆

使用浸润纱布全覆盖涂抹 4 个轮胎、车门把手、脚踏板、方向盘、挂挡杆、驾驶室脚垫、离合器等采样；使用可更换拖布的拖把，在卡车外表面，尤其是灰尘较多的地方涂抹采样，之后将样品放入自封袋，编号后送检。**频率**：每次进场车辆靠近前。

四、异常猪的检测与处理

（一）去劣存优

严格执行各环节达标检查，同批次猪最好公母分群、强弱分群，对未达到标准的猪要么淘汰处理，要么转到隔离舍特殊照顾。同批次达标猪中最弱的猪集中管理，重点照顾。

（二）异常猪排查

因为非洲猪瘟首先导致猪咽喉肿痛、不吃食、发热等症状，所以要重点观察猪的体温和采食情况。发现异常，及时实验室检测确认。一旦确认，及时进行精准清除处理。加强对异常猪生活区域的消毒，重点观察和监测。

（三）除去异常猪后的检测与监控

重点监控出现异常猪的圈舍，建议第 1 个月每周检测 1 次，根据实际情况混样检测，第 2 个月每 2 周检测 1 次，第 3 个月后每月检测 1 次。可采集口鼻拭子或口腔液，避免活体或者血液采样。

1. 口鼻肛拭子采集　对于母猪群，使用医用脱脂棉棒，生理盐水浸润，以不滴水为宜。妊娠舍限位栏区域至少两人采样，一人首先采集肛门拭子，然后另一人采集同一头猪的鼻拭子或口鼻拭子。后者将棉棒放入离心管中，折断棉棒头密封，然后按照栏位次序编号，以方便相邻栏位的样本在实验室中进行混样，尽快送检；仔猪不检测，发现异常，母、仔猪同时转移。

2. 口腔液采集　对于保育群和肥猪群，使用灭菌纱布袋（由纱布和脱脂棉制作而成）采样。在采样前至少控料 6h，咀嚼后将纱布袋放入塑料袋中收集口腔液，尽快送检。

关于非洲猪瘟防控的措施很多，笔者认为关键是措施的落地。首先，标准操作流程（SOP）的制订、张贴、培训、要求、检查到位非常重要。第二，监督流程的执行（比如智能摄像头和执法记录仪等的使用）。第三，加强宣贯，建立利益共同体，同时发动员工相互监督。

专家点评●

防控非洲猪瘟的重点和难点在于能否制订和落实一整套稳定可靠、行之有效的生物安全体系。生物安全头绪众多，涉及"三线"（水线、料线、粪污线）和"四流"（人流、车流、猪流、物流），要根据非洲猪瘟传播特点并结合本场实际，分析和评估主要风险因素，抓住关键点，据此设置风险控制点，最好是设立多道屏障，实施多重阻断。当然更重要的是，要把方案落到实处、把细节做到位。本文作者结合本团队的非洲猪瘟防控实践，总结了他们协助规模化猪场构建生物安全体系的经验和心得，比较全面和系统，值得同行参考。但仍然需要强调系统思维，实行基于生物安全体系的综合防控（营养、环境、管理、防疫等）。

（点评专家：仇华吉）

第 24 篇　赵宝凯　于学武：御敌于外、截病于初，非洲猪瘟可防可控

2019 年 11 月 25 日

▶ 作者介绍

赵宝凯

　　2004 年毕业于沈阳农业大学畜牧兽医学院，2008 年中国农业大学硕士研究生毕业后进入北京伟嘉集团。现任辽宁伟嘉养猪事业部总经理兼任大伟嘉股份养猪事业部兽医总监。

于学武

　　东北农业大学兽医博士，高级兽医师。2008年 7 月至 2015 年 12 月，辽宁省动物疫病预防控制中心，从事动物疫病诊断、兽医实验室认证与管理工作。2016 年 1 月至 2018 年 4 月，正大集团农牧食品企业中国北方区养殖线兽医经理，从事现场兽医工作。2018 年 5 月至 2019 年 8 月，北京大伟嘉生物技术股份有限公司养猪事业部兽医总监，从事农场兽医管理工作。2019 年 9 月至今，内蒙古民族大学副教授/辽宁晟川和猪业有限公司技术总监、事业合伙人。

▶ 引言

我国发生非洲猪瘟后,有关部门持续强化防控措施,防止疫情扩散蔓延。虽然非洲猪瘟疫情防控已经取得了阶段性成效,但仍有诸多问题,汇聚各方智慧和力量才能够有效弥补不足之处。辽宁伟嘉养猪事业部总经理兼任大伟嘉股份养猪事业部兽医总监赵宝凯、辽宁晟川和猪业有限公司技术总监及事业合伙人于学武共同分享《御敌于外、截病于初,非洲猪瘟可防可控》,旨在总结有效的防控经验。虽然中国科学家成功解析了非洲猪瘟病毒结构,助力新型疫苗开发,但商品疫苗面世仍需时日,因此,全面提升非洲猪瘟疫情防控能力尤为重要。

非洲猪瘟是全世界养猪业的"头号杀手",威胁着世界上 75% 的生猪。2018 年本病在我国暴发后,迅速传播到全国各地,导致我国 2019 年生猪出栏量急剧下降,对我国经济和社会造成巨大影响。

笔者有幸在某大型养殖企业参与兽医防控工作,根据非洲猪瘟的流行病学、感染特点、病原特性及检测等研究成果提出"御敌于外、截病于初"的防控理念,并在此理念下制订出基于**"精准检测、风险可知、多道防线、层层滤除、强化评估、持续改善"**的结构性生物安全方案,以及基于**"增强免疫、提高门槛、及时发现、定点清除"**的截病于初实施方案。

在此防控方案的指导下,成功抵御了非洲猪瘟的挑战,使在非洲猪瘟主要流行区域的辽宁、河北、山西、湖南的 5 个大型母猪场均未发生非洲猪瘟。

一、御敌于外、截病于初的理念

根据非洲猪瘟感染性强、致死率高、高度接触性传播的特点,将猪场与周边环境按风险等级实施分四区、管"四流"的结构设计,布置四道防线,层层抵御风险。根据非洲猪瘟病原虽然环境抗性强,但对强酸、强碱、醛类、复合碘类消毒剂敏感以及不耐高温等特点,在每道防线处,设计有效的消毒方案,并将处理结果即时检测评估。尽最大努力将风险抵御在猪舍之外,减少病毒接触易感猪的剂量和频率(图 24-1)。

根据大部分猪场健康度差的母猪先发病的特点及非洲猪瘟病毒感染时免疫逃避的机制,对实行限饲的妊娠猪群给予充足营养,增加背膘管控标准,提高其健康度;在猪群饲料中添加具有免疫增强作用的中药制剂,增强其抵抗力,提高感染阈值,让猪群可以抵御低剂量、低频率的病毒攻击。

二、结构性生物安全方案确保御敌于外

以易感动物为中心,根据生物安全风险级别将猪场与周边环境分为缓冲区、隔离区、生活区与生产区。结构性的设置四道防线,严控人流、车流、物流和有害生物流等传播途径,通过分四区、管"四流"等设计做到精准评估,远离风险,层层滤除,保证御敌于外(图 24-2)。

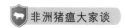

可知 可防 可控

截病于初，提高感染门槛　　**御敌于外，病毒载量降低**

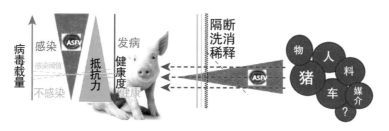

图 24-1　御敌于外、截病于初理念示意（改编自仇华吉老师）

分四道防线防控：缓冲区，隔离区，生活区，生产区

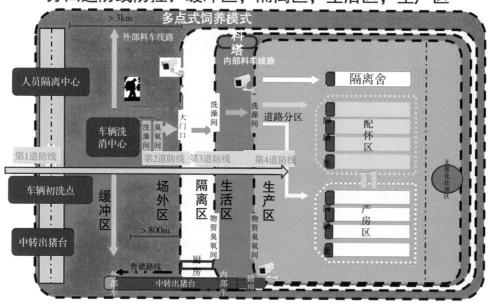

图 24-2　分四区、管四流示意

1. 分四区　不同生物安全等级区之间设置一道防线，每道防线均设有实可行的消毒管理措施（表 24-1），针对特定风险进行处理。

（1）周边区与缓冲区之间设立第一道防线（距离猪场 3km 以上），设置隔离中心、销售中心、车辆初洗点，将运猪车和最难控制的外来人员带来的风险阻挡在猪场之外。

（2）在缓冲区和隔离区之间设置功能齐全的洗消中心作为第二道防线，清洗消毒处理所有入场的人、车、物。

（3）在隔离区与生活区之间设置第三道防线，包括人员换洗通道、物资熏蒸通道、中转料塔、中转出猪台，所有车辆内、外分开，所有人、物均进行消毒处理。

（4）在生活区与生产区间设置第四道防线，实施有害生物流（蚊、蝇、鼠、鸟）、人员换洗和物资熏蒸管控。

表 24-1　消毒管理实施标准

消毒场所		消毒药物	消毒对象
缓冲区	隔离中心	75%酒精、过硫酸氢钾	人员、衣物
	车辆初洗点	强碱性泡沫清洗剂、戊二醛	车辆
	销售中心	强碱性泡沫清洗剂	车辆
隔离区		过硫酸氢钾	人员、衣物
		臭氧、甲醛	物资
		强碱性泡沫清洗剂、多聚甲醛	车辆
生活区		过硫酸氢钾	人员
		臭氧、甲醛	物资
生产区		强碱性泡沫清洗剂、多聚甲醛	空舍
		臭氧、甲醛	物资

2. 管"四流"

（1）所有外来车辆均需要经过清洗→消毒→烘干后，采用荧光定量 PCR 方法检测非洲猪瘟病原为阴性后方可进入洗消中心进行二次洗消处理（图 24-3）。场内场外车辆严格分开，互不交叉。饲料和猪的转移均通过车辆完成。

（2）所有人员采用四换洗、四隔离的方法控制风险，分别在隔离中心、洗消中心、隔离区、生活区每处隔离 24h，每处洗澡后换穿下一区域专用服装方可进入。

（3）所有入场物资采用一清洁三熏蒸的方法处理，洗消中心将所有入场物资进行预处理，清理灰尘和杂物，去除外包装。之后经过三道防线进行臭氧或甲醛熏蒸（图 24-4），

图 24-3　料车洗消

图 24-4　物资熏蒸

保障消毒效果。

（4）根据生物习性，对鸟、兽采用隔断驱离处理，对蚊、蝇、鼠采用物理隔离与化学灭杀为主的手段，防止生物媒介传播疾病。

三、采取综合性措施提高免疫力，截病于初

中国养猪环境情况复杂，猪场生物安全工作可能会百密一疏，不能100％保证非洲猪瘟病毒接触不到猪群。根据感染动力学研究成果，非洲猪瘟病毒经口、鼻接触传播，感染依赖于感染剂量和接触频率，提高猪群抵抗力水平可以提高感染阈值。因此，采用提高营养水平加中药保健的综合方法可提高猪群抵抗力，使猪群可以抵抗低剂量低频率的非洲猪瘟病毒攻击。

1. 采用背膘管理的办法（图24-5），精准调控营养，使母猪群背膘厚高于推荐值3mm，维持高营养水平，提高猪群健康度。

2. 通过对调节免疫力中药（如芪贞增免颗粒、刺五加女贞子越橘混合物）的准确评价，选择可以提高猪群免疫力、诱导内源性干扰素产生的中药（表24-2），提高猪群抵抗力，截病于初。

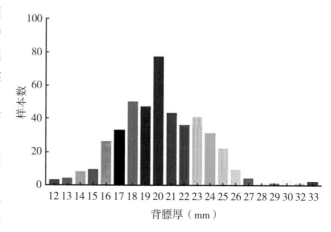

图24-5 调整后背膘分布

表24-2 刺五加女贞子越橘混合物诱导产生干扰素

项目		组别				P 值
		空白组	低剂量组	中剂量组	高剂量组	显著性
IFN-β（pg/mL）	7d	229.60±38.35	217.71±38.42	249.24±25.84	230.82±18.92	0.664
	14d	239.37±15.60[b]	234.94±27.63[b]	211.69±16.78[b]	283.03±22.61[a]	0.014
	21d	214.62±15.50[b]	299.49±16.63[a]	303.81±33.23[a]	280.96±39.71[a]	0.003
	28d	264.05±59.43	241.12±44.29	245.41±28.49	278.03±38.48	0.743

四、精准检测、科学评估、持续改进

1. 开发生物安全评估软件、生物安全检查表，由兽医定期或不定期对生物安全设施、设备、人员操作、记录进行检查，查缺补漏，持续改进（图24-6）。

2. 邀请外部兽医专家进行交流（图24-7），学习外部先进经验与最新的研究成果，不

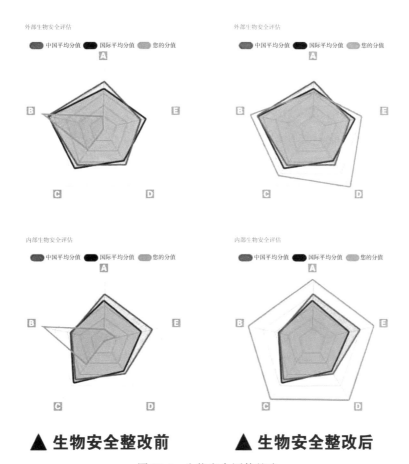

▲ 生物安全整改前　　▲ 生物安全整改后

图 24-6　生物安全评估整改

断升级生物安全措施和方法，持续改进。

3. 在猪场附近建立检测实验室，采集猪场周边环境样品、每道防线的处理样品，评估风险等级与风险距离。确认消毒处理结果，及时根据检测结果采取补救措施。

4. 对猪群进行定期监测评估（表 24-3），对大群采集口腔液检测病原，监测猪群感染情况。对每一头异常猪进行采样检测，确定是否为非洲猪瘟病毒感染，做到健康评估和尽早发现。

图 24-7　邀请 PIC 全国技术服务总监
刘从敏博士（右）现场指导

面对非洲猪瘟，在目前没有商品疫苗用于保护易感动物的情况下，仍然可以依靠科学的认知，运用系统思维，通过构建结构性生物安全方案、提高易感动物的感染阈值、精准评估风险、反馈处理结果等综合性措施，做到对非洲猪瘟的可知、可防、可控。

表 24-3　定期监测评估

7月26日				8月2日			
项目	样品信息	数量（份）	检测结果	项目	样品信息	数量（份）	检测结果
猪场环境监测	各栋猪舍3份饲料	27	阴性	外来车辆	水车1	20	阴性
	洗消中心纱布拭子	40	阴性		水车2	20	阴性
	生活区、隔离区纱布拭子	130	阴性		水车3	20	阴性
	各栋舍水	9	阴性		水车4	20	阴性
	隔离区人员棉拭子	27	阴性		水车5	20	阴性
猪群监测	口鼻肛棉拭子	180	阴性		水车6	20	阴性
	口腔液	90	阴性		水车7	20	阴性
病弱猪监测	Y620808	4	阴性		水车8	20	阴性
	L603511	4	阴性		水车9	20	阴性
					水车10	20	阴性
					水车11	20	阴性
处理措施				处理措施			

8月10日				8月12日			
项目	样品信息	数量（份）	检测结果	项目	样品信息	数量（份）	检测结果
猪场环境监测	饲料	30	阴性	环境监测	销售中心环境样品	7	阴性
	料车纱布拭子	40	阴性	外来车辆	吉CE4809	15	阳性
	洗消中心纱布拭子	130	阴性		吉CE8889	12	阴性
	生活区纱布拭子	9	阴性		吉CB0768	12	阴性
	隔离区纱布拭子	27	阴性		辽ME7721	12	阴性
	公猪站纱布拭子	20	阴性		吉CB4778	8	阴性
	配怀舍纱布拭子	24	阴性		豫RR9831	9	阴性
	产房纱布拭子	36	阴性		吉EC8889	8	阴性
	保育舍纱布拭子	20	阴性				
猪群监测	口鼻肛棉拭子	132	阴性				
	口腔液	60	阴性				
病弱猪监测	Y620808	4	阴性				
	L603411	4	阴性				
				处理措施 遣回			

专家点评●

　　当前全国各地非洲猪瘟防控形势依然严峻，但仍然有大量猪场在非洲猪瘟的威胁下存活下来并发展壮大，他们探索出很多行之有效的防控经验。

　　防控非洲猪瘟的主要思路是，通过洗、消、烘等手段尽量减少病毒进入猪场，降低接触易感猪的病毒剂量和频率，通过多道防线、层层滤除风险来切断传播途径，通过提供充足、均衡的营养提高感染阈值来保护易感猪，辅之以实验室检测来评估风险、评价效果，做到早发现、速处置。如此可以做到对非洲猪瘟的可知、可防、可控。文中介绍的一些理念和做法很有参考价值。

（点评专家：仇华吉）

第25篇　陈俭：在云南防控非洲猪瘟

2019 年 12 月 3 日

▶ 作者介绍

陈　俭

浙江大学预防兽医学博士、高级兽医师、执业兽医师、云南神农集团养殖事业部部长。2012年起接受来自 PIPESTONE 的全美式养猪训练，长期从事养猪生产经营管理活动。

▶ 引言

　　云南的山地高原地形影响了当地养殖业分布，也让非洲猪瘟病毒入侵时间较晚于其他地区，有经验可循，有技术可依。非洲猪瘟背景下，猪场生物安全不是伪命题，无数实践证明非洲猪瘟可防可控。

　　重建养猪信心，猪场方能可持续发展。云南神农养殖事业部总经理陈俭分享《在云南防控非洲猪瘟》，从饲料安全、养殖安全到屠宰安全和运输安全展开叙述，环环相扣，步步严谨。

　　云南神农在防控非洲猪瘟战略上总体设计为三个阶段：**拒敌于千里之外阶段、兵临城下对峙阶段、巷战肉搏决战阶段。**非洲猪瘟不会放过任何一个"不讲生物安全、不遵守规则、不专业"的养猪人。

云南大环境描述

　　自 2018 年 8 月我国非洲猪瘟疫情首次报道以来，云南省政府、省农业农村厅相关领导携动检、疫控等相关单位积极参与到全省非洲猪瘟防控工作中，从全省当前的防控结果来看，尽管形势仍不容乐观，但不可否认，政府过去一年多的防控工作取得了积极的效果。为全省广大养殖户提供了一个相对安全的大环境，也为防控能力相对薄弱的猪场赢得了改造时间和机会。目前来看，国家很多防控政策和措施都是有效的，结合我国国情，坚定不移地执行下去很有必要。

云南属于山地高原地形，山地面积占全省总面积的 88.64%，是云贵高原的组成部分。喀斯特地貌，水层较深，多数猪场用水为深层地下水。紫外线照射时间与强度排全国前列。全省多地湿度较小、降水在季节和地域上分布极不均匀，雨季从每年的 6 月到 10 月，一天内很少出现连续降雨，基本不会形成明显的积水乱流的情况（不排除少部分地区因一场大雨造成积水，进而导致周边疫病加重的情况）。由于地形特点，山路弯曲，村寨分布非常分散，决定了本地区交通不是那么便利，从而也造成了养殖相对分散的特点。**云南养殖规模化程度低，高密度养殖区域集中在滇东北。**

云南神农集团作为云南省畜牧业协会会长单位，积极承担社会责任，主动为地方捐赠非洲猪瘟防控物资近千万元，并召集行业有识之士，为当地非洲猪瘟防控建言献策。当时云南猪价一直处于全国最低水平，但在大家积极探讨中达成了共知，即"不能为了一时的暴利而放弃长久的盈利能力"。相比中小规模猪场，神农集团规模化猪场更有能力应对疫情风险。

为此，云南省畜牧业协会也是顶住了很大的压力在积极开展一些工作。自 2018 年 8 月以来，外省很多猪场都经历了与非洲猪瘟斗争的过程，有志之士及时总结经验教训，整个行业也由绝望逐步看到希望，这些积极的探索也为其他尚未受到感染但活在巨大感染风险下的猪场找到了方向，重新建立了防控非洲猪瘟的信心。西南在全国疫情发生发展的过程中相对较晚，这也让西南，尤其是云南省有机会借鉴前面"战场"的经验教训。

有人说"非洲猪瘟多点频发的大环境下，猪场生物安全防控是伪命题"，这未免太过悲观。我们选择坚持，而且结果证明坚持生物安全防控路线是正确的，不敢说我们做的都对，因为还有很长的路要走，希望更多的养猪人在防控非洲猪瘟之路上"不忘初心，科学防控"。云南神农的非洲猪瘟防控经验，希望能对养猪人有所帮助。

下面就云南神农集团的非洲猪瘟防控做以下介绍。

一、建立抗非统一战线

云南神农集团董事长说**"养猪生产以健康管理为中心"**，而**"健康管理又以生物安全管理为核心"**。自 2013 年以来，云南神农集团通过学习欧美先进养殖管理理念，从猪场的选址、设计、施工和生产管理都贯彻执行标准要求，所有猪场管理者都由非常年轻的团队组成（平均年龄不到 25 岁），所有进入公司的员工统一培训生物安全知识，这也为以后的生物安全升级改造、落地执行奠定了良好的文化基础。

自我国非洲猪瘟疫情首次报道以来，云南神农集团高度关注全国疫情动向，积极参与到规模化养殖企业的学习和交流中，当了解到非洲猪瘟病毒的特点和传播途径后，所有养猪人的目光几乎同一时间都投向了猪场生物安全，而这样的情形为我们敲响了生物安全警钟。公司组织了如非洲猪瘟防控动员会议、跟非洲猪瘟"赛跑"查漏补缺推进会、内部非洲猪瘟防控周会以及外部专家培训会等会议。分别于 2018 年 11 月和 2019 年 11 月进行了两次猪场现场防控大检查，从"软件"和"硬件"的准备工作上做系统梳理，为的就是防患于未然。

由于现代化、规模化的定位，云南神农集团养猪员工薪资待遇水平比国内同行要高出近50%。非洲猪瘟出现后，云南神农集团于2019年年中又组织了一次非洲猪瘟防控表彰大会，肯定所有猪场过去半年的阶段性防非成果。在这个节点谈防非奖励为时过早，因为真正的挑战还没有到来，与其说这是奖励，不如说是鞭策前行，公司用这样的方式来告诉大家，防住非洲猪瘟，大家就是在为社会、为大家庭，也是为自己的小家庭做贡献，也展现公司对员工的关怀。员工在猪场的生活质量进一步提升，如员工伙食标准提升到每人每天25元。公司积极开展关心外部保安人员、关心员工家属等各项关怀措施，充分调动了员工的安全生产积极性。

关于非洲猪瘟防控的指导原则：①我们只有生物安全这一个"武器"，没有其他"武器"，这让整个猪场管理团队明白唯有依靠生物安全，没有其他退路。因为只有坚持走健康管理路线，强化生物安全和提升营养水平，弱化不必要的免疫保健，才能让猪的生产潜能得到充分的发挥，健康和高效才是未来养猪的核心竞争力。②与非洲猪瘟"赛跑"，非洲猪瘟迟早会来到我们面前，但要在它来到我们身边之前，把所有对付它的"武器"（包括冷静应对非洲猪瘟的信心）准备好，准备充足，这样即使是进入"巷战"阶段，有了充足的准备，也能为打赢"巷战"奠定强有力的基础。

二、科学防控规划与关键节点设计

神农集团通过升级全产业链生物安全防控非洲猪瘟：

1. 饲料厂生物安全 自我国非洲猪瘟疫情首次报道以来，公司及时划分内、外部饲料生产基地，云南神农集团养殖场由内部专用饲料厂供料，对原料供应基地进行生物安全风险评估，确认优先选择非疫区和能稳定供应、从地上到存储生物安全管理到位的原料供应商。深入饲料厂评估饲料加工工艺过程中的风险控制，并定期完成生物安全监管评分（总部授权）。安全的原料来源、安全的生产环境、稳定的加工工艺、更少的运输环节、安全的运输管理和更少的人参与，才能确保饲料到猪场前是安全的。

2. 养殖版块猪场内外部生物安全

（1）种猪基本由云南神农集团内部曾祖代种猪场供应，每年仅需引进祖代公猪以更新种猪的遗传进展。

（2）所有猪场采购的物资都由固定供应商供应，大量物资会先到中转仓库检测和消毒，猪场统一采购3～6个月的物资作为库存，先进先出。猪场在这个节点上的风险往往是很多人看不到的，这就需要强大的采购管理能力来支撑，要有计划能力同时也要公司的全力支持。

（3）所有进场的人员都经过至少2级隔离，淋浴后更换公司专供工作服，检测合格后放行。

（4）所有进入猪场的车辆都是公司自有或者与公司签订协议的专用车辆，只要接近厂区，都会在进场前完成洗、消、烘。所有来自外部的人、车、物资、猪都需经过严谨的生物安全管理流程和执行标准才能进入猪场，确保每个进入厂区的人、车、物资、猪生物安全检查合格。猪场内部，做好分区管理，规划好人员、猪、物资移动路线，完善应急情况下的"软硬件"，做好猪场小单元的全进全出管理。

3. 屠宰厂生物安全　通过监测待宰猪的健康状况和运输猪及猪产品车辆的清洁状态来实现入厂生猪和车辆的安全管理，同时密切关注一切进场并接触猪的人员管理。由于非洲猪瘟防控的管理要求，所有生猪进入屠宰厂以前，都要求先检测合格后进场，神农集团屠宰厂坚持按照最严格标准进行检测，为此屠宰厂也失去了很多客户，同时也巩固和优化了大客户。另外，在屠宰厂区划出专用区域用于停放、卸载和转移自有养殖场提供的生猪，建设专用洗消间，厂区内部环境自检，所有这些都只源于"只有养猪系统安全才是真正安全"的理念。

4. 运输过程生物安全　云南神农集团养殖车队管理者都有生物安全管理经验，他们在上任前都会经过猪场生物安全经理或者监管岗位培训至少 6 个月，在充分了解每个猪场情况的同时，也熟悉了猪场相关业务中的生物安全要求。所有物资到达饲料厂、养殖场、屠宰厂前，除了原材料本身的风险以外，还有运输过程中的风险，神农集团所有车辆均为神农专用车辆（有统一标识），装备了 GPS 追踪系统，采取先检测后放行的管理手段，从而可以有效管控所有运输车辆途中和到场后的风险。

三、简化管理要素

饲料板块，云南神农集团高度重视防控饲料源污染，把生产高质量、高健康的饲料作为第一要求，我们在原料上做了很多简化，非洲猪瘟疫情后，饲料厂精简原来品种只剩下 26 种，所有原料都使用高品质产品，取消了所有的"味精"类功能产品等。

养殖板块，主要是从降低所有业务发生的次数。以往猪场人员、物资、车辆、猪的进出都非常频繁，很多是重复、随机、高风险的活动。在云南神农集团新的养殖体系下，我们与 PIC 合作有自己的曾祖代种猪场，所有的后备猪都由内部供应，这都是非洲猪瘟之前的战略布局。在人员管理上，从原先的猪场排班休假到批次化管理，一月 3 次固定时间休假、回场。所有物资管理都要求保证足够的库存静置时间，专车统一配送到各个猪场，执行同样的流程和标准进入。

屠宰板块，屠宰厂坚决执行各项非洲猪瘟防控要求，严格执行检测和消毒管理要求，厂区门口检测确认进厂生猪的安全；业务集中于大客户，屠宰猪来源于规模猪场，而不是散户收集；对运输车辆跟踪进行非洲猪瘟病原监测。

四、总结

有大家才有小家，云南非洲猪瘟防控阶段成果得益于政府的积极态度、云南的天时与地利以及养猪场的人和。非洲猪瘟防控最终要回到系统养猪层面上来谈生物安全，属于产业链防控体系建设，产业链各个环节都应该是科学设计和有效对接的，从饲料营养到高效养殖再到屠宰加工三个环节有效衔接才能避免出现大量的问题，散养户最终也需纳入养猪产业链中，才能获得长久稳定的发展。

感谢仇华吉老师、陈芳洲博士、刘从敏博士等师友们给予的帮助。以上内容为依据地方养殖企业背景的描述，所采取的措施仅供参考，不足之处，望指正！

专家点评•

　　云南神农集团的抗非经验：

　　区域联防联控：联合政府和行业，实行联防联控，拒敌于千里之外。

　　选择大于努力：猪场选址和场区规划设计符合生物安全要求（PIC 千点评分；内外生活区和生产区人、车、物资、猪群出入关键管控点设计）。

　　闭合型产业链：全产业链经营，大大减少外部风险因素传入。

　　走在病毒前面：全流程、无死角监测，"敌情"尽在掌控之中。

　　上下同欲者胜：主帅战略决策正确，团队学习力和执行力超强。

　　顺应天道自然：独特的公司文化，敬畏自然、尊重人、善待猪。

（点评专家：仇华吉）

第 26 篇　刘从敏：猪场生物安全文化建立之我见

2019 年 12 月 20 日

▶ 作者介绍

刘从敏

　　2001—2006 年本科毕业于中国农业大学动物医学专业，2006—2009 年硕士毕业于中国农业大学预防兽医学专业；2009—2012 年北京伟嘉集团技术服务经理；2012 年 5 月加入 PIC，曾任 PIC 核心场健康保障兽医，管理猪蓝耳病双阴，伪狂犬病和猪流行性腹泻阴性的核心种猪场；2015 年 5 月至今，任 PIC 中国技术服务经理，帮助 PIC 的客户构建养猪生物安全体系，包括猪场选址、猪场生物安全设施设计、猪场和饲料厂的生物安全评估；也曾参与猪蓝耳病（PRRS）和猪流行性腹泻（PED）的净化，积累了丰富的临床经验。先后多次到 PIC 美国和菲律宾的客户猪场进行技术交流。在《今日养猪业》等国内期刊发表关于生物安全、猪蓝耳病和猪流行性腹泻防控的多篇文章；并在 2018 年李曼养猪大会，2020 年 VIV 等会议上做关于猪场生物安全体系建立的报告。

▶ 引言

　　生物安全可以定义为通过一系列可落实的措施，降低疾病因子传入和传播的风险，从各个细节不断完善防控措施。PIC 全国技术服务经理刘从敏立足于管理、制度、理念等多个角度，分享《猪场生物安全文化建立之我见》，使得企业防控非洲猪瘟变得可观察、可衡量、可管理，真正实现猪场生物安全文化落地。

　　2018 年 8 月初，第一例非洲猪瘟在中国辽宁沈阳被发现以来，养猪人经历如同"过山车"一样，猪价和疫情跌宕起伏；在高猪价和疫情频发的背景下，猪场生物安全受到前所未有的重视，行业会议以及各公司之间关于生物安全的交流更加频繁，在技术层面基本上大同小异，但是防控效果却千差万别，其中执行力不强是导致生物安全不能够有效实施的重要原因之一，而执行力的强弱与整个公司对生物安全的重视息息相关，这种重视不仅仅体现在形式上采取了多少措施，**更重要的是，在每个员工对生物安全的认知、认可度，我将之称为农场的"生物安全文化"。**在猪场里，大家要将猪场生物安全犹如社会中的法律法规一样去遵守，对生物安全要有敬畏心。

在此，笔者基于PIC公司的生物安全管理，着重讨论如何建立猪场"生物安全文化"。

一、管理层要时刻关注生物安全，这是公司是否能完全贯彻生物安全的重要前提

虽然很多猪场管理者都知道生物安全的重要性，但是在做决策时，却对生物安全的考虑不够，只有管理层将生物安全上升到战略高度和决策依据，一线员工才能真正感受到领导对生物安全的重视，自然就会时刻遵守生物安全。比如管理者在疫情严重时，关注生物安全，一旦稳定下来，就开始松懈，这也是要不得的思想，员工感受到这种信号后，对生物安全执行会大大松懈。

二、确定适宜的生物安全标准和制订相关的流程

管理层应该根据猪场的硬件条件和人员的结构，制定更加符合猪场实际的生物安全标准和流程，切勿贪图高大上，最后可能因为硬件不符合要求，或者员工对生物安全认识不到位，又或是流程过于繁琐，导致无法执行，而草草收场。制定标准和流程必须有严谨的态度，每个标准和流程都要有针对性，并且颁布前要亲自实践其是否可行，对于不合理的内容要及时调整，最后统一发布，切忌朝令夕改。要针对标准和流程，对全员反复不断地进行培训，让员工逐渐理解生物安全，建立团队的生物安全意识。对于员工流失率高的猪场，定期的生物安全培训尤为重要。

三、生物安全的执行需要良好的监督和考核机制

标准和流程制定之后，需要有监督和考核，以确保生物安全规定被贯彻执行，对理解和执行不到位的员工以教育为主，指出问题所在，如果是没有理解规定，则通过教育使其改正，如果是态度问题，则需要进行相应的处罚。在实施生物安全初期，建议以教育和奖励为主，以惩罚为辅，鼓励员工养成良好的习惯，但对长期违反规定的员工进行淘汰，补充认可生物安全文化的人进入团队，长此以往，团队对生物安全的执行会形成习惯。

四、专业兽医团队的培养

生物安全的有效实施与兽医团队是息息相关的，从标准制定到流程细化，再到实施和

监督，都需要兽医主导和参与，这对兽医提出了更高的要求。例如，兽医要基于科学的理论提出标准和从实践角度制订各种流程，兽医应有较强的理论知识和学习能力，还要有一定的生产管理实践，并具备较强的沟通能力。猪场场长作为经营管理者要对生物安全负责，兽医要从专业角度出发辅助场长做好生物安全的实施；只有管理和技术共同发挥作用，才能真正将各项措施落到实处。

五、生物安全文化是一种理念和态度

要让每一位员工将遵守生物安全制度成为一种责任和习惯，从而使生物安全管理真正落在日常工作中，并不断改善。在执行生物安全的同时，也要让员工认识到生物安全的各个环节环环相扣，通过不同的环节落实生物安全，可以逐渐降低疾病感染的风险，但是却无法完全消除风险；要正确认识生物安全，如果猪场发生疫情，表明我们在生物安全方面还需要加强，就像 PIC 一直秉持"持续改良，永不停止"的信念一样，生物安全没有最好只有更好，而这个基础就是我们对生物安全文化的认同。

感谢仇华吉老师，张交儿老师和陈芳洲博士给予的帮助。

专家点评●

作者依据管理实践和行业现象提出"猪场生物安全文化"这一概念，这是很多猪场场主或管理者没有重视甚至是没有看到的问题。猪场生物安全管理不是因为今天有了非洲猪瘟才存在的，要真正发挥生物安全的价值，不在于猪场硬件有多好，也不在于员工有多强，而在于所有员工的各项操作在没有人监督的情况下都能按照流程和标准执行，且所有人都持之以恒地执行。猪场只有全员无限接近这种状态，才能大大提升生物安全管理的效果，而要想达到这种状态的前提是全员认可并重视生物安全。

（点评专家：陈俭）

第 27 篇　赵宝凯　耿健：非洲猪瘟背景下售猪生物安全管理

2020 年 2 月 10 日

▶ 作者介绍

赵宝凯

　　2004 年毕业于沈阳农业大学畜牧兽医学院，2008 年中国农业大学硕士研究生毕业后进入北京伟嘉集团。现任辽宁伟嘉养猪事业部总经理兼任大伟嘉股份养猪事业部兽医总监。

耿　健

　　东北农业大学博士研究生。2016 年进入北京伟嘉集团工作，现任辽宁伟嘉兴城核心场兽医，全面负责猪场生物安全及猪群健康管理。

▶ 引言

　　中国生猪年出栏量占全球 50％以上，散户、低生物安全水平小型猪场的存在以及规模化猪场在生物安全管理上的欠缺和漏洞，都意味着我国猪场的生物安全管理水平亟待提高。正如赵宝凯、耿健所说，非洲猪瘟防控是一项长期而艰难的事情，我们必须要从细节出发，从管理出发，建立标准化程序及流程，对生物安全进行严格执行与监督。

接下来赵宝凯、耿健将根据案例猪场售猪流程管理办法，从场外、场内两个方面，谈谈在售猪过程中需要注意的生物安全问题。

2018 年 8 月初非洲猪瘟传入我国后迅速传播，已持续一年有余，对于我国养猪行业堪称一场浩劫。在发病猪场中，很多猪场在总结自身问题时，发现售猪过程中存在生物安全漏洞或重大生物安全隐患，如何做好售猪环节的非洲猪瘟防控，这不能不引起我们的深思。笔者根据辽宁伟嘉兴城核心场售猪流程管理办法（图 27-1）进行整理，与大家分享在售猪过程中需要注意的生物安全问题，希望为猪场售猪管理提供帮助。

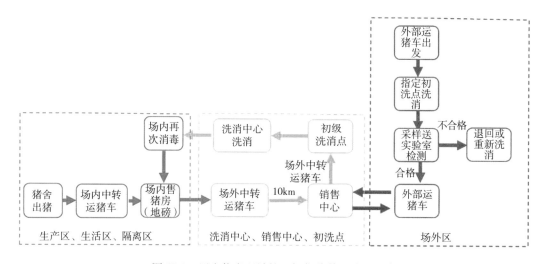

图 27-1　辽宁伟嘉兴城核心场售猪管理流程示意

一、场外销售中心建立及管理

场外销售中心的建立是防控非洲猪瘟的必然需求，主要承担起买卖猪双方车辆对接、实时检测、转猪人员食宿等功能。在售猪环节应避免交叉，保证生物安全的执行。

1. 销售中心地址的选择　销售中心（图 27-2）位置在距离猪场 5km 以外，且距离 1km 范围内无养殖场、集贸市场、村庄等，3km 范围内无屠宰厂。进出销售中心的道路，最好车辆较少且可控。

2. 销售中心区域划分　销售中心（图 27-3）分为猪待售区、销售等待区、中转平台、检测实验室等。其中猪待售区和销售等待区之间要进行隔挡，形成物理隔离，两侧人员、器具、车辆严禁交叉，猪的流动方向从猪待售区流向销售等待区。

图 27-2　销售中心地址

3. 销售中心售猪管理

（1）销售中心人员管理

①销售中心禁止无关人员进入。销售期间人员每晚进行淋浴，并换穿销售专用工服及鞋，无紧急事项不得离开销售中心。销售中心负责人监督检查人员洗澡、衣物（鞋）清洗消毒事宜，并监督相关人员剪掉长指甲，将指甲内的脏污刷洗干净。销售中心的床单和被罩，在销售完成后进行清洗消毒。

图 27-3　销售中心区域划分

②销售中心人员禁止外购猪肉及猪肉制品，食材由销售中心负责人进行统一采购。

（2）销售中心车辆管理

①外部运猪车辆，需提前 24h 到达指定地点。

②所有的运猪车辆必须经过彻底清洗和消毒，并在指定初洗点再次进行初洗。

③外部运猪车辆初洗完成后在销售中心外经采样、检测实验室（图 27-4）检测，检

图 27-4　在检测实验室进行检测

测不合格车辆要求退回或重新洗消，检测合格后凭《检测报告单》（图 27-5）方可驶入销售中心的销售等待区。

图 27-5 检测报告单示例

④转猪结束后，立即对场地、中转台等进行清洗消毒，经检查合格后方可下次使用。转猪完成后，运猪车辆驶出销售中心，不可返回。

（3）销售中心售猪流程 场外中转运猪车辆放下尾板，工作人员将猪从车辆转到中转对接台（图 27-6），然后中转对接台转猪人员将猪从中转对接台上赶上外部运猪车辆，各区域人员、器具等禁止交叉，安装摄像头进行全程监控。售猪完成后，对中转对接台进行清洗消毒。对两侧道路进行消毒处理。猪一经转出，不可返回。

图 27-6 两侧车辆通过中转对接台运猪

二、场内售猪管理

场内售猪管理是猪场生物安全管理中重要的一环,防止售猪过程将非洲猪瘟病毒传入场内。

1. 场内中转运猪车辆管理 车辆必须为猪场内专用转猪车,并由专人进行使用和管理,场内中转运猪车辆严禁出场,严禁用于其他用途。出猪前将车辆清洗、消毒、干燥并检查车况,查验是否符合要求及满足出猪条件。必须按照场内售猪规定路线行驶,不得随意更改路线。出猪完成后,对车辆进行清洗消毒,检查不合格的需重新洗消。闲置时放置在指定位置。

2. 舍内出猪管理 舍内采用**"三段式"**赶猪方式,遵循**"人员工具不交叉、猪单向流动"**原则。3组人员分别负责舍内和廊道、走廊、舍内出猪台3个区域。舍内和廊道人员先将确认转出的猪进行标记,并分批赶入廊道,使用挡板挡住,防止猪回舍。

3. 猪舍出猪台管理 猪舍出猪台划定脏区和净区。上出猪台的人员要穿一次性防护服和雨靴,设置脚踏盆。将猪以批次为单位转入场内中转车尾板,外部人员将猪从车尾板赶入车内。猪装载完成后,舍内人员要对出猪台及通道进行彻底清洗消毒。清洗消毒时,防止水倒流。每次出猪完成后,及时对出猪台外围洒落的粪便进行清理消毒。

4. 场内中转售猪房管理 场内中转售猪房(图 27-7)为场内与场外中转车对接点,并设置地磅与观察室。猪通过场内中转售猪房进行中转对接。

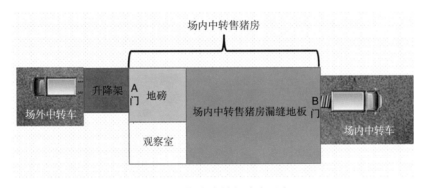

图 27-7 场内中转售猪房示意

(1)中转售猪房划分脏区和净区。工具准备:挡板、赶猪板、清洗机、消毒药、水桶、扫帚、鞋套、泡沫清洗剂、雨鞋、工作服等,所有工具仅供本区域专门使用,不得与其他区域交叉使用。严禁两侧门同时开启。

(2)转猪人员工作前要洗澡、剪指甲等,换穿专用工作服,更换专用雨靴。

(3)场内中转运猪车辆到达场内中转售猪房处,打开售猪房净区门(B门),赶猪人员将猪按批次从车辆赶入售猪房平台。场内中转售猪房区域分为3组人员。各区域人员、工具等禁止交叉。通过摄像头进行监督,严格管控3组人员流动及工具使用情况。猪通过地磅后,下一区域转猪员将猪赶入场外中转车辆尾板。

(4)转猪结束后,安排人员对场内中转售猪房进行彻底清洗消毒,由净区向脏区方向逐级清洗。售猪房内赶猪人员对场内中转售猪房进行清洗消毒后，从中转售猪房脏区门（A门）出来，禁止从净区门（B门）返回。

（5）中转完成后及时对衣服、雨靴、工具等物品进行清洗消毒处理。

5. 场外中转运猪车辆管理

（1）场外中转运猪车辆必须是本场购买或长期租赁车辆，专人专车专用，不可作为其他用途使用。

（2）场内猪中转完成后驶出场外，到达销售中心。

（3）场外中转运猪车辆每次运猪后，需在距离场区5km外的专用初级洗消点进行清洗消毒，方可到达洗消中心。场外中转运猪车辆在隔离区进行再次消毒，使用多聚甲醛熏蒸或静置12h以上。

（4）场外中转运猪车辆司机使用专用衣服和鞋子。

三、总结

非洲猪瘟防控是一项长期而艰难的事情，应从多方面着手，做好生物安全，**从细节出发，从管理出发，建立标准化程序及流程，并对生物安全进行严格执行与监督**，我们有信心做好销售环节的非洲猪瘟防控工作。

专家点评●

　　非洲猪瘟的防控是一项系统性、整体性的生物安全防控体系。涉及的防控重点非常多，但只有把握好每个环节的防控，环环相扣，才能构建非洲猪瘟的整体防控"长城"。本文作者抓住了生猪销售这一关键环节中的生物安全管理，分享了辽宁伟嘉兴城核心场售猪流程管理办法，为我们通过关键节点的管理，实非洲猪瘟防控做出了示范。本文指出整个售猪过程主要分为场外销售中心和场内的售猪管理。场外的销售中心主要承担起买卖猪双方车辆对接、实时检测、转猪人员食宿等功能。在售猪环节中避免交叉，保证生物安全落实执行。在地址选择、功能划定、人车物和流程管理方面都有严格要求。场内售猪管理是猪场生物安全管理中重要的一环，涉及场内车辆管理、舍内出猪管理、猪舍出猪台管理、场内中转售猪房管理、场外中转运猪车辆管理等方面，是整个猪场非洲猪瘟防控的重点之一。

（点评专家：陈芳洲）

第28篇 余旭平：生物安全是一种态度、一种意识、一种意志！再谈非洲猪瘟的生物安全防控

2020 年 2 月 14 日

▶ 作者介绍

余旭平

浙江大学动物科学学院教授。研究领域主要是动物传染病学、分子病原细菌学。担任中国畜牧兽医学会动物传染病学分会和禽病学分会理事、动物传染病学分会教学专业委员会委员，也是浙江省政府防治高致病性禽流感专家委员会、省农业农村厅重大动物疫病防控专家委员会委员。

▶ 引言

实施完善的生物安全管理措施能够有效地预防猪场疫病的发生，最大限度地降低猪场暴发重大疫病或外来疫病的风险，非洲猪瘟有很多防控难点，有效的疫苗难以在短期内投入使用。目前最有效的防控方法是加强生物安全，防止病毒传入猪场。

接下来余旭平教授将从 9 个方面，谈谈非洲猪瘟的生物安全防控。

自 2018 年 8 月我国报告首例非洲猪瘟疫情以来，养猪人已经历了一年多的奋战和煎熬，但防控态势总体不容乐观，战略相持或反攻也许局部有（如大型集团公司的一些养猪场），但在全国范围尚未明确显现。疫苗暂时没有指望，养猪人食不甘味、夜不能寐。

如何对付非洲猪瘟，如何挡住它、控制它，我想明确地告诉大家：生物安全完全可以。**因为生物安全的目的是：让非洲猪瘟病毒遇不到猪！或者说，让猪遇不到非洲猪瘟病毒。**（参见余旭平：非洲猪瘟可防可控，生物安全：让非洲猪瘟病毒遇不到猪）

一、生物安全是目前非洲猪瘟防控的可行之道

生物安全是目前非洲猪瘟防控的唯一之道，需要我们"一条道走到底"。

坊间流传"生物安全搞不定非洲猪瘟"（特别是 2019 年 1 月初黑龙江明水和江苏加华两个特大型猪场报告发生疫情之后），"生物安全只能有效降低传入的风险，但不能阻止非洲猪瘟的发生"，等等。这些诋毁或降低生物安全作用的流言，其实给我们做好生物安全防控带来了很大的负面影响。由此，很多猪场出现了惰性懒散的心态，认为"做与不做一个样""反正迟早会进来的"，绝大多数猪场仅仅指望"能再让我多活 2 个月就行"，毕竟 2019 下半年以来行情不错，更有些认为"赚不了的钱就算了，不要再挣了"，准备万一猪场被感染了就退出。

确实我们大量地看到或听到："封闭、封闭、再封闭""隔断、隔断、再隔断""消毒、消毒、再消毒""精细、精细、再精细"，"多态、变态、再变态"（指为了达到生物安全的绝对安全，有些人的操作，或外人对这些操作的评价），然而有些猪仔还是最终发生了非洲猪瘟疫情。

需要告诉大家的是，不管喊了多少口号，**只要是被感染的猪场，生物安全一定没有做好。**

非洲猪瘟病毒听不懂口号。非洲猪瘟病毒也不认识防控专家。非洲猪瘟病毒只认识猪。被感染的猪场一定是：猪接触到了非洲猪瘟病毒。

切记：生物安全就是：让非洲猪瘟病毒遇不到猪。

二、做好生物安全完全可以防控住非洲猪瘟

有很多人告诉我，"余老师，你说的那些我们做不到"，告诉大家，我建议的措施完全可以做到，不难也不贵。认为做不到的那些人都是因为懒散了、被流言吓住了。

生物安全是一种态度、一种意识、一种意志。只要想做，没有做不到、做不好的。

生物安全完全可以防控住非洲猪瘟，这是由非洲猪瘟病毒的特性决定的：

特性一：非洲猪瘟病毒导致猪感染发病需要较大的剂量，非洲猪瘟传播主要经口传播。我们在许多发病场观察到：一垛水泥墙就可以挡住（至少是减慢）非洲猪瘟病毒的传播。"精准检测清除"的成功更进一步说明，非洲猪瘟不容易传播、很容易挡住。

那么，为什么还是有那么多的猪场感染了、防控节节败退了呢？是思维方式错误！是因为很多人不理解非洲猪瘟病毒的第二个特性。

特性二：非洲猪瘟病毒抵抗力很强。而我们的思维方式是简单地"杀灭它、杀灭它"。况且，很多时候我们还自以为掌握了可以彻底杀灭非洲猪瘟病毒的不可靠方法。

切记：生物安全是让非洲猪瘟病毒遇不到猪。而不完全是杀灭它。

我们完全可以"惹不起躲得起"呀。划好红线，把非洲猪瘟病毒挡在外面，或者把非洲猪瘟病毒圈起来，我们绕着它走。

有时，强行用高压水枪冲洗消毒是有风险的。病毒是微观的，病毒的污染量以 10^{-8}、10^{-10} 计，一不小心因高压水枪喷洒、在消毒液杀灭它们之前，有部分"漏网之鱼"转移到了猪能接触到的地方（火焰消毒同样也有"漏网之鱼"）。尽管说非洲猪瘟病毒导致猪感染发病需要较大的剂量，但"漏网之鱼"会比"较大的剂量"还大，也就是说高压水枪冲洗消毒时飞溅出来的、缝隙里面残留的"漏网之鱼"已经足够，而且遇到猪后"满血复活"。

让非洲猪瘟病毒遇不到猪，是物理屏障的思维方式，是孙悟空为唐僧画的让白骨精进不去的那个"圈"。

这样的物理屏障隔离其实可以防控住疫病的传入，SPF 动物的饲养就是同样的思维方式，且看有多少成功的 SPF 猪场、SPF 鸡场，它们要防控猪瘟、口蹄疫、蓝耳病、新城疫、禽流感、马立克氏病等比非洲猪瘟更烈性或传播能力更强的诸多疫病。非典（SARS）以及新冠肺炎疫情的防控也是采取相似的隔离理念和措施。

三、生物安全防控是否成功并不需要太"在意"外界大环境

诚然，大环境好一定有助于疫病的防控，欧美发达国家的很多动物传染病控制得很好，猪就好养。2018 年之前非洲猪瘟还在距离我们数千千米之外，我们怎么防、即使生物安全做得差也不会发生非洲猪瘟。

由此可见，"只有大环境好才能防住非洲猪瘟"的思维方式是希望病原"还在千里之外"，而不是努力去查找和弥补本场的生物安全漏洞。同样，认为"大环境污染严重一定防不住非洲猪瘟"，也只是不认真、不努力做好生物安全的一种托词。

过分强调大环境严重污染防不住非洲猪瘟，与诋毁或降低生物安全作用的其他流言一样，都会给人带来惰性，都可以成为不进行生物安全改造升级的理由，不利于生物安全的提升。恰恰相反，我们的思维方式需要这样：**正是因为外界大环境污染严重，我们更应该"扎紧生物安全篱笆"。**

与把非洲猪瘟病毒挡在场外的"阵地战"相比较，"精准检测清除"是与非洲猪瘟病毒打"巷战"，非洲猪瘟病毒在 20cm 水泥墙那一边的隔壁栏我们都能"拔牙"成功而不扩散，请问，我们还有什么理由强调大环境污染一定搞不定？其实，挡住非洲猪瘟不需要 2 000km，也不需要 20km，也许只需要 2cm。

由此还想提醒现在未发生感染的猪场：**尚未发生非洲猪瘟，不代表你已经做好了生物安全防控，更不代表猪场以后一定不会发生疫情。要继续努力，查漏补缺。**

四、恢复动物机体的自身抵抗力是防控非洲猪瘟需要关注的一个点

家猪的祖先野猪，生活在大自然中，是自由的，而我们饲养的猪整天关在猪舍内，犹如蹲监狱。它们生长发育、繁衍后代甚至生老病死都依赖于人类，它们是我们的"造肉工厂"。我们给它们提供了最适合的营养了吗？我们连最起码的空气和阳光也没有给予保障。因此，樊福好老师提出了"营养冗余"的概念。我的理解其实是让猪获得足够的、合适的、平衡的营养（野猪存在营养不足的问题，是因为它们获得食物不容易，几乎需要整天不断东奔西走才能获得基本饱腹的食物，有时恶劣天气还可能挨饿），反过来，过多的营养一定程度上也不是好事。

因此，**做好非洲猪瘟防控工作需要关注提供给猪的营养，应保障营养适度、平衡。**以此类推，我们同样需要关注猪的生活环境，包括光照、空气质量、环境温度和湿度、环境

卫生等，也要关注猪的健康状况，猪蓝耳病、猪圆环病毒病等任何一种疫病的发生都有可能降低猪自身的抵抗力、破坏机体的免疫力及其平衡。

我们曾在一次精准检测清除过程中观察到一个特殊的案例：一头因人手不足和限制移动、原本应淘汰但未来得及淘汰的母猪，在发病后治疗的第 13 天症状突然加重，再次复核检测为非洲猪瘟病毒阳性（前面的 5 次检测一直呈非洲猪瘟病毒阴性），而同栏的另外 3 头健康状况更好、原则上更有机会接触非洲猪瘟病毒的猪（病猪很少活动，接触机会少）却呈现非洲猪瘟病毒阴性，未感染发病。我们推测是由于这头母猪持续的病态影响了其免疫力、增加了易感性。

免疫力是要恢复正常和平衡，而不是简单、盲目提高，因为免疫力过高同样可能会引发自身免疫性副作用问题。

目前各种增加饲料营养提高猪体抵抗力、利用中药提高猪体免疫力防控非洲猪瘟的做法，多数仍应该属于恢复正常免疫力的范畴。这些做法应该有一定作用，但不要过度夸大，毕竟我们精心饲养的试验猪在攻毒后死亡了，试验中野猪也同样出现了发病死亡。

切记：**在没有进行实验室攻毒试验验证之前，请保持一颗敬畏之心，不要轻易相信提高免疫力抗非的推论。**

五、生物安全"经"：红线 + 关键点控制

生物安全的"经"就是：红线 + 关键点控制。（请参考余旭平：非洲猪瘟可防可控，生物安全：让非洲猪瘟病毒遇不到猪）

用划定红线来保证严格的物理隔离，用关键点控制来保证输入输出的"绝对"安全。输出点必须保证严格单向（包括设置缓冲区），不会有任何逆向传入的可能。输入点必须保证进场的任何人和物资一定不带毒。其中人员输入采取检测阴性，严格隔离、清洗，多级缓冲等流程和措施；物资进入采用高温或浸泡两种可靠的方法（即放弃任何未经验证或可靠性存疑的方法）。此外，还需要保证引种安全，并设法挡住鸟、大鼠、松鼠、苍蝇、蚊等不速之客。

六、非洲猪瘟生物安全防控：划红线为上、杀灭病毒为下

"惹不起，躲得起"！非洲猪瘟防控的首选项不是通过消毒来杀灭病毒（高压喷雾冲洗消毒还可能会导致病毒飞扬而扩散转移），而是有非洲猪瘟病毒的地方，我们绕着它走（采用划红线的方法把污染的地方单独划出，划归脏区，甚至也可将污染点圈起来划成为一个"禁区"）。

当然，在关键控制点输入物资时需要杀灭病毒，精准检测清除时也需要在保证不扩散不移动的前提下，努力杀灭绕不过去的病毒（如在必经之路上的病毒：用红地毯铺于舍外道路和舍内过道，每天多次氢氧化钠溶液淋洒浸润）。

红线没有划好（把脏区划进了净区），通过消毒杀灭病毒的方法来补救是错误的思维方式，因为这样的操作有出现洗消不彻底的可能，每天让人一如既往地进行消毒操作看似

简单，但一定会出现疏漏。

七、生物安全红线设定与非洲猪瘟防控目标

自从樊福好老师提出单元格的概念后，许多猪场进行了猪栏的改造，将之前的铁栅栏改回成了实体墙。需要提醒大家的是，**我们生物安全防控非洲猪瘟的目标是什么？**是一个栏的猪，还是整个猪场？铁栅栏改造成实体墙有助于非洲猪瘟的防控，但它主要是为了减少栏与栏之间的关联和周边传播，有利于在非洲猪瘟入侵后的精准检测清除。也即，上述操作属于"巷战"的范畴，而我们防控非洲猪瘟主要是要设置"堡垒"，要把非洲猪瘟病毒挡在猪场外，因此，生物安全防控应该主要是御敌于外的"阵地战"，而不是(至少主要不是)"巷战"。

有人说，外面要防，"巷战"也要准备。对！我们要有各种预案，但生物安全防控必须求简，要有重点，没有重点的防控，将有可能看似忙碌，实则漏洞百出，最后会"竹篮打水一场空"。

八、做好生物安全的策略

做好生物安全，除了需要态度端正和有生物安全意识之外，还需要关注做好生物安全的思维和策略。

如何做好生物安全？我们不能"胡子眉毛一把抓"，需要把生物安全设施建设（相对地偏硬件）与人员管理培训（相对地偏软件）二者分开。

首先，我们要有坚定的信念、必胜的信心，要坚信做好生物安全完全可以防控非洲猪瘟。这是基于如下的假设：任何参与人员能完全做到、不犯错误、不会偷懒(比机器人还好)！

基于此，我们设计并做好生物安全硬件，并且生物安全硬件必须充分考虑人的因素，要让参与的人乐于做、舒服做、高高兴兴完成，而且生物安全硬件必须尽量求简，尽量减少人的工作量、减少人的参与度。

等硬件基本到位后，我们应调整思维，基于"生物安全绝对搞不定非洲猪瘟，因为人最不靠谱""人会犯错、会偷懒，只要有人参与一定做不好、搞不定"的假设，我们需要管好人，将所有参与生物安全的人管理成"好人"（即能服从生物安全操作要求并执行到位）。

进而，还需要不断查找生物安全漏洞，不断进行提高和改进（包括对钻研、查找生物安全漏洞的员工进行奖励）。

人的参与总还有万一出错的可能性，若万一出现漏洞，则采取**精准检测、定点清除措施**！

精准清除（"拔牙"）在一定意义上（或从大的范畴上）讲也是生物安全防控的一部分（精准清除时同样需要划好红线，控制病原传到安全的区域，即局部区域性地将病原挡在外面），是非洲猪瘟防控的有效补充。

我们估计，非洲猪瘟的防控将呈现这样的常态："生物安全、生物安全、生物安全""拔牙、拔牙、拔牙"不断反复，当然我们希望能以加强生物安全、不断"扎紧非洲猪瘟防控的生物安全篱笆"为主，精准清除为辅，且越少越好。

九、精准清除是生物安全防控的组成部分，是非洲猪瘟防控的有力补充

一定意义上说，精准清除是非洲猪瘟生物安全防控的有力组成部分。相对于正常猪场只需要做好一件事，复养需做好两件事，精准清除操作则需要做好三件事（**挡住外来的、消灭里面的、检出并清除可传染的**），因此，精准清除是非洲猪瘟生物安全防控中相对最难的一种补充。

精准检测清除在成功之前的一段时间（25～45d 之内，最短可以 2 周内），场内是有病毒、有传染源存在的，但精准检测清除不是带毒生产。精准检测清除是通过检测找出传染源，将其及时清除，同时还需要消灭场内污染的病毒，并挡住外来污染，因此精准检测清除完成后猪场将恢复为没有任何非洲猪瘟病毒威胁的正常生产场。

精准检测清除不是简单地把病死猪（或者把感染和马上要发病的猪）拖出去。精准检测清除成功的关键是防止扩散，而检测的重要性相对地应该排在其之后。由此，精准检测清除同样需要划定红线而且还需随疫情变化随时进行调整，明确什么地方是脏的，什么地方必须保持干净。另外，还需要将"原地卧倒"（即停止人员跨区、跨舍、跨栏等活动，停止一切除疫病监测和维持猪生命以外的操作）做好、做到位，防止因人员活动而出现的进一步传播。现在，有些场把精准检测清除的重心完全放在如何选用检测试剂或如何开展唾液采样保护等操作（民间戏称"拔牙工具"），笔者认为略有偏颇。

当然，精准检测清除确实也需要选好工具，并且还需要聘请好的"牙医"进行指导、进行强有力的流行病学分析，毕竟大规模检测在一般的猪场不太可能做到，而在流行病学分析指引下的精准检测更合适、更可取。此外，精准检测清除是一个系统工程，还需要考虑物资准备、人员分工，以及猪场的正常生产周转等。

最后再次强调：**做好生物安全是一种态度、一种意识、一种意志！**

我们需要树立做好非洲猪瘟生物安全防控的科学态度，需要具备做好生物安全能有效防控非洲猪瘟的清晰意识，并且需要拥有努力做好生物安全、坚决防控好非洲猪瘟的坚强意志。

生物安全完全可以防控住非洲猪瘟。

专家点评●

非洲猪瘟的生物安全防控是一项系统工程。做好生物安全，是一种态度、一种理念、一种文化！余旭平老师"一根筋"地坚持并反复强调生物安全防控，就是希望大家高度重视生物安全、全力做好生物安全。

生物安全是可以挡住非洲猪瘟的。防控新冠肺炎疫情也主要是通过早发现、早隔离。对于非洲猪瘟的生物安全防控，大家不要过分渲染大环境污染，不要被诋毁或贬低生物安全有效性的"神专家"、被过分吹嘘可提高猪体免疫

力的"神药"给误导了。生物安全是非洲猪瘟防控的核心，需要"一条道走到底"，要始终让非洲猪瘟病毒"遇"不到猪！余旭平老师在本文中重新梳理了生物安全防控的要点（划红线和关键控制点）和重点（划红线为主、杀灭病毒为次），剖析了非洲猪瘟防控整体与局部的辩证关系，还提出了生物安全防控的具体操作顺序和思路，最后还介绍了万一出现疏漏后的生物安全补救措施（精准检测、定点清除）等。

　　希望这篇文章能帮助养猪朋友织密生物安全网，让非洲猪瘟病毒"遇"不到你们的猪！

（点评专家：仇华吉）

第 29 篇　罗小锋：猪场常见生物安全问题

2020 年 4 月 29 日

▶ 作者介绍

罗小锋

1980 年出生，汉族，毕业于华中农业大学，执业兽医师；于 1999 年 1 月入职武汉天种畜牧有限责任公司，在进入公司的二十余年里，历任分公司场长、总经理，集团公司技术总监、副总经理等多个职位；现任金新农养殖板块副总经理兼南方大区总经理。有丰富的生产实践经验和较强的大型农牧企业管理有力，尤其对猪场生产、技术体系建设有独到见解。

▶ 引言

　　非洲猪瘟入侵我国后，倒逼生猪行业转型，也让我们意识到生物安全的重要性。新冠肺炎持续蔓延暴露出的生物安全问题再次引起关注。疫情背景下，"把生物安全纳入国家安全体系""全面提高国家生物安全治理能力"势在必行。

　　在生猪生产领域，猪场生猪安全措施是抓好非洲猪瘟防控工作的重要一环，生物安全意识已经被广大养殖户接受并且重视，但为何仍有猪场频频发生疫情？本质是没有补齐短板。罗小锋分享的《猪场常见生物安全问题》，分析了部分猪场防非失败的常见问题及原因。

　　经过一年多与非洲猪瘟的不懈抗争，养猪界的同行们总结了很多有效的防控方法，取得了不错的成绩，大家逐渐形成共识：非洲猪瘟可防可控，生物安全是最行之有效的方

124

法！但是，同样是做生物安全，为什么有的猪场能有效防控，有的猪场却不尽人意呢？下面对猪场常见的一些生物安全问题进行分析。

一、对生物安全目的理解偏差

生物安全不是要将所有病原杀死，也不可能100％杀死，生物安全目的是降低病原微生物传入导致猪发生感染的风险。

反观有些猪场在实际操作中，过分依赖消毒的作用。早、中、晚每天3次带猪消毒、环境道路每天泼洒氢氧化钠溶液、车辆也喷洒氢氧化钠溶液、蔬菜使用消毒剂浸泡，不仅无法抵御非洲猪瘟的侵袭，还发生过员工吃了消毒剂浸泡过的蔬菜而腹泻的事件。这些消毒操作耗费了大量人力、物力和财力，但其实效果并不一定好。每天带猪消毒3次增加了人员进猪舍的频率，病毒不一定被杀死，可能还增加了把病毒带入的风险。

因此，**生物安全不仅仅是大量使用消毒药，物理隔离、不接触风险源和减少接触频率也是非常重要的工作**。物理隔离方面，比如场区做实体围墙，生产区与风险区做隔断；人员、物资、引种的有效隔离条件等。减少接触频率也是非常的重要，比如饲料和饮水，虽然带毒风险不高，但是由于猪每天必须大量多次接触，只需极低的病毒含量就可能造成感染。不让风险因素靠近比使用消毒剂更有效，例如，风险很大的车辆是不允许靠近生产区的；把厨房外迁，蔬菜经过高温加工成熟食再进入，风险大大降低。这些改变都不依赖于消毒剂，效果却比消毒剂更好！

二、各区域防线的界限不明确，设置的洗消点位置不对

各区域防线的界限不明确，设置的洗消点位置不对是在实际操作中经常碰到的问题。大家对三道防线、层层设卡都知道，但是防线在哪儿、关卡在哪儿却不一定清楚。**我们一般以生产区为核心由内向外设置三道防线（图29-1）：进生产区为第三道防线，进生活区是第二道防线，进场外隔离区为第一道防线**。越靠近生产区，生物安全等级越高，这也是净、脏区划分的原则，靠近猪的一侧是净区，相对较远的一侧是脏区。

对防线和区域之间的活动有以下要求：

（1）每一道防线界限要明确，不要有模糊或交叉，比如生产区以围墙为界限，与生活区隔开，之间有明显的隔断，实体墙最好。生产区入口是唯一的，入口门外是生活区，洗消后出口外是生产区，净、脏区最好有明显标识。

（2）每一道防线要完整，最好不要有多个入口，如果有多个入口必须每个入口都要有洗消处理的设施设备，实行同样的管理力度。

（3）凡是需要从相对的脏区跨越到净区的活动都必须经过一定处理。比如人员从生活区进入生产区，必须经过洗澡、换衣服和鞋；从连廊到猪舍内需要经过洗手、鞋底消毒等。不允许出现未采取生物安全措施跨区的现象发生，任何人、任何事、任何时间都得遵守，至于是采取哪种措施需要按照防疫的级别和风险因素的等级来决定。

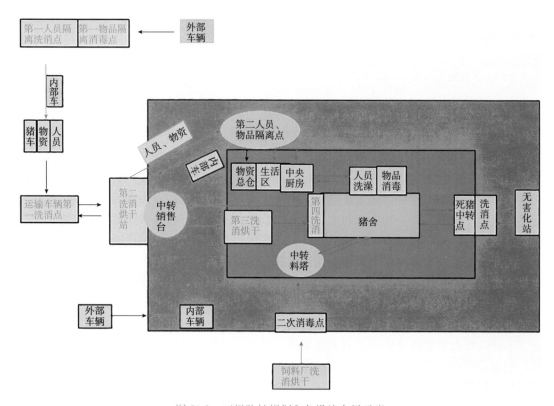

图 29-1　三级防护规划和各设施布局示意

（4）同一道防线内的生物安全级别相同的区域，不跨区的活动一般不需要进行特别的洗消处理。同时同一道生物安全防线内的大区域需要进一步细分，实行不同细分区域的隔离，实行网格管理，不串区、不串岗等。猪场需要明确哪些人、车、物可以在哪个区域活动，并进行标识区分，即通常讲的颜色管理，各自只允许在规定的区域内活动。

（5）关卡设在两个区域的分界线上，入口一端是一个区，中间经过一定的处理后连通到出口，出口端是另一个区。人、车、物的分界线都必须在一个水平线上。如果前后设置路线有交叉，实际上前面的设置就是无用的。大部分内部车辆洗烘点设计在场外，然而有些猪场车辆烘干之后回场的道路由于土地条件限制自己不能完全掌控，有其他车辆经过，则这个烘干站的作用就大打折扣。

（6）各关卡设施要完整，人员职责要清晰，细节管理要到位。每个关卡针对重点需要消除的风险要有相应的方法和设施，执行人员的岗位职责要有明确规定。比如门卫区功能有很多：车辆洗消、物资接收消毒、回场人员洗消隔离管理、洗澡间隔离间管理、衣服清洗等，这些操作大部分是在脏区进行，但洗澡完成后的属于净区。有些猪场没有将这些区分清楚，觉得都是门卫区，就交由门卫一个人去处理，结果造成门卫刚接触场外物资或人员立马又到隔离间打扫卫生，既洗脏区的衣服，又洗净区的衣服。由于职责的不清晰，门卫可能每天都在净区和脏区之间交叉！

三、执行生物安全措施需要抓关键点

生物安全措施不是做得越多越好，需要划分生物安全等级，分清重要顺序，不能胡子眉毛一把抓！由于最初认识不足，大家做生物安全是能想到的都做，流程越来越复杂，环节越来越多，短期是可以坚持，但是要打持久战就不行了，耗时耗力，环节多出错也多，到最后可能一个也没做好！随着认识的不断提高，防控需要抓住关键点，生物安全也需要逐步做"减法"。首先，需要对区域的生物安全等级进行划分，如前面所述越靠近猪生产区，生物安全等级越高，要求也越严格。比如人员到第一隔离点是穿着自己的衣服去的；进入生活区，衣服、行李箱不能携带，只允许带自己的电脑、手机和小件私人用品；进入生产区更严格，只能携带眼镜和手机卡等，应分清主次抓住重点。另外，针对风险的大小需要进行排序，如图 29-2 所示。

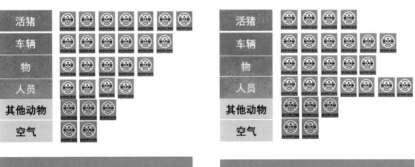

图 29-2 不同载体生物安全风险和生物安全风险控制难度（引自华中农业大学钱平老师）

活猪的风险最高。猪场的引种、进猪苗是风险最大的活动，需要进行最严格的生物安全措施：来源场评估（来源场是否在疫区、生产数据调取、环境与猪样品检测）、路线规划、路途监控、车辆调查检测洗消、天气查询、司机等参与人员隔离洗消检测、种猪与猪苗按洗消流程进隔离舍及隔离期满检测合格进场等。但是如果是进物资，就要按物资入场流程，经过三道防线的洗消流程就可以进入了。

车辆是风险很高的载体。尤其是装猪车，因此装猪车不允许靠近第二道防线，需要建中转站和洗消烘干站；饲料车风险相对较小，洗消后可以靠近第二道防线但不能靠近最后一道防线，因此，饲料需要内部车中转。

人员和物资也是风险较高的载体。尤其是与猪密切接触的人员和物资更要重点关注，需要检测、隔离、三次洗消才能入场，不进入生产区的人员和物资不必经过三次洗消。

空气传播不是非洲猪瘟的主要传播途径，风险较低，如果单纯为预防非洲猪瘟是没有必要进行空气过滤的，但空气过滤对预防蓝耳病等可通过气溶胶传播的疾病是非常有效的。

四、处理方法不得当

人员、车辆的消毒处理方法比较明确。人员通过换衣鞋、洗澡、隔离，车辆通过清洗、消毒剂喷淋与烘干可达到较好的效果。但对物资的消毒，不同方法的消毒效果差异比较大。物资的消毒方法大致分为熏蒸、雾化/喷雾、擦拭/浸泡、烘干等方式。

常用的臭氧熏蒸消毒在低温条件下（0℃）和湿度大于70％时作用较好，适合冬季加湿使用；其他药物一般15℃以上效果较好；雾化和喷雾的方法效果不确实，穿透力不强，很难做到全表面覆盖，不推荐使用；浸泡能做到全表面覆盖，但工作量偏大，适用于衣物、金属、塑料、蔬菜等非电子产品，一般选用1∶200卫可或1∶20 20％戊二醛。蔬菜建议使用2％柠檬酸，浸泡后存放不超过3d，并用清水冲洗避免变质、消毒药残留引起人员肠胃不适；烘干的穿透力强、能做到表面全覆盖，适合除疫苗以外的大部分物资。疫苗药品最大的风险来自外包装，因此需要厂家出库前覆膜、到达消毒点后去掉覆膜、外包装再进行表面喷淋/浸泡消毒；电子产品（手机、电脑、照相机等）、眼镜等物资可以使用擦拭加臭氧熏蒸的方式；饮水可采用添加漂白粉、酸化剂、臭氧水等方式；对于饲料重点关注的应是饲料运输车的消毒。

五、一定要定期监测，不能等到有问题再检测

防控非洲猪瘟一定要早发现。在猪群正常情况下，每周对生产区交叉点、栋舍入口、门卫、隔离区、出猪台、生活区、中央厨房、转运车辆等高风险点进行采样监测。如果出现异常需要对群体进行风险等级划分，高风险区需要每天或每3d一次连续监测，直至风险解除。无论猪群是否正常，每天必须对不食、发热等有异常表现的猪进行采样检测。针对每个返场的人员、每批进场的物资、每次装猪的车辆都需要进行检测，合格才能进入猪场。

六、执行是关键

生物安全措施要落实到位，员工日常的训练、监督、激励必不可少。针对每个环节反复实地操作训练，直至养成习惯，不能停留在口头培训层面上，只有训练有素的队伍才能打赢抗击非洲猪瘟的战争！同时对每个关键点安装监控，或使用智能感应设备，保障不越线、可视化、可追溯。公司也需要有激励措施，让优秀的人才体现价值，让更多的人主动执行。

七、总结

生物安全是一套系统方法，需要系统思维和执行力。它不仅对防控非洲猪瘟有效，对所有疾病防控都有效，做好了能促进猪场生产水平的全面提升，做不好则相反。它考验的

是每个猪场的组织管理能力，需要我们不断去发现和总结、不断完善和提高，这样才能发挥它的最大价值！

专家点评●

　　作者分析了猪场常出现的一些生物安全问题和管理误区，从对生物安全的理解，到流程的管理设计，以及实际操作中的错误做法，有理有据分析生物安全系统执行中的关键点，并且用一些非常具有现场感的示例来解释为什么这些操作有问题，该如何去理解标准操作流程和执行力之间的关系。

　　我对其中的三点尤为认同：第一是对生物安全的理解，作者用消毒操作来阐述消毒与生物安全之间的相互关系，度的掌握很重要，同时不可忽视物理隔离对传染源传入的作用；第二是各区域界线的管理，要明确脏区和净区的分界线，并且要有现场监督、评估执行力，确保流程人性化和执行标准化；第三是生物安全执行要抓关键点，生物安全要分清主次，以及随着生物安全的认识深入，流程要做减法，这样才能长远将生物安全执行好。

　　本文作者实践经验丰富，能够理论结合实践来谈生物安全，给大家做生物安全提供了非常好的思路，感谢作者的辛勤付出！

（点评专家：刘从敏）

第四部分　非洲猪瘟防控实践

第 30 篇　曹松嵘：临床防控非洲猪瘟需注重细节和化繁为简

2019 年 10 月 19 日

▶ 作者介绍

曹松嵘

广州猪个靓生物科技有限公司总经理，临床兽医专家，提出了自己的规模猪场整体控制系统的基础理论，规范了非洲猪瘟现场管理操作流程，找到了控制类似非洲猪瘟等疫病的临床快速解决方案并制订了相应的配套管理流程。

非洲猪瘟是一种高度接触性烈性传染病。作为一线临床兽医，我们经历了由陌生到熟悉、由恐惧到积极应对、由难以控制到可以控制的过程。我们积极向同行反馈临床观察到的各种信息，同时也积累了一些心得体会。

（1）大范围控制非洲猪瘟病毒的快速传播，目前是很困难的事情。尽管如此，笔者认为，**区域内安全运输生猪，仍然是将来控制非洲猪瘟传播的基础和有效措施之一。**

（2）局部或个别猪场的成功防控，给非洲猪瘟的控制带来了极大的希望。其中成功控制措施和操作细节，值得广大养猪人仔细研究、学习和推广。

（3）防控非洲猪瘟的大方向，一年多来，大家应该熟记于心。总结临床一线的重点还是注重细节的问题、执行到位的问题、化繁为简的问题、长期坚持的问题，这些问题亟须大家给予足够的认识和重视。

（4）目前来看，防控非洲猪瘟有效的措施是：固定且可能发生交叉污染的区域，使用消毒池消毒；对于可能携带病原的移动物品，采取高温消毒的措施是比较彻底的措施；减少不必要的人员交叉流动，是最佳控制措施之一。

（5）针对已经发病的猪场，除了加强以上防控措施之外，还需要增加专门的人员，处理发病猪群。这是发生疫情的猪场能否处理成功的关键因素。

（6）猪场降低饲养密度、建实心墙、设小单元是目前降低猪场疫情发生概率、减少损失的关键。

非洲猪瘟防控成效关系到老百姓的菜篮子工程，更关系到猪场的生死存亡。不可不察，不可不谋，不可不决。我个人认为，一线临床兽医长年奋战在抗击非洲猪瘟的前沿阵地，不可忽视、不可或缺。

第 31 篇　赵普刚：搞定非洲猪瘟要有系统化的防控方案

2019 年 10 月 22 日

▶ 作者介绍

赵普刚

执业兽医师，河南优加领鲜贸易有限公司总经理，广州领鲜集团养殖事业部技术总监、河南优加领鲜养殖公司总经理。长年奋斗在养猪第一线，积累了丰富的临床经验，擅长规模猪场非洲猪瘟疫情期的防控工作。

一、防控非洲猪瘟的体会

如何有效地防控非洲猪瘟？个人认为要制订系统的方案进行防控，不能依靠以前不完善的方案或单独偏向于某一方面的方案来进行防控。具体思路如下：

1. 人　责任心是第一要素，要定岗定责、专人专责。例如门卫岗，由原本的普通看门人员，换成有责任心且有专业消毒知识的人员；要有适当的人员轮休制度，不能长期封场，否则工人会有抵触情绪。总之，要进行思想培训、岗位技能强化训练，经济上要给予补助，做到同心抗非。

2. 车　采取怀疑一切的态度针对外来车辆（特别是保险公司的车、运猪车和拉粪车），特殊时间甚至可以不调运（如遇阴雨天气，猪场不接纳一切外来车辆）或者采取妥善的方案，以保证有效的消毒；对于内部车辆，要控制流动次数和流动范围，对特殊车辆要采取专人、专车、专用路线的管理原则。

3. 物

（1）进入的物品　制订详细的采购计划，对采购前、中、后所有的要点进行把控。如仅在晴天采购、不从疫区采购、使用专业的车辆、做好消毒工作、尽量减少采购批次等。

（2）外移的物品　主要是指粪污和动物尸体，这两者是最大的污染源，要经过处理后再外运处理，避免污染周边环境，外运时还要避免被外界污染。针对常规病死猪尸体，建议自行无害化处理，尽量不让保险理赔员进场或者靠近场区，或通过视频申报。

（3）售猪　应做好计划，减少出售的次数；注重车辆消毒细节，避免被外界污染；参与出售猪的人员要按照计划方案进行严格消毒。

4. 管理

（1）尽量增加操作人员，定岗定责，减少不必要的交叉点，如减少一人多岗的情况出现。

（2）加强重点区域的管理，如料房和厨房在疫情期要特殊管制，料房被污染，会让猪场在短时间内暴发疫情，厨房污染了，饲养员会把病毒带到各个圈舍。

（3）减少不必要的管理（如由统计员逐个统计猪群数量，变成上报或者抽查）。

（4）制订应急管理预案，适用于周边疫情蔓延期，如短期的"铜墙铁壁"制度。

（5）制订日常管理方案，适合周边疫情相对稳定时期。

5. 营养　通过调查养殖户得知，饲料的质和量越差，猪的抵抗力越弱，越容易感染，感染后死亡率越高。加强营养，特别是周边有疫情时，一定要先"求生"，再"求大求强"。如周边有疫情时，让妊娠母猪多吃料，不控料，保证均衡充足的营养供应。

6. 应激　减少一切应激因素，周边有疫情风险时，可以暂停一切常规操作，如注射疫苗、剪牙、断尾、阉割等。

7. 消毒　据报道多数消毒剂的最佳消毒效果都与温度有一定的关系。一般来说，多数消毒剂在低温下消毒效果较差，当气温低于16℃时，一般消毒剂对大部分病原体失去作用。在一定温度范围内，消毒剂对微生物的杀伤力随温度的升高而增强，提高温度可增强常温下某些杀毒效果不佳的消毒剂的杀毒效力。一定要选择有效的消毒剂，制订有效的消毒方案〔需了解消毒剂的最短有效时间、最低作用温度、挥发性、最低有效浓度、安全性，是否受阳光影响，环境 pH 条件（如地面是否有生石灰）、圈舍湿度或被消毒物品湿度，气候条件是晴天还是阴天或雨后天气，以及被消毒物品表面是否有大量污垢等〕，养殖场感染非洲猪瘟病毒大部分是因为消毒不到位（图31-1）。

8. 减少易感动物

（1）基础免疫检测　通过专业的实验室检测猪群常规疾病的特异性抗体情况，清楚掌握自己场猪群的基础免疫情况，然后改进防控方案，决定是使用疫苗还是使用药物。

（2）增加猪非特异性抵抗力　利用温补性中草药提高猪体抵抗力。

（3）淘汰老、弱、病、残猪。

（4）减少整体存栏量，为不幸发生非洲猪瘟时创造防控机会。

9. 生物传播媒介　很多养殖户对蚊、蝇等司空见惯，对其控制未引起高度重视，必须要利用多种手段进行灭杀。

图 31-1　无效消毒
A. 劣质氢氧化钠溶液　B. 酸碱性消毒剂混用

10. 圈舍的改造和环境的改善　有条件的情况下，增加实用性防控设备，并改造必要的设施，如通槽（图 31-2）、栏杆圈舍等。

图 31-2　改造通槽为单槽和单独饮水器

二、常见的防控误区

（1）个别养殖户对非洲猪瘟没有足够重视，靠运气或者听天由命。

（2）有些养猪户虽然重视非洲猪瘟，但是没有制订或落实具体方案。

（3）认识片面，过分地在某个板块做工作，忽略其他板块，如过分消毒、强调生物安全，但不注重基础免疫和基础营养等。

（4）只做工作，不检查结果。如只消毒，不检测消毒效果；只在饲料中添加中草药，不调查或者不追踪了解使用后的效果。在我们调查的养殖户中，80%的消毒剂和消毒方案是无效的；选择使用中草药预防非洲猪瘟的养殖户，由于不懂中草药的药性，约80%用错了药物。

（5）偏听偏信"神人""神药""神方案"，不注重内功的修炼。

（6）过分相信和依赖某一种消毒剂，如氢氧化钠溶液。

（7）对细节没有进行把控，如饲料或者原料的把控，又如疫苗或者药品的来源等。

（8）不能做到有效切断传播途径，如因"拔牙"而导致的病毒扩散。

（9）对病猪不舍得淘汰，抱有侥幸心理；不舍得淘汰老弱病残猪，不舍得降低养殖密度，贪小失大。

（10）对设施设备不舍得增加或者改造。

第 32 篇 周海鲁：我们是如何抗击非洲猪瘟的？

2019 年 11 月 17 日

▶ 作者介绍

周海鲁

1988 年毕业于大连水产大学，毕业后从事饲料行业，2002 年开始进入养猪行业，先后任职过 3 家集团公司猪场场长。

▶ 引言

2018 年 8 月初，非洲猪瘟首次入侵我国，从北向南扩散蔓延。非洲猪瘟病毒抵抗力之强，传播速度之快，污染面之广前所未有，对我国生猪产业造成巨大损失。我们在很长一段时间里，因为缺乏经验，走了一些弯路。目前形势下我们如何确保猪场生物安全的有效性？

没有方法难以成大事，没有实力难以促发展，防控非洲猪瘟必须要有完整的生物安全管理体系，构建生产高效、环境友好的生猪产业高质量发展新格局。周海鲁场长分享《我们是如何抗击非洲猪瘟的？》，重点阐述了猪场非洲猪瘟防控管理的九大要点。

非洲猪瘟疫情的发生暴露出生猪行业诸多弊端，疫情防控形势仍然严峻。虽然疫情数量比去年同期要明显减少，但是各个地区疫情发生的隐患、风险还非常高。猪场在抓好生猪生产恢复发展的同时要更加注重非洲猪瘟的防控。

一、日常人员管理

要人性化管理员工。人是最重要的，因为一切工作都是由人来完成的。管理者要把员工当成家人来看待，这样员工才能把场里的工作当成自家的事情来做。既然是家人，就要同甘共苦。因此，年初承诺的奖金，只要年底猪场还安全，年底每人都将奖励；伙食高于一般家庭标准；生活区和生产区的工作服、日常用品均由猪场免费提供；宿舍夏天有空调、冬天有暖气，让员工像在家一样的感觉。

二、员工休假和回场管理

场内人员每月休假一次，一次不超过 5d，少休的每天奖励 150 元，当月兑现。员工休假回场时，不准带入任何物品（除了眼镜、手机、电脑之外），淋浴间两侧脏净区划分，按规范执行洗澡、隔离 48h。眼镜必须放入 1∶200 的过硫酸氢钾消毒液中清洗、浸泡消毒 10min 以上，手机必须经熏蒸消毒 24h 后才能带入生活区（均有专人负责）。

入场：专人负责，每天对场区内舍外区域消毒，之后再将场门口及附近区域消毒。

入舍：各舍入口处设有氢氧化钠溶液消毒池，各舍员工负责每天添加氢氧化钠溶液，根据消毒池容量不同，按 3% 比例由专人称重后放在各舍门外。舍门口消毒手盆内消毒液由专人上班前准备好。

三、饲料管理

饲料由本场罐车拉回，在场外直接转入料塔（罐车在到达料塔前经过 2 次消毒，到达料塔后进行第 3 次消毒），然后由场内料车分装到场内各舍料塔。保育料品种较多，可在场大门旁边放置 4 个集装箱用于储存、隔离保育料，保证熏蒸消毒 5d 后入场。

四、物品管理

入场的所有物品能浸泡的一律用消毒液浸泡，不能浸泡的在密闭集装箱内经熏蒸消毒至少 24h。疫苗根据保存温度用冰袋调节后，放入 1∶200 过硫酸氢钾溶液浸泡 5min。

五、出场管理

应注意售猪环节的风险，可在离场 10km 处建立转猪台，场外运猪车和场内外转运车分走两条路线，不交叉。运猪车先由场外专人到洗车点用消毒液洗车，干燥 0.5h 后再用消毒液冲洗，然后由专人带到转猪台进行第 3 次消毒，场内转运车是租的拉土方工程车，经消毒液清洗 2 遍，然后停到猪场装猪台下（装猪台下方是一个 15m×6m 的消毒池，深30cm），消毒池提前由专人准备好消毒液。装猪台在场院墙外面，从地磅房到装猪台的赶猪道宽度 60cm，猪不能往回走。

赶猪通道有两道门，员工只负责将猪赶到第二道门，门外是外雇的装卸工（装卸工到装猪台前换上猪场提供的水鞋，穿上隔离服），负责关闭第二道门然后赶猪上车。场外转运车一般 3 个月内不租用同一辆车，场内转运车只运一趟，不折返。因为与屠宰厂较熟悉，用手机视频远程观察猪和磅秤，售猪人员停在 10km 外转猪台，转猪由外雇的两名装卸工负责。猪转运完后，由场内员工用消毒液从里往外彻底清洗赶猪道，至第二道门，剩

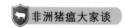

余部分由场外消毒人员冲洗，地面干后再用消毒液冲洗。

六、病死猪管理

这个环节的风险非常大，因为保险理赔人员都到处流动，无害化运输车更是什么猪都接触。我们专门用一辆铲车和一台运猪车，先将病死猪装到铲车上，由铲车拉到 1km 外停放的专门运猪车上，然后拉到 5km 外，待理赔员拍照后，转装到无害化车上。铲车和运猪车由场外专人负责。铲车返回停在场外出猪台下的消毒池内，由场外消毒专人清洗消毒 3 次。运猪车消毒后回到 10km 外的停放点停放，再消毒。

七、饲养管理

我们使用的是品牌全价料，适当加大了妊娠母猪的饲喂量，保育料由原来的饲喂 25kg 改为饲喂 40kg，育肥全程使用育肥前期料，直至出栏，相对来说提高了饲料营养标准。每季度对母猪群进行中兽药保健。10 月之前，每月饮水中连续添加 10d 二氧化氯清理水线及水质消毒，10 月之后，每天添加酸化剂，保证饮水 pH 在 3~3.5，能够杀灭水源和水线中可能污染的非洲猪瘟病毒。

八、猪场结构

猪舍是密闭式的，所有窗户都是不能打开的，地下风道进风，依靠风机通风，猪舍地面是全漏缝地板，基本不用搞清洁卫生，大大减少了人与猪、猪与猪之间的接触。育肥舍栏与栏之间用水泥实体墙隔断；妊娠母猪舍一部分是限位栏，独立食槽、独立饮水器，另一部分是与育肥猪舍结构一样的大圈。风机口和地下风道口全部用纱网罩住，以防蚊、蝇，发现鼠类踪迹，立即杀灭。

九、生产计划

考虑到冬天温度低、消毒剂消毒效果差，从 7 月开始将保育和断奶猪卖给大型猪业集团了，11 月上旬肥猪基本售完，这样从 11 月中旬到来年 3 月之前不用出猪了，降低了售猪带来的风险。

专家点评

　　一年多来，很多猪场被非洲猪瘟无情地摧毁了，但仍有一些猪场"坚持抗战"，在疫情包围下顽强地活下来了。这些猪场的做法非常值得剖析和借鉴。尽管各有其特点，但也有一些共性，这就是他们不怨天不尤人，不等不靠，上下同欲，顽强自救，倍加关爱员工，精心养护猪群，严格遵照生物安全的核心理念，控制好人流、车流、猪流、物流，打造了一个让非洲猪瘟病毒难以突破的生物安全堡垒。这样的精致化管理的猪场是我们养猪业未来的希望！当然这个场的做法也有改进的空间，比如饲料的风险并不如大家想象的那么大，不必反复消毒。

（点评专家：仇华吉）

第33篇　杨耀智：从技术角度看集团化养猪企业在非洲猪瘟背景下的机遇、挑战与对策

2020 年 1 月 7 日

▶ 作者介绍

杨耀智

黑龙江大北农农牧食品有限公司技术中心经理，主持编写并行业发布《规模化猪场复养技术要点——以大北农集团为例》；目前公司复产顺利，全力满产中。

▶ 引言

一年多以来，关于非洲猪瘟防控、关于复产、关于生物安全，业内探讨了很多。时至今日，各大集团化养猪企业都有自己的应对之策。正如杨耀智所说，**这些解决之道，符合自身实际、可操作、可落地、有效的就是最好的**。

接下来，杨耀智从技术角度，谈谈非洲猪瘟背景下集团化企业所面临的机遇、挑战与对策。

非洲猪瘟进入我国的第三个年头，公司从最早的受害者到最早的复产者。在艰苦卓绝的复产历程中，最宝贵的是默默付出、踏实工作的一线劳动者，他们所付出的辛苦、表现出来的坚韧，足以让所有人动容，有太多的故事值得被公司甚至整个行业所铭记。他们是推动整个行业浴火重生的中流砥柱。现在公司按照规划健步前行最终成为行业中坚力量，与他们的贡献是分不开的。

关于复产、关于生物安全，我们看了太多、听了太多。实事求是地讲，对目前仍在疯狂扩张的各大集团化企业而言，非洲猪瘟已经没有最初那么可怕，各个公司都有自己的解决之道，有踏实做生物安全的、有用资本硬砸的、也可能有用"核心技术"的。对这些解决之

道，很难说孰优孰劣、谁能影响谁。符合自身实际、可操作、可落地、有效的就是最好的。

我只从技术角度，谈谈非洲猪瘟背景下集团化企业面临的机遇、挑战和对策。

一、机遇

1. 猪肉价应该至少有 3 年的好行情（生猪价格每千克 20 元以上）　政府真正主导下的复产应该是 2019 年 9 月从北方开始的。北方在经过前期一连串的打击后刚刚开始有点头绪，而南方当时还在极度困难之中。

不是所有的公司和养户有资金、技术和种猪着手复产。即使复产，也不是所有企业都能顺利复产。即使顺利复产，生产成绩会因为种源、工艺流程改变、正常操作减少以及疾病等问题不可避免地降低，成绩降幅为 30%～50%。

预计基础母猪产能、生产成绩恢复到非洲猪瘟发生前水平，至少是 2022 年底的事情。基于此判断，持续 3 年生猪价格每千克 20 元以上的行情是大概率事件。

集团化企业凭借资金、技术、规模、人力、政策等优势都能有所盈利。这几年集团化企业盈利额足以提供全国 20% 的生猪产能，而不需要额外的资金投入。

2. 未来 5 年会是集团化养猪发展的黄金期　规模化养殖是农业现代化的必由之路，原因可参考所有养猪业发达国家的发展轨迹。

从理论上讲，我国如果有 6 000 个年出栏 10 万头肥猪的规模化猪场，就足以解决老百姓的吃肉问题。在解决食品安全、环境污染、抗生素滥用、疫病净化、成本控制、猪价波动等问题方面这些猪场远远比散户和中小养殖户容易得多。

中小养殖户因为种种原因退出后的市场份额，必然会由集团化企业来填补。预计 5 年后，年出栏量不过千万的企业很难称得上是头部集团化养猪企业。5 年内，集团化养殖格局将会形成，10 年内，我国 50% 的猪肉将由规模前十位的集团化企业提供。

二、挑战

3 年后的猪价将可能跌入盈亏平衡线，低位长期徘徊是大概率事件。

政府动员下的复产力度是空前的。防非策略（包括可能的疫苗）将在所有人都经历一遍后逐步成熟，成功概率将远高于现在；大体重出栏和其他肉品的替代作用；高猪价对消费的抑制作用；进口一旦形成惯例，规模只会越来越大。这些因素决定了 3 年后猪价将快速跌入谷底。时间很快，程度很大，持续很久。疯狂扩张的集团化企业将面临漫长的寒冬。成本控制是寒冬中企业能活下去的唯一因素。核心竞争力是管理水平、种猪、疫病净化程度、人均效率等体系化能力，换言之，是高水平的可复制能力。前期疯狂扩张而没有高水平体系化能力的企业会很艰难，不排除个别企业有破产、被吞并的可能。

非洲猪瘟背景下，猪场多处在各自为战的封闭环境下，可复制能力是降低的。简单粗暴地挖人、快速拼凑出的团队是没有灵魂的。

从技术角度讲，在防控非洲猪瘟的同时，现在应该开始未雨绸缪，打造出自己企业的核心竞争力。

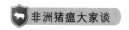

三、对策

1. 在高猪价背景下"颗粒归仓"

（1）认真做好生物安全排查，保证不出意外。

（2）健全销售体系，从制度上堵住漏洞，做到应收尽收。

（3）公司＋农户模式的企业可以考虑适当降低养户单栋投苗量。饲养量降低30%，非洲猪瘟风险可不止降低30%。同时做好养户的管理，梳理责任，建立一个正向的管理逻辑。

（4）认真处理复产过程中的疫病问题，群策群力着力解决产房母猪采食量提升、后备猪驯化入群等细节问题。

2. 未雨绸缪，踏踏实实做好体系化建设 踏踏实实育种。联合育种是一种快速有效的方式，可培育出足够的优秀种猪（如产仔数、料肉比、日增重更佳）供内部更新、扩张。

做好疫病净化。当前集团化企业的生物安全管理水平是世界级的，利用有利的条件做好疫病净化是成本最低的方案。猪蓝耳病、猪流行性腹泻、猪伪狂犬病、猪瘟、猪支原体肺炎等的净化技术都很成熟。认真做，两年即可形成SPF体系。

以作业指导书的高水平重新修订是统一体系内技术思路，提升可复制能力的有效途径。对集团化企业，尤其是准备快速扩张的集团化企业而言，系统引进、消化和吸收养猪业发达国家成熟的标准操作程序是赢得未来的重要抓手。国外技术多数已在30年前成型，非常稳定。系统引进可大大减少试错成本。以往单纯的由技术总监或企业老板去国外转转、片面的、蜻蜓点水式的国外考察对整个体系的推动作用是微弱的、有限的，甚至是有害的。要思考好行程，集公司智慧提前做好充分准备，谋定而后动，才能取得最佳效果。必要时建立标杆示范培训场，培养中初级管理者，形成完善的高水平人才梯队。

人才的大力招聘、培养是一项重要工作，谁能掌握这个行业最多的年轻人，并给他们注入灵魂谁能赢得未来。充实公司专家库，涵盖营养、育种、猪场设计、生产、兽医等各方面的专家。

发展不能停滞，要用发展的思路来解决发展中的一切问题。

专家点评●

　　作者基于专业技术和猪场复养亲历者的角度对我国非洲猪瘟疫情发生后，未来5年集团化养猪企业面临的挑战和机遇进行了合理的预测，并提出了应对措施。由于杨耀智老师既是非洲猪瘟疫情的亲历者，也是黑龙江大北农公司猪场复养的主要参与人，因此其提出的观点具有很高的参考价值。尤其是文章在应对策略中提到的在抓好猪场生物安全前提下，应未雨绸缪，提前布局优良品种的选育（高生产性能的核心群），培养高素质的人才队伍，以构筑集团核心竞争力，对我国未来养猪行业的发展具有很好的指导作用。

（点评专家：张交儿）

第34篇　付学平　王琦：被非洲猪瘟"遗忘"的角落——鸡西三德牧业考察报告

2020 年 4 月 20 日

▶ 作者介绍

付学平

1993 年毕业于河北农业大学中兽医专业，十几年来致力于规模化猪场服务工作。2013 年带领 40 余名养猪技术骨干创立河北方田饲料有限公司（简称方田）。现任河北方田董事长/总经理，河北省饲料工业协会会长。

▶ 引言

2020 年第一季度，我国生猪生产恢复持续向好，官方发布最新数据显示，3 月能繁母猪存栏环比增长 2.8%，生猪存栏环比增长 3.6%，新生仔猪环比增长 7.3%，复产效果初现离不开养猪上下游的不懈努力。就目前生猪行业现状来看，非洲猪瘟防控仍是确保生猪生产的重中之重。我国大小猪场防控非洲猪瘟疫情虽都从生物安全入手，但实操又各不相同。付学平、王琦分享《被非洲猪瘟"遗忘"的角落——鸡西三德牧业考察报告》，全文阐述了作者在鸡西三德牧业的所见所闻，详细讲解了该企业的精准定位、生产成绩、抗非措施以及管理技术，如能学习借鉴，定当受益匪浅。

2020 年 3 月 28 日，中国农业科学院哈尔滨兽医研究所仇华吉研究员在"辅音云讲堂"做了《非洲猪瘟防控之道——非洲猪瘟背景下猪场的生存密码》的精彩报告。对云南神农、黑龙江大北农、鸡西三德牧业等六家养猪企业作为成功防控非洲猪瘟的典型案例做了分享，特别是讲到鸡西三德——被非洲猪瘟"遗忘"的角落时，仇老师分享到黄强博士作为猪场的技术负责人，对养猪颇具情怀："对母猪像对情人，对仔猪像对儿子"，一组生产数据引起了我们的特别关注："仔猪 26 日龄断奶重 8.5kg、断奶仔猪成活率 98％、MSY＝27.3，产房母猪日采食量 12kg……"。

"2018 年 8 月进猪，到现在猪场没碰到过非洲猪瘟病毒，在距三德牧业 1km 直线距离山的另一头有猪场发生疫情……"，于是我们带着好奇和学习的心态于 4 月 9—11 日在仇老师的帮助和率领下到三德牧业进行了学习。一同参观考察的还有北大荒集团食品公司郑崇宝总经理、黑龙江农垦科学院畜牧所丛树发教授及汉世伟猪业负责人等十余人。

三德牧业技术负责人黄强博士及公司领导给予热情接待，特别是黄博士为我们做了《三德牧业养猪新模式》的分享报告，并详细解答了我们提出的问题，仇华吉老师也给予了指导和点评。此次三德学习之行，受益匪浅，仅就自己学习到的一些心得做交流，三德牧业的成功经验绝不仅仅是我们所能完整表达的。

一、鸡西三德牧业的精准定位

1. 位置选择好　鸡西三德牧业位于黑龙江省鸡西市鸡东县附近，三面环山、人迹罕至，具备天然的生物安全屏障。

2. 建造规划合理　猪场立项建设前，定位为高标准、高质量、严防疫，生产车间环境舒适，生活环境宜居，猪舍带宿舍，宿舍像宾馆，猪舍能住人。

3. 场区区域划分严格　整个猪场经营活动分为外围区、内围区，内围区又划分成外生活服务区、内生活区、防疫隔离区、生产区和车间，生产区又分种猪区、育肥区和粪污处理区（图 34-1）。

图 34-1　鸡西三德牧业 6 000 头母猪标准化养殖基地

4. 预防非洲猪瘟的应对策略得当　猪场于 2018 年 8 月投入生产，正值我国沈阳暴发非洲猪瘟疫情，公司成立专职防疫队伍，果断采取封场措施，未再引种。采取自繁自育模式，现有能繁母猪 5 000 余头，后备母猪 500 余头，总存栏近 50 000 头；并积极采取分区定岗严格的切断措施，并不断创新，从提升猪群免疫力着手，强调猪"吃得好、住得爽、拉得顺"；防疫重在管理，团队待遇优厚，生活环境优越，学习氛围浓厚，上下同欲，外紧内松，严于流程管控。

5. 有完善物流体系　公司建有饲料厂，有专用运料车、转猪车（商品猪和种猪分开）等。

二、鸡西三德牧业骄人的生产成绩

鸡西三德牧业生产成绩见表 34-1。

表 34-1　鸡西三德牧业生产成绩

生产指标	达到数值	生产指标	达到数值	应用日粮
窝平均产仔数	14.2 头	断奶 7d 发情率	90%	
窝平均健仔数	12.1 头	断奶母猪炎症率	2%	
窝平均断奶数	11.9 头	母猪胎次淘汰率	8%	
25 日龄平均断奶重	8.5kg	仔猪断奶成活率	98%	
70 日龄平均保育重	30kg	保育成活率	99%	教槽料
95 日龄平均保育重	50kg			保育料
135 日龄生长重	80kg	保育、生长、育肥成活率	99%	
180 日龄育肥重	140kg			生长育肥料

三、应对非洲猪瘟的有效措施

核心理念是"切断"，猪场生产及一切相关经营活动采取"分区、定岗"，猪场外围、内围双重洗消，从传染源头进行控制；人员、环境分类管理，从传播途径进行阻截；营养冗余、环境宜居、提升免疫力，从猪健康出发，对易感动物进行呵护（图 34-2）。

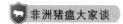

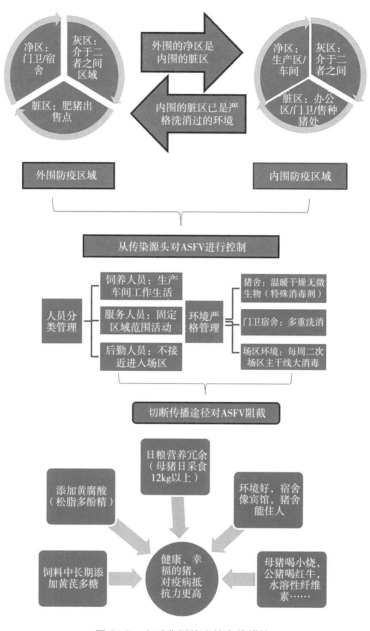

图 34-2　应对非洲猪瘟的有效措施

四、独特的饲养管理技术

1. 产房仔猪成活率 98％以上　母猪在分娩过程中禁用催产素，对于产程长者，注射安痛定；对于奶水不好母猪每天 250g 小烧拌料，连续 3d，对母猪可起镇静作用，并有催奶功效（图 34-3）；母猪产后 12d，日平均采食哺乳料可达 12kg 以上，仔猪在 21 日龄前不用补教槽料，教槽料除选用食品级易消化原料，脂肪（椰子油＋植物油）含量达到 8％左右。

图 34-3　产房母猪与仔猪

2. 猪群达到"粪圆（软）尿清（澈）"　　特别是母猪，哺乳母猪添加水溶性纤维素（膳食纤维），吸水性强，粪便在体内（特别是肠道后段）排空时间短，无宿便；妊娠母猪以添加燕麦麸和甜菜粕为主，加少量水溶性纤维素。所有猪群日粮添加天然黄腐酸，猪群尿液清澈无味，并且育肥出栏重较目测体重多 5～10kg，肉质味道鲜美。

3. 三胎母猪淘汰率不超过 20%（一般母猪到三产时淘汰率达 50%～60%）　　断奶时母猪失重很轻，掉膘少，断奶 7d 的发情率高达 90% 以上。根本原因是母猪在哺乳期日采食量高达 12kg 以上，代谢性疾病很少发生。

4. 猪生长阶段的划分

（1）三德牧业生长猪五阶段饲养（图 34-4）

图 34-4　三德牧业生长猪五阶段饲养

特别是保育阶段，将断奶至 95 日龄的猪（体重达 50kg）划分为小保育和大保育阶段，极大地发挥了猪在前期的生长潜能，也是营养冗余的做法。

（2）三德牧业母猪六阶段饲养（图 34-5）

①断奶-配种（一周）：空怀料，断奶当天不喂料，第二天 3kg，之后每天增加 1～5kg 为止，特别之处是添加较多的葡萄糖，促进排卵和发情。

②配种-妊娠 35d：胎儿着床期，妊娠饲料，日喂 1.5～1.8kg。

③妊娠 36～75d：母猪体况调整期，日喂妊娠日粮 3kg 左右（按照每 100kg 体重 1kg 日粮和膘情胖瘦决定）。

④妊娠 76～95d：乳腺发育期，日喂妊娠日粮 3.5kg 左右。

⑤妊娠 96d-分娩：胎儿体重生长期，日喂哺乳日粮 5kg 左右。

图 34-5 三德牧业母猪六阶段饲养

⑥分娩-断奶：产仔当天 24h 不喂料，第二天 2kg，每天增加 0.5kg 到第 10 天，今后每 6h 喂料一次，每天四次，母猪日均采食量 12kg 以上，断奶前母猪不减料。

5. 产房母猪平均日采食量 12kg 以上　后备母猪的培育阶段和妊娠期重视胃肠道容积的扩张（添加燕麦麸、澳麦麸及水溶性纤维素），为进入哺乳期更大的采食容纳奠定基础；在哺乳日粮中添加水溶性膳食纤维（果胶、葡聚糖等），能在肠道中大量吸收水分使粪便保持柔软状态，并使粪便在直肠排空时间快（12h 内），无宿便；优质蛋白（进口鱼粉等）、能量原料的使用，适口性好。

五、制订三德牧业未来发展计划

（1）适当延伸产业链，实行品牌化经营，利用黑龙江广袤的土地实行种养结合，利用其独到的饲养管理技术培育高品质种猪，生产安全、鲜美的高端猪肉及肉制品；相对闭环式经营可以降低生物安全风险，提升品牌价值。

（2）增设检测实验室，定期对内外环境、猪群、入场人车物进行监测，掌握"敌情"，真正"走在病毒的前面"。

（3）完善防疫和管理细节，彻底做到猪群全进全出、批次化生产，减少人员交叉污染，加强物资消毒管理，减少弱猪滞留或回流，减少或杜绝对病猪的治疗。

考察学习团对三德牧业的养猪产业定位、精细化管理和非洲猪瘟的有效防控表示钦佩，感谢仇华吉老师及三德牧业黄强博士及各位领导的指导和分享！

第 35 篇　孙元：非洲猪瘟背景下的中小规模养猪场生存之道

2020 年 4 月 23 日

▶ 作者介绍

孙　元

博士，研究员，硕士生导师，中国农业科学院哈尔滨兽医研究所猪烈性传染病创新团队骨干二级，青年龙江学者。

主持国家自然科学基金面上项目 3 项，青年项目 1 项；"十三五"国家重点研发计划项目子课题 2 项；哈尔滨市科技创新人才专项资金项目 1 项。获国家发明专利 5 项（排名第 2），获转基因微生物安全证书 2 项（排名第 2），临床试验批件 1 项。以第一/共第一作者或通讯/共通讯作者发表 SCI 文章 20 余篇，单篇最高影响因子为 4.606。作为第一完成人，创造性地将人 5 型腺病毒载体和甲病毒复制子载体合二为一，首创了腺病毒/甲病毒复制子嵌合载体猪瘟疫苗 rAdV-SFV-E2，该疫苗已完成临床试验，正进行新兽药注册。此外，作为第一完成人构建了一系列预防猪瘟等重要传染病的活载体疫苗以及猪伪狂犬病病毒变异株基因缺失疫苗。另外，在伪狂犬病病毒神经传导、体内示踪和潜伏感染等方面进行了深入的研究。

▶ 引言

2020 年是我国全面建成小康社会目标实现之年，脱贫攻坚最后堡垒必须攻克，全面小康"三农"领域突出短板必须补上。作为"三农"领域的主要版块，生猪稳产保供是当前经济工作中的大事。其中，我国国情决定了中小规模养猪场（简称为中小猪场）是生猪生产工作的主力军，而如今非洲猪瘟疫情正在"回头看"，4 月 21 日，农业农村部新闻办公室发布消息，四川省巴中市从查获的外省违规调运生猪中排查出非洲猪瘟疫情。在疫情背景下，防控疫病意识薄弱以及技术不到位的中小猪场该如何生存？如何异军突起？

孙元分享《非洲猪瘟背景下的中小规模养猪场生存之道》，从猪舍升级、防控意识强

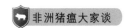

化以及转变饲养管理模式等方面进行阐述，旨在帮助中小猪场能够长久立足于生猪行业！

自人类驯化野猪家养以来，散养户便开始存在。人类和猪有着密切的联系，特别是在我国，猪肉在中国人的膳食中占有重要地位。我国发生非洲猪瘟之前，年出栏生猪近7亿头，有2 600多万生猪养殖户，**其中，中小规模养猪场的比例达80%以上，可以看出，保障我国生猪供应的主力正是这些数以千万计的中小猪场**。突如其来的非洲猪瘟对我国的养猪业造成了毁灭性打击，尤其是对中小猪场，由于其疫病防控措施不完善、防控意识较差及资金缺乏，抗风险能力低，在此次疫情中受到的打击尤为严重。那么非洲猪瘟背景下的中小猪场将如何存活？笔者是一名科研人员，在我国非洲猪瘟疫情发生后接触了一些中小猪场，也给予了一些技术上的指导，经过1年多的现地指导与服务，谈谈一些体会。

一、中小猪场仍将长期存在

中小猪场的存在有其历史原因。相比规模化猪场，我国中小猪场可谓伴随着农业的发展直至今日。我国有大量的农业相关从业人员，生猪散养及所需劳动力成本低，使养猪成为大量农民增加经济收入的现实选择。中小猪场的存在不仅解决了部分农民的就业问题，也充分利用了农业生产的副产品；同时养猪也可以为耕种提供有机肥料，实现了资源的充分利用，有利于实现农业的可持续发展。中小猪场通常会根据市场猪肉价格走势选择出售或者延迟出栏，对市场上生猪供给量起到了一定的调节作用。目前看来即使有非洲猪瘟疫情的打击，以上的情况在短期内不会改变，因此我国中小猪场仍将长期存在，并对我国国民经济发展做出贡献。

二、非洲猪瘟疫情下的机遇与挑战

由于中小猪场在资金、技术等方面的种种劣势，非洲猪瘟对其造成了沉重的打击。笔者接触的中小猪场多数经历过非洲猪瘟疫情的洗礼。在当前养猪高利润的大环境下，**中小猪场冒险复养有以下几点原因：**
一是他们有现成的饲养条件；二是对于中小猪场来说，复养投资也不多，购买几十头仔猪，然后自繁自养，不到2年的时间就可繁殖一定规模；三是中小猪场的饲养成本较低，他们很少用全价料，大部分是预混料。从成本上来看，目前仔猪的成本占大头，以黑龙江为例，10kg仔猪购买成本约1 500元，而饲料及其他成本不足1 000元；四是当前养猪利润很高，他们敢于且愿意冒这个险。目前，每千克生猪的价格为30～34元，按照生猪出栏时的体重115kg计算，1头猪的利润保守估计在1 000元，有时利润甚至可达到2 000元/头。如果是自繁自养，每头猪的利润将达到2 500元左右。

三、非洲猪瘟背景下中小猪场的提升途径和解决方案

通过对服务的一些中小猪场进行总结并结合自身经验，笔者给出几点建议，仅供

参考。

1. 猪舍的升级改造　针对非洲猪瘟高度接触性传播及怕高温、怕干燥和感染初期病程较慢等特点，必须对猪舍进行改造。猪舍必须改成小单元格，需有实体墙，必须要有独立的水嘴，每一小单元的空间要适中。每个单元格饲养的头数以 6 头左右为宜，头均面积不低于 1.5m² 为佳。对于中小猪场来说，猪舍面积不是问题（一次出栏 100 头育肥猪，所需的小单元格也就 20 个左右，300m² 的育肥猪舍足够了），增加一些实体墙所需成本也不高，多安装几个水嘴也不会花费太多钱。如果建设阳光猪舍，所需成本会更低。但这对疫病防控及发病后的精准清除会发挥很大的作用。

2. 必须要有很强的疫病防控意识　中小猪场最大的劣势就是疫病防控措施薄弱和意识差，一旦发病容易全军覆没。好在大多中小猪场都是家庭式饲养，他们具有较强的责任心和执行力。所以要有科学的、可操作的疫病防控指导，而且要严格执行、落地。

笔者指导的几个中小猪场，他们的做法可供参考。一是大门封闭，入口处增加了火碱水消毒盒（盒子 10 多元钱），道路定期铺撒石灰乳。外出、在家及进入猪舍分别穿不同的衣服和鞋（其实这非常容易做到，只是习惯问题）；二是每天进猪舍后第一件事是对过道进行喷雾消毒（成本不高，关键是能否坚持），然后对猪进行饲喂（饲喂时，不接触猪和料槽），每天喂 3 次，少喂勤添，直至猪都采食完毕，料槽中无料或仅剩少许。喂料时每个单元格都观察一下，如果有不吃料或吃料慢的马上进行标记。如果连续两次这样，及时隔离出来。对于中小猪场来说，他们不能及时对疫病进行确诊，这种操作可能是最好的方法了。饲喂之后，每天要及时清理粪便，有条件的要进行通风。值得一提的是，有的中小猪场对每个单元格都有专用的靴子、铁锹和粪桶，假使无法专用，使用前也要在火碱水里泡一下。

3. 要舍得投资，但不要贪婪　对于大多数中小猪场来说，他们不舍得花钱买疫苗，尤其是对于养殖数量仅有十几头、几十头的养殖户，他们的侥幸心理特别严重。当前，建议几种疫苗必须免疫，包括猪瘟、口蹄疫、伪狂犬病和猪圆环病毒病疫苗。与利润相比，这些疫苗的成本几乎可以忽略，但疫苗对疫病防控所起的作用是不可忽略的。

4. 在饲养管理方面，要以规模化猪场小型化的方式　对于中小猪场来说，如果想把养猪作为主要的经济收入来源，一是要舍得投资；二是要长远打算。目前，规模化及科学化养猪是趋势。中小猪场承受各方面的压力，如疫病防控、饲养成本、环保压力等。但是中小猪场要想发展下去，必须要以规模化猪场小型化的方式来发展。如母猪采用限位栏（2~5 头母猪一个独立隔断）、产床、人工授精、全进全出的饲养模式。其实以这种规模化猪场小型化的方式来饲养，短期内可能会觉得成本高，但是长期来看，成本低（包括人工成本大大降低）、效益高。

生猪销售环节要尤为重视。千万不能让收猪人员进入猪舍，售猪过程中要做好车辆和人员的消毒和防护等，对于中小猪场来说，这是疫病防控最重要的环节，因为中小猪场一般都没有出猪台和洗消中心。所以尽量一次性售完，然后对猪舍进行彻底洗消之后再进猪。

环保可能是中小猪场未来面临的另一重要问题，要做好粪便、污水和病死猪的无害化处理，这需做好长期打算，最好建设粪污发酵无害化、有机化处理设施。

非洲猪瘟对我国养猪业造成了沉重打击，中小猪场损失惨重，但它们却是最容易崛起的，我国养猪业的快速恢复及猪肉的稳定供应是离不开中小型养猪户的。中小猪场的复产除了需要硬件改造、个人疫病防控意识、知识和能力提高外，在国家层面上，还需政府给予正确的引导以及政策和资金的扶持，可通过协助建立联防联控体系、养猪保险等降低中小猪场的风险；在专家层面上，需专家给予指导和培训，以通俗易懂的语言及可操作的指导方案让中小猪场建立起最基本的疫病防控体系。

四、中小猪场的未来

中小猪场的最大难题在于对疫病的防控，仅仅依靠疫苗免疫和药物控制已经不能满足当前的需求。在我国非洲猪瘟防控已从有效控制向净化和根除转变的大环境下，中小猪场提高养殖技术水平和防疫理念、走更加严格的生物安全防控之路将是未来必然的选择。

专家点评●

非洲猪瘟带来的行业变革，令处在不同生猪养殖结构中的各种规模猪场都在经历着蜕变。该过程漫长又煎熬且危险与机遇并存，处处充斥着挑战。结局不难预料，故步自封者胎死腹中，与时俱进者涅槃重生，可谓生死两重天。

规模猪场与中小猪场都无法独善其身，均被卷入猪业变革的滚滚洪流中，至于谁能够先上岸，与规模有关但不是决定因素，而是由养猪从业者的思维和心态决定。

建造标准化、管理规范化、方案科学化（"三化"）是未来猪场的基本特征。完成蜕变获得新生的猪场，无论是硬件还是软件，均以此"三化"为标准反复锤炼而成。诚然，达到"三化"标准，与中小猪场相比，规模猪场具有得天独厚的优势，该优势在这场猪业变革中会被逐步放大，规模猪场在生猪养殖结构占比不断变大就是其优势的具体体现。那么，中小猪场会被挤压的没有生存之地吗？显然，答案是否定的。由于国情因素和人性特点，在一定时间内中小猪场将会长期存在，只是它们经历了行业变革之后，早已脱胎换骨，不再是以前的基建乱堆、管理混乱和方案随性。与规模猪场的区别只是规模大小，其他无异，因为它们同样实现了向"三化"转变。

作为一名科研工作者，本文作者通过科研与实践，总结了大量详实的中小猪场的非洲猪瘟防控经验与数据。作者不仅肯定了中小猪场在我国猪业发展发挥的重要作用，而且预测优秀的中小猪场将长期存在，并依据现实案例向大家阐述，只要方案科学、执行规范，中小猪场同样可以成功防控非洲猪瘟，获得活下来的资本。

文中提出了"基建单元格化""防控意识不懈怠""经营理性不贪婪""小型化猪场规模化管理"等实用、客观的非洲猪瘟防控观点，值得大家参考、借鉴、学习。

（点评专家：范卫彬）

第 36 篇　黄如渠：筑牢防线，多级阻断，系统防控非洲猪瘟

2020 年 10 月 7 日

▶ 作者介绍

黄如渠

硕士、高级畜牧师。现任广东省湛江农垦畜牧有限公司总经理，从事规模化猪场经营管理和兽医技术工作 25 年。

非洲猪瘟自 2018 年 8 月传入我国以来，已对我国养猪业产生了巨大影响，并造成了极大的经济损失。由于此病目前没有疫苗和兽药可以进行预防和治疗，只能通过加强生物安全措施和提高猪群整体健康度进行防控。笔者经过一年多的规模化猪场非洲猪瘟防控实践，总结出一套行之有效的非洲猪瘟防控技术措施，供同行参考。

笔者防控非洲猪瘟的核心理念：将传染源消灭和抵御在猪场外，切断传播途径，保护易感动物，提高猪群整体健康度，多级阻断，严控"五进五出"，把猪场打造成"铁桶式"猪场。

一、全面升级防疫硬件设施，筑牢五道防线，打造铁桶式猪场

1. 筑建五道生物安全防线

（1）猪场外一级防线　距离猪场 2～3km 设立洗消中心（图 36-1），所有来场车辆需

经过全面消毒、检测合格方能抵达猪场外第二级防线。

图 36-1　车辆洗消烘干中心

（2）猪场外二级防线　距离猪场200m设立车辆消毒通道，所有来场车辆需经过第二次全面消毒方能抵达猪场（图36-2）。

图 36-2　汽车消毒通道

（3）第三级猪场双围墙防线　完善猪场周围实体围墙，只留大门口、出猪台、出粪渣等位置与外界连通，其他区域全部封闭，不留任何漏洞。排水沟用铁丝网阻拦，防止猫、犬、鼠等进入，猪场大门区域设有人员淋浴消毒室、物资消毒间、寄存舍及门卫室等；实体围墙外侧10m地带用铁丝网建起第二层围墙，此区域作为生物隔离带和缓冲区（图36-3）。

图 36-3　猪场双围墙及密闭大门（一层实体围墙＋10m外铁丝网）

（4）第四级防线是生活区与生产区实体围墙防疫体系　彻底隔离生产区与生活区，确保所有进出只能通过唯一大门口（图36-4）。

图36-4　生活区与生产区实体围墙和进入生产区人员淋浴室

（5）第五级是猪舍与猪舍隔离体系　生产区内母猪繁殖区、育肥区、环保区域之间建隔离带，用不同颜色的衣服，区分不同区域的工作人员，做到不交叉，所有人员不得串岗，必须经过换鞋、洗手、消毒方能进入猪舍（图36-5）。

图36-5　人员进出猪舍必须经过洗手、消毒、换鞋

2. 将厨房外移或建设场外中央厨房　食材是比较大的风险点，场内厨房必须移至猪场外围，选取防护距离合理的地点设立中央厨房，每天对食材进行消毒，对食材进行加热熟化，所有饭菜都经过消毒后方可进入猪场（图36-6）。

图36-6　场外中央厨房配送熟食饭菜到猪场

二、实行封闭式管理，分级分区颜色管理，严控"五进五出"

1. 猪场实行封闭式管理，场内人员2个月休假出场一次，场外无关人员不得进入猪场，避免人员频繁进出而将病原带进猪场。

2. 猪场分为围墙外缓冲区（红色）、围墙内的办公区（橙色）、生活区（黄色）、生产区（绿色）、污水及无害化处理区（黄色），各区根据不同的生物安全风险系数按不同颜色管理。红色为风险系数最大、绿色为最小，从风险高级别区进入低级别区必须经过严格洗澡、消毒，每个区域的工作服、鞋子颜色对应该区域颜色，以便于区别管理。

3. "五进"是指除人员、饲料、药物和疫苗、猪及必要生产物资进入猪场之外，其他物资减少或禁止进入猪场。外来人员、本场休假人员进入猪场，存在较大风险，视为红色警戒。回场人员执行"两次隔离、三次洗消流程"，在猪场外面3～5km处设立场外隔离站（图36-7），人员回场前进行有效隔离、洗消，对需要回场人员抽样进行非洲猪瘟病毒核酸检测。检测为阴性后，经过洗澡、换衣换鞋、生活区隔离后，方可进入生产区。在疫情高危区域，必须全面执行封场。

图36-7 猪场外人员隔离站

4. 在饲料入场前，要对饲料车进行彻底消毒，通过中转的方式接驳进入猪场，饲料由散装饲料车在围墙外输送进入猪场（饲料车停在围墙外，通过管道输送进入场内饲料塔），避免饲料车直接入场（图36-8）。

5. 疫苗拆掉外包装后必须经过有效消毒药物浸泡，并经过臭氧熏蒸方可入场。

6. 所有物资进场，先经过消毒水彻底喷淋，有内孔的（如管道），也必须用消毒水消毒；物资必须经过60℃、30 min加热，不能高温消毒的，采取熏蒸消毒后方可入场。

7. 猪的引种要谨慎。非洲猪瘟病毒感染猪具有一定潜伏期，引种之前检测为阴性，并不能确保猪没有被感染。在疫情高危区域，可以暂时闭群，不引种；大型猪场建议本场建立核心群，自己繁育本场每年需要更新的种猪，避免因引种而带来疫病风险。

8. "五出"是指所有人员、猪、医疗废弃物、垃圾、猪粪出场，必须经过中转，外来车辆不得进入场内。

9. 猪场出猪台设置单向回流关卡，确保猪只能出，不能往回走（单向流动）；所有销

图 36-8　散装饲料车从围墙外传送饲料进入猪场

售的猪必须经过猪场专用车辆运至场外中转出猪台转运，确保外来拉猪车不靠近猪场（图 36-9）。中转出猪是个复杂的流程，对硬件也有一定的要求，同时要兼顾流程设计以及人员的执行力；还需技术人员对洗车的质量进行评估以及对洗车人员进行培训；中转出猪台必须分净区（靠近猪场端）和污区（外来车辆端），两个区中间有实体墙隔开，两个区的人员、物资、工具都不能有交叉，否则，中转过程中有可能污染中转车而将病原带到猪场，要严格管理售猪的流程。

图 36-9　中转出猪台

10. 运输车辆使用密封式猪车，确保运输安全，有条件的建立本场（本集团）运输车队，更有利于车辆的生物安全管理。

11. 人员外出必须经过场长或者上级管理人员审批，坚持定期休假（采取 2 个月休假一次）和严格返场隔离消毒流程，减少风险。

12. 在疫病流行高危区域，建议停止垃圾、猪粪、医疗废弃物外运。确实需要外运的，经过中转的方式转运出去，对中转点进行彻底消毒。

13. 规范猪舍、通道的消毒流程，可以采取六步法：第一步，浸泡；第二步，清洗（先高压清洗后低压清洗）；第三步，去污；第四步，消毒（带泡沫或高温热水消毒）；第五步，重复消毒（熏蒸消毒）；第六步，检测（检验是否达到消毒效果）。

三、切实管控好饲料和饮水，定期保健，提高猪群整体抗病力

1. 加强各类饲料原料的检测；取消原饲料配方中麸皮等高风险原料（用黄豆皮和膳食纤维代替），杜绝使用猪源性原料（如血浆蛋白、血球蛋白、肉骨粉等）；升级饲料生产工艺，对所有饲料进行高温处理，85℃、3 min 以上高温制粒。并定期对成品料进行检测，确保饲料安全；加强饲料车的消毒，饲料由饲料车从围墙外输送进场内饲料塔，避免饲料车进入猪场。

2. 要关注猪场饮水安全，定期采样检测，特别是地表水，防止地表水被污染；场内猪群饮水采取单个饮水方式，不要通槽饮水，避免猪群之间通过饮水传播疫病。猪群饮水中添加发酵有机酸（确保猪场饮水 pH 3.6 左右），阻断水源传播途径，酸化饮水，促进采食，提高免疫（图 36-10）。

图 36-10　猪群饮水添加发酵有机酸

3. 猪群饲料中添加复合活性多肽＋中药保健，提高机体非特异性免疫力；适当降低饲养密度，淘汰性能差的母猪以及残次猪，减少猪群应激，提高猪群健康度（图 36-11）。

四、加强灭鼠和灭蚊蝇等生物媒介的工作

猪舍四周铺石子和石灰、场内放灭鼠药，严查围墙（围墙要采用 2.5 m 高实体围墙，如围墙不够高，可以在外墙上离地面 1.2～1.5 m 处加 7 字铁皮，避免鼠类爬墙进入猪

图 36-11　猪群健康和养殖现场

场），如有洞口及时补上，排水沟口必须用铁网罩住，防止鼠进入猪场。定期清理场内杂物和杂草，尽量减少鼠和软蜱等有害生物；猪舍最好采取全密闭和封闭连廊设计，防止鼠、苍蝇、蚊等小动物进入猪舍内，传统猪舍可以在四周增加防蚊网（图 36-12）。

图 36-12　场内猪和人的密闭通道（猪舍采取全封闭和密闭连廊，避免蚊、鼠等有害生物进入猪舍）

五、健全防疫体系，压实防疫责任

猪场场长制订符合本场的防疫体系，落实防控责任。每一个防控环节如何操作，制订流程图（如人员入场流程、人员进入生产区流程、人员隔离流程、物资入场流程、出猪流程、猪的无害化处理流程、场内消毒流程、车辆洗消流程等）（图 36-13），对全场员工进行思想及操作培训，使全场员工对各项防疫制度、流程入脑入心，大家能够自觉地落实各项措施，提高"防控非洲猪瘟"措施的执行力。猪场建立有效监督机制，监督每个防疫环节落实情况，确保无漏洞可钻；设立奖罚制度，奖优罚劣、奖罚分明，促进各项"防控非洲猪瘟"措施的落实和执行；对待员工人性化，增加人文关怀，如提高封场补贴、改善伙食、增加场内娱乐设施等，把员工视为亲人对待，让员工感受猪场的温暖和关怀，有效提升执行力。

图 36-13　人员入场流程、物资入场流程

六、制订科学合理的检测和监测方案，走在疫情前面

猪场制订完善的检测和监测方案，对异常猪（如厌食、发热、突然死亡等的猪）要及时检测，对猪场环境（包括每栋猪舍、无害化区、生活区、出猪台等）、猪群（包括公猪、母猪、保育猪、生长猪）进行采样检测（荧光 PCR），做到早发现、早诊断、早处置。

七、实行区域性联防联控，打赢"防控非洲猪瘟"攻坚持久战

猪场必须与当地动物防疫部门紧密联系，掌握实时疫情动向。邀请政府动物卫生防疫部门或业内专家提出防疫指导意见，不断升级防疫硬件，制订合理的防疫流程，监督落实。对猪场周围 3km 的其他养殖户（特别是散养户）进行规范管理，与他们共享洗消中心，协助其消毒，一起做好防控工作，实行区域性联防联控。政府有关部门加大对进入猪场周边地区猪肉产品及生猪车辆的监控，发现问题，及时处置，确保大环境安全。

八、小结

当前，非洲猪瘟防控的最有效措施仍是完善的生物安全措施和提高猪群整体抗病力。疫苗只能期待、不能等待；在非洲猪瘟面前，一切有效防控措施都不会是多余的。"防控非洲猪瘟"是一项系统工程，再好的防控措施，如果执行不到位，一切等于零；"防控非

洲猪瘟"重在理念、重在投入、重在执行、重在坚持。

专家点评 •

　　实践出真知，经历了两年多的非洲猪瘟洗礼后，我国养猪人对非洲猪瘟有了非常清晰的认知，人们对非洲猪瘟防控变得淡定、坦然、自信，更加细致、踏实、务实、系统。越来越多的养猪人发现和证明非洲猪瘟可防可控，同时高等级的生物安全防控和提高猪群整体抗病力是当前解决非洲猪瘟的正确之道。说到不如做到，从实践中提炼出的关键点是"抗击非洲猪瘟"成功的真正密码。养猪人对成功"防控非洲猪瘟"的认知趋于一致，但是在执行层面还是会有些差异，甚至有一些不足之处，本文中广东省湛江农垦畜牧有限公司的黄如渠总经理给大家总结出一套行之有效的临床实战措施和经验。成功的非洲猪瘟防控需要有坚定信念并坚持核心理念：将传染源消灭和抵御在猪场外，切断传播途径，保护易感动物，把猪场打造成为"铁桶式"猪场。按照高级别生物安全猪场的需求，全面升级防疫软硬件，筑牢五道防线，打造"铁桶式"猪场。在良好软硬件的基础上，做好封闭式管理，分级分区，严控"五进五出"。同时，做好饲料和饮水的管理，通过饮水中添加发酵有机酸，阻断非洲猪瘟病毒通过饮水传播，酸化饮水、提高采食量、增强免疫力；饲料中添加复合活性多肽＋中药保健，提高机体非特异性免疫力，通过饲养密度管理，减少猪群应激。另外，要做好生物媒介的管控，健全防控体系，做到全员参与，通过绩效管理和持续培训学习提升团队执行力和战斗力。通过检测和监测进行早期预警和快速处置，通过区域联防联控，确保"防控非洲猪瘟"攻坚战的胜利。成功的实践胜过失败的"千言万语"。让我们坚定非洲猪瘟防控核心理念，打好软硬件基础，落实执行力，管理好一个猪场，带动一个区域，确保非洲猪瘟防控乃至净化的胜利。

（点评专家：仇华吉）

第五部分 非洲猪瘟疫情下猪场规划建设

第 37 篇　郭廷俊：养猪实战派：巧妙解决冬季北方猪场保温与通风矛盾

2019 年 11 月 6 日

▶ 作者介绍

郭廷俊

1991 年毕业于沈阳农业大学，毕业后任教一年，先后任职于沈阳正大畜牧公司、美国康地（北京）公司、辽宁禾丰和瑞士罗氏（上海）公司。2003 年创办饲料公司，2006 年开始坚持饲料不加任何药物，逐步形成阳光猪舍健康养猪模式。

▶ 引言

据悉，促进生猪产能恢复和市场供应政策密集出台，供给阶段性紧张的局面有所缓和，但并未实质性解决。生猪供应失衡，大部分地区猪价每千克突破了 40 元，一时间养猪人员掀起了"复养潮"。由于市场上仍无合法的非洲猪瘟疫苗及防治药物，因此我们必须建立良好的生物安全理念及管理体系。基于此，仇华吉研究员策划"抗非大家谈"主题系列，从不同角度剖析非洲猪瘟及其防控要点，力图为养猪人员提供系统解决方案。

毛泽东同志在寻乌调查中曾提出著名论断"不做调查没有发言权""不做正确的调查同样没有发言权"。的确，务实、扎实、唯实的作风适用于各行各业！深入养猪一线的实战派更具发言权。今天我们分享"抗非大家谈"系列之——郭廷俊《养猪实战派：巧妙解决冬季北方猪场保温与通风矛盾》。

众所周知，冬季猪的冷应激问题普遍存在，应激源的刺激越强烈，产生的应激反应也越大，北方猪场情况尤甚。现代畜禽养殖基本为舍饲饲养，当环境温度适宜时动物健康水平才能稳定，因此，北方猪场冬季要保温防寒，减少冷应激以防病！

2019年第四季度"金猪"行情下猪更显珍贵，我们如何让这个冬天不太冷？我们为您揭秘冬季北方猪场保温与通风矛盾的养猪新模式！

一、猪场实际问题：如何解决保温与通风之间形成的矛盾？

气温低，很多猪舍选择减少通风，结果造成猪舍潮湿、缺氧、浊气过重，形成新的更强应激，引起更多猪病；而增加通风，可以排潮、供氧、排浊气，保持猪舍干爽，而此时大量冷空气进入又形成冷应激。因此，保温与通风之间形成两难的矛盾。一般猪舍用电、气、油、煤或秸秆取暖，增加通风换气，可以解决这个矛盾，但大大增加了取暖成本，很多猪场难以接受，气、油、煤取暖还有缺氧、中毒的风险。猪场用太阳能发电取暖，但资金投入大，供暖不稳定，尚待完善。

二、生态养猪模式：阳光猪舍是猪业发展趋势之一！

我们阳光猪舍的做法是，猪舍建成大棚式的，用阳光和塑料膜采暖、保温，成本低，猪场敢于、舍得、便于通风换气，保持猪舍干爽、空气清新，使病菌不能大量生存；地面和后墙透入阳光，可杀菌、储热；配套棚被，减少阳光不足时的热量散失。

主要技术要点是：

（1）南侧不设挡墙，防止冬季挡光和夏季挡风；猪舍跨度最好为 7～12m，跨度太大，夏季自然通风会受影响，最好单排圈舍，容易管理。

（2）高度为 5～7m。猪舍过低，采光和通风差，猪舍空气质量差。

（3）猪舍内垂直通风，冷应激小，有天窗和通风带，向上排废气。冬季晴天时，即便室外达零下 26℃，在通风换气的情况下，猪舍内依然可以保持在零上 24℃ 左右。北方偶有连续阴天，可在猪舍休息区地面铺设电地热，以防阴天和下半夜猪着凉。

专家点评●

新时代要求，加快形成节约资源和保护环境的空间格局、产业结构、生产方式、生活方式，养猪业作为传统行业也不例外。在抗击非洲猪瘟的背景下，养猪业必须做出相应调整，要彻底改变过去那种环境恶劣、饲料低劣、管理粗放的养猪方式。尊重生命规律、注重动物福利的阳光猪舍生态养猪模式值得推广，因为该模式既有利于动物健康和生态环保，又可造福于生产者和消费者。做好生物安全的同时，提升营养、环境、管理、免疫，提高猪群健康度、舒适度，非洲猪瘟可防可控！

（点评专家：仇华吉）

第38篇 张文火：非洲猪瘟背景下现代化猪舍设备系统的选择

2020 年 1 月 17 日

▶ 作者介绍

张文火

西南大学动物科技学院硕士，成都旺江农牧科技有限公司技术总监。毕业至今一直从事种猪生产、种猪育种和猪场规划设计等工作。

▶ 引言

根据国家统计局发布的数据显示，2019 年居民消费价格比上年上涨 2.9%，符合 3% 左右的预期目标。其中，猪肉价格上涨 42.5%。正如张文火所说，在当下猪价飞上天的行情下，很多集团和农场主准备在"超强猪周期"红利中分一杯羹。然而，如果还抱着以前的理解来选择猪舍设备系统的话，可能是在以身试险。

接下来，张文火就他多年来从事设备系统规划的工作经验，结合抗非实践中的所见所闻和亲身感受，和大家分享抗非和复产中设备系统选择的注意事项。

一、通风系统选择满足实心栏片的通风设计和小单元独立设计

改扩建或新建现代化猪场，怎么都绕不开通风系统。

（1）如果是新建猪场，关于机械通风的选择，笔者建议选择垂直（竖向）通风模式或者短轴方向小单元的水平（横向）通风，因为这两种机械通风模式可以很好地满足实心栏片下，猪群对通风和温度的均衡需求。尤其是对于饲养密度和饲养量有最大化需求的保育育肥舍，实心栏片的生物安全重要意义，是显而易见的。

（2）两者如果要做一个选择和对比的话，笔者建议使用垂直通风模式。原因如下：一

是垂直通风可以实现全部栏片的实心设计，短轴水平通风的猪舍只能在通风轴平行方向上面做实心栏片，而且距离很受限制；二是垂直通风模式对猪舍的密闭性要求更严格，对基础建设要求要高，对于传播媒介的可控性更好；三是垂直通风猪舍温度分布更加均匀，可以让猪群一直处在温度舒适区，一直保持猪群的最佳健康水平，避免冷热应激对猪群机体免疫力的削弱。

水平通风也可以实现实心栏片的设计，但受限的因素很多。第一，可能只能设计为大栏饲喂，导致生物安全风险增加；第二，单元不能设计太大，否则，控制系统成本增加；第三，轴距不能太长，否则，通风效果不佳、温度分布不均匀、有害气体和温度的平衡控制不佳。

再谈谈关于环控系统的选择，最好是选择配置不间断监测温度、风速和有害气体传感器的远程控制器，一方面可以远程24h监控，另一方面还可以依据参数远程调节和控制，做到"运筹帷幄之中，决胜千里之外"。如果以后智能设备可以做到模拟人类分析环控数据，做出正确的决策，那也可以尝试。

小单元设计的确增加了一些建造成本和控制系统成本，但在生产组织和利用率以及对于疫病的防控方面，有着不可比拟的效果。很多家庭农场可以考虑小栋饲养，规模化猪场可以考虑垂直通风和短轴水平通风，因为两种通风都可以满足多个小单元组合成大栋猪舍的设计要求。小单元生产组织更加灵活，清洗时间更短，遇紧急情况可以快速隔离和处理，避免交叉。建议最小的单元是单批次生产存栏的0.5～1倍。

二、栏片系统选择实心栏片，水料独立分开

上文已经提到了实心栏片的重要性，虽然在栏位设计上是一种"倒退"，但在抗非实践中已经被验证是最有效、最实用的栏片策略之一（图38-1）。笔者认为，配怀舍（全限位栏）选择实心栏片的意义不大，但要最大限度做到水料独立分开，即使不能完全独立分开，也要实现小群体共用的设计。新的保育和育肥舍设计1个栏位1组饮水器和1组料槽；如果是改建项目，至少要把两栏共用的饮水器，改成独立使用。

图38-1　垂直通风下实心栏片的改建

三、饲喂系统选择多料线饲喂，同一单元满足不同小群的饲喂，做到精准营养饲喂

现在很多规模化猪场在规划建设时，为了节省料塔的成本，采取了多料线运行的方式（图 38-2），即每一个料槽都被多条料线覆盖，这种设计一定要精确计算每一栋猪舍可能使用的所有料型，即每一种料型配置一条料线。不能为了节省成本而使配置的料线数量小于料型数量，如果料线数小于料型数，生产实践中就需要不断切换料塔和料管开关，打料的时间成本就会上升，甚至有可能错误饲喂，比如给小猪喂了大猪料，或者给大猪喂了小猪料也是有可能的。如果配置正确，加上好的控制系统，饲养员只需要管理好料管的下料开关和料线运行的时间即可。同一单元体重不同的猪群，就可以饲喂不同阶段的料型，避免了一个单元一种料线硬生生饲喂一种料型的情况。可以做到

图 38-2　多料线饲喂

精准的群体饲喂，节省了饲料成本，最大化满足猪群营养需求。

四、选择高压热水清洗系统，做好高压管道的保温

这一点已经在行业内达成了共识，但是笔者还是要提醒大家，清洗系统路线的设计和选择最好要考虑全面一些。**如果选择全场中央清洗系统，机器检修时怎么清洗猪舍？** 因此，选择中央清洗系统的猪场一定要考虑一套紧急备用清洗系统，或者系统自带有应急清洗的功能。如果选择单栋配置清洗机（图 38-3）的方式，同样通过管道铺设到达每个单元的门口，可避免清洗机到处搬运带来的生物安全风险。还需要考虑**各栋舍**的清洗机可以相互作为"备份机"使用，这个设计很简单，只要在两条铺设的高压管最近点各自设计 1 个高压管接头，通过高压软管连接就可以实现相互备份使用的目的。清洗机还需要自带洗

图 38-3　单栋铺设带有保温管道的高压清洗系统

涤剂箱功能，因为紧急情况下，把洗涤剂更换为消毒剂，就可以借用清洗管路快速实现全场环境消毒。最后一点，要做好高压管道的保温，保证出水的温度和设定温度差异不大。

五、保温系统选择稳定可靠的产品

保温系统分为空间加热系统和局部加热系统。空间加热系统利用燃料加热空气，可控制环境的最低温度。适用于中大猪群。局部加热系统包含加热灯、加热伞和加热板（水暖或电暖）等，通常利用热辐射和热传导原理，适用于仔猪群体。通常产房采取"保温灯＋加热板"模式控制仔猪舒适区，空间加热器控制母猪舒适区。保育舍如果采用保温灯作为局部加热系统，空间加热器控制的环境温度要接近于目标温度，一般比目标温度低 1～1.5℃为宜；但如果采用加热伞作为局部加热系统（图 38-4），环境温度的控制就可以更宽泛一些，一般比目标温度低 3～4℃为宜，因为加热伞的功率是保温灯的数十倍（保温灯功率为 0.55kW、加热伞功率为 5kW），仔猪的躺卧区就可以控制在温度舒适区域，其他区域的温度可以低一些，这样做不利于病原体的繁殖。选择质量稳定可靠、有较好口碑的产品可以降低维护成本，且保证猪群一直处在温度舒适区，提高机体的抵抗力。

图 38-4　使用加热伞的保育舍

六、降温系统选择水帘和滴水配合使用，炎热地区公猪站选择空调降温

夏季是非洲猪瘟的高发季节，良好的降温系统对于缓解猪群热应激具有很好的效果。

大多数的猪场会选择水帘作为母猪舍和育肥舍的降温系统，但是笔者认为，水帘的降温效果是有限的，最多可以降低 5～10℃（取决于当地气候的湿度条件）。工作人员在水帘环境下感觉很舒适，是因为人类的皮肤有汗腺，可以通过蒸发汗液散热，但是猪的皮肤没有汗腺，多数热量的散发依靠呼吸散热和猪身接触地面传导散热。对于重胎母猪，在夏季极端气候条件下，这两种方式还不足以散发重胎母猪多余的热量，很难缓解其热应激。这时就需要靠滴水或者洒水打湿母猪的皮肤，再靠高风速快速蒸发体表的水分，吸热带走母猪多余的热量。因此在规划设计时，要充分考虑重胎母猪和产房临产母猪区域滴水和洒水的配置问题（图38-5），让母猪在炎热的夏天也能感觉到一丝凉爽。

图38-5 配置有自动滴水和浸泡功能的产房

位于炎热气候区域的公猪站，尤其是集团配套的公猪站系统，笔者建议采用"空气过滤＋空调系统"作为抗非和降温的重要措施，为疫病净化和精液品质保驾护航。

抗非复产是当下养猪人的热议话题，希望以上关于抗非复产中如何选择通风和其他设备系统的个人见解对养猪人员有所裨益。

专家点评

2020年，我国非洲猪瘟防控在部分地区已经成功实现了战略转变，由战略防御到战略相持阶段，但非洲猪瘟威胁依旧，疫苗可期不可待，生物安全是抗非的关键策略之一。生物安全是一项系统性工程，能促进相关人员能力和猪场软硬件的提升，不仅有助于非洲猪瘟防控，对猪群的整体健康管理也大有裨益。结构是功能的基础，良好的猪舍设备系统是猪群健康管理，特别是非洲猪瘟防控的基础之一。本文中，作者根据自身在设备系统设计领域的经验，结合在抗非实践中的认知，和我们分享了现代化猪舍设备选择的要点，非常专业且贴近抗非实际，非常值得学习。作者告诉我们，无论使用什么通风系统，关键点是通风效果、温度分布、温度平衡和有害气体的排出等，最好选择配置有不间断监测温度、风速和有害气体传感器的远程控制器。小单元虽然在建设和运营成本方面更高，但是在疾病控制和生产管理方面更加灵活。在小单元的基础上，选择实心栏片，水料独立分开，对于减少和切断疫病的传播十分有效。精准营养饲喂，是在系统管理下做好个体的营养需求平衡，可以选择多料线饲喂，结合生产管理，让猪吃好，产生最大的生产效益。大环境的清洁卫生，环境中的带毒量对非洲猪瘟预防、控制的最终结果起到重要作用，关系到非洲猪瘟防控的成败，建议使用高压热水清洗系统来做好环境清洁和消毒。

传染病流行的三要素是：传染源、传播途径和易感动物。易感动物自身有特异性免疫系统和非特异性免疫系统，为猪提供良好的生活生产大环境、做好升温和降温、减少猪的温度应激，猪才能健康，才能拥有更强抵御疫病的能力。非洲猪瘟防控是一项系统工程，猪场的设备系统不仅要能防控非洲猪瘟，而且要能防控其他疫病，适应生产管理，更为了获得最终的经济效益和确保食品安全。

（点评专家：陈芳洲）

第 39 篇　郭廷俊：不太"怕"非洲猪瘟的阳光猪舍养猪模式

2020 年 1 月 21 日

▶ 作者介绍

郭廷俊

　　1991 年毕业于沈阳农业大学，毕业后任教一年，先后就职于沈阳正大畜牧公司、美国康地（北京）公司、辽宁禾丰和瑞士罗氏（上海）公司。2003 年创办饲料公司，2006 年开始坚持饲料不加任何药物，逐步形成阳光猪舍健康养猪模式。

▶ 引言

　　官方一直倡导提高生物安全防护水平，坚决防止非洲猪瘟疫情反弹。防控非洲猪瘟并不是单纯让猪场能够活下来，而是要让老百姓能放心吃肉。据了解，有一种养猪新模式可以两者兼顾，个人的力量微不足道，但星星之火可以燎原。郭廷俊分享《不太"怕"非洲猪瘟的阳光猪舍养猪模式》，旨在为养猪人员提供新思路。

　　阳光猪舍防病的理念是，少量病毒并不能让猪感染和发病。在目前情况下，想让非洲猪瘟病毒绝对不进入猪舍几乎是不可能的。所以我们现在的工作重点是，不让非洲猪瘟病毒在猪舍里泛滥，不让它在猪体内大量繁殖。

　　非洲猪瘟病毒不能在环境中繁殖，在干爽、阳光、通风良好的环境下各种病原繁殖都是比较困难的。我们通过改善环境，尽量少让各种病原繁殖，甚至将其杀灭。

　　比较直观的是，阳光猪舍通过阳光来杀灭病原。东北的气候特点是气温低，很多养猪户明知道猪舍内潮湿、气味呛人、猪容易发病，却不敢通风。因为一通风舍内温度就剧降，寒冷费料，也容易发病，所以不敢通风。基于此我们考虑到用阳光来解决这些问题。

因为阳光照射的时候，阳光猪舍内温度可以很高。冬天室外－26℃时，猪舍温度可以达到30℃以上。在猪舍温度适宜情况下，通风就可以把潮气和浊气排出舍外。这样使得病原不容易存活和繁殖，可以提高猪的健康。

防病最重要的还是提升猪的自身免疫力。病毒是外因，是引起发病的一方面，如果非洲猪瘟病毒不能达到一定的量，健康猪的自身免疫力可以抵抗病毒感染。但是为何发生这么多起非洲猪瘟，主要因为很多猪的自身免疫力受到严重损害。

养猪应主要做好以下四点：第一，提供舒适环境，让病原不能大量繁殖，让猪舒服，别太冷、太热、太潮、太臭，保证猪的皮肤和呼吸道黏膜完整，不让猪胃肠道受太大刺激。第二，饲料营养方面，给猪吃好一点，保证完全蛋白，保证原料品质，减少毒素，选用预消化处理的优质原料，减少饲料应激因子，不加任何抗生素。第三，管理方面，让猪少受应激。对于猪来说，少量病毒不可怕，包括非洲猪瘟病毒。第四，做好生物安全防控。

一、环境方面

我们强调顶部排风，向上垂直排风，而不建议纵向负压通风。因为纵向负压通风对于猪舍两头的猪应激是非常大的。东北和南方不一样，东北在 5 月下旬以前，用负压通风，进风口处的冷风对猪的应激非常大。只有夏天不到一个月时间可以用负压通风，其余时间都是顶部向上排风，这样对猪的应激要小一些。

猪舍高度很重要。猪舍太矮，猪密度大，容氧量低，不便于浊气排除。建议猪舍高度在 6m 以上，这对猪的健康更有利。猪舍高度 4m 以下，大猪每头面积占 $2.5m^2$ 以下，防病管理上需要特别加强，否则发病风险很大（图 39-1）。

图 39-1　阳光猪舍外观

二、饲料方面

一方面控制猪舍内病毒的泛滥，另一方面增强猪的自身免疫力，保障猪的健康，就像仇华吉老师和王爱勇老师说的如何提高猪的"酒量"、抗病毒的"酒量"。因为现在饲料竞争压力比较大，有些饲料厂就用了很多非常规、低质原料，甚至一些质量不稳定的原料，造成猪的自身免疫力受到破坏（可以观察猪大骨、肝脏）。有些企业用的鱼粉存在腐败变质，这样的鱼粉不应使用。

蛋白含量：鱼粉、豆粕、肉粉，这些都是优质完全蛋白。但是因为价格的竞争，有一些饲料企业优质蛋白用量大大降低。我曾经遇到一个饲料企业，猪饲料连完全蛋白都没有，全都是劣质蛋白，各种蛋白原料全是为了降低价格，这样的话优质蛋白含量过低，对猪的自身免疫力非常不利。

饲料用油：有的饲料企业比较强调油的品质。有些饲料企业用的是混合油，猪油、鱼油、磷脂等组合，品质参差不齐。毒素含量高，会损害猪的健康。

原料品质：同样是玉米、豆粕，品质也是不一样的，品质低的会影响猪的健康。重金属元素超标损害健康，有些企业可能因为价格就不太考虑。

再有碳酸氢钙、磷酸氢钙、饲料盐，有些产地是含有毒素的。有些企业认为，这些成分占饲料含量很少，好像影响不大，但毒素含量、饲料盐的杂质问题，对健康都有不良影响。

饲料里不加任何药物。此模式认为，药物是治疗用的，对症用药有疗效，但健康猪没病给药，是给猪增加毒素，损害猪的健康（食药同源的中药除外）。

三、管理方面

主要是防止猪受各种应激。北方特点就是地面冰凉，实际上广东一带的冬天、春节前后地面也是很凉的，最低气温为 3～5℃，如果再潮湿的话地面会非常凉，这对猪是强应激。

还有一些企业采用自动上料，饲喂料槽。饲料在库房可能是好的，添加至料槽之后有卡住的情况，若不注意清理，容易发霉。还要注意降低猪的密度，这个非常重要。

四、生物安全方面

在生物安全防控方面，猪场应尽量少让收病死猪的人、临床兽医和猪病保险理赔员进入，更不能为了某些蝇头小利与他们走动太近；保持猪舍干爽通风、适度阳光的环境，抑菌消毒；不鼓励养猪户带猪消毒，因为带猪消毒能够杀灭病原，也会刺激上皮和呼吸道黏膜，还会损伤皮肤，再说带猪消毒也不可能把病原都杀灭，如果环境阴暗潮湿，病菌繁殖非常快，会加快感染。可以用益生菌喷洒，同时减少浊气产生。

五、阳光猪舍的不足之处

阳光猪舍（图 39-2）养猪模式也有"怕"的地方：怕阴雨天气；怕与收病死猪的人、临床兽医、猪病保险出险人员接触；怕给猪吃低质、劣质营养饲料；怕忽视猪福利管理，给猪造成持续应激的做法；怕消毒杀菌给猪造成强应激，甚至伤害猪的行为。这种模式非常**适合东北中小猪场**，是否适合其他地区需要实践检验。

图 39-2　阳光猪舍内部

专家点评●

　　我国现在猪病发生种类中，传统的几大传染病发病率没有下降，又增加了几种新的烈性传染病，尤其是一些直接侵害免疫系统的免疫抑制性传染病，同时又出现了营养性疾病、环境性疾病、药物性疾病、疫苗性疾病和管理性疾病等，使当前猪病的病因、防疫、诊断和治疗变得相当复杂和困难，也使当前猪场的临床兽医力不从心，甚至一些兽医专家也束手无策。所以很多猪场的猪群疫病防控就依靠饲料、兽药、疫苗、设备、检测及互联网等企业派驻技术人员，由于利益驱动使问题更加复杂化。疫苗的种类和频率越来越多、兽药的种类和用量越来越多、设施设备越来越先进且复杂、营养添加剂越来越多且成本越来越高、猪群的代谢压力越来越大、猪群的抵抗力越来越低、猪群的发病率越来越高且难防难治！

　　我做过一个调查，涉及 4 个省、27 个养猪单位，母猪每年打疫苗种类和频率最多的 23 针次，最好的 15 针次，平均每头母猪每年 18 针次，按一年 365d，平均 20.28d 就打一针。如果说机体对疫苗的反应应答期是 7d，那么机体在两次疫苗之间只有 13d 的恢复休息期；如果反应期为 21d，那么机体就长期处在免疫应答期，也可以说机体长期处在低抵抗力状态。以上现象表明，如果猪体免疫系统压力大、应答能力下降、疫苗效果不佳，生物药厂就增加抗原含量，猪群就加量加频率，猪场老板就换厂家；使得生物药厂把抗原含量、病毒毒株、免疫次数、抗体检测分析、佐剂及注射后副反应当成了疫苗制备的标准，造成了现在的混乱局面。

　　阳光猪舍尽量满足了猪体生存所需的基本条件，使机体处在一个自我正常状态，免疫系统功能正常，环境中病原载量又低，这样猪群就健康了。

（点评专家：闫恒普）

第 40 篇　潘飞：非洲猪瘟背景下的猪场规划设计

2020 年 1 月 24 日

▶ 作者介绍

潘　飞

华中农业大学硕士，三年猪场一线生产管理、五年猪场规划设计与项目咨询、五年现代化猪场建设与管理工作经验。对现代化猪场的设计与建设，有一定的见解。在校期间参与出版图书 3 部、发明专利 1 项、发表中文核心期刊文章 6 篇。现在任职于武汉天种畜牧有限责任公司，华中大区总经理。主要负责集团大区生猪产业化发展、新项目建设管理、猪场运营与管理等工作。

▶ 引言

扎实做好春节和"两会"期间的猪肉供应保障工作，确保市场供应和价格基本稳定是目前的刚需，最根本的是要靠加快恢复生猪生产。目前，农业农村部已经将生猪稳产保供作为当前"三农"工作的重大任务。养猪全员抗非背景下，猪场设计也必须为防控非洲猪瘟建立良好的基础及体系。潘飞分享《非洲猪瘟背景下的猪场规划设计》，供养猪人参考。

根据农业农村部公布信息：自 2018 年 8 月，我国发现首例非洲猪瘟（非洲猪瘟）疫情至今，截至 12 月 31 日，全国共报告发生 162 起非洲猪瘟疫情，共扑杀生猪 119.3 万头，全国尚未解除封锁疫情有 2 起。全球非洲猪瘟疫情形势十分严峻，已经有超过 23 个国家报道了 13 000 多起疫情，我国周边的疫情形势也非常严峻。非洲猪瘟病毒在我国形成比较大的污染面。目前商品化疫苗研制和使用前景尚不明晰，我国生猪产业将在很长一段时间与非洲猪瘟生死共舞，非洲猪瘟巨大的阴影笼罩着整个行业。

生物安全体系已成为我们在非洲猪瘟大背景上发展生猪产业最有效的"武器"之一。猪场的生物安全体系涉及猪场选址、猪舍布局、工艺流程、建筑结构、设备选型、道路分布、物流、人流和车流以及人员配置等多个方面。猪场的生物安全体系通过层层把关，减少非洲猪瘟入侵风险，但不能完全消除风险。

一、非洲猪瘟背景下的猪场选址

猪场的选址是猪场长期、可持续发展的前提。以前选址要求远离村庄、远离水源，尽量选择荒山、荒地，要避开基本农田和林地。但是，未来可以用来建猪场的用地越来越少。非洲猪瘟背景下猪场选址需要关注以下几点：

1. 生物安全圈　要求选址位置在 1km 范围内没有养殖场、3km 范围内没有屠宰厂。猪场尽量要远离居民区，最好远离村庄 5km 以上。同时，需要关注 3km 范围内的道路，进出猪场的道路最好可控（图 40-1）。

图 40-1　地块选址卫星定位图

2. 要远离主干道　选址地块要尽量避开人流量和车流量较大的道路，如国道、省道和县道。进入选址地块的道路最好不是唯一道路，尽可能有多条进出路线。进入道路尽量不要横穿村庄，或者经过集市、菜市场、贸易市场等环境复杂场所（图 40-2）。

图 40-2　铁力金新农猪场俯瞰图

3. 充足的干净水源　选址需要勘测地块所在区域的地下水层分布情况，要保证在任何季节都有充足的地层水。同时，还要确保选址位置距离水源（水库、河流）等直线距离不少于1km，要避开湿地保护区、生态旅游区、江河水系等敏感区域。

4. 有利的地形地势　猪场选址要考虑地势，有利的地势将为猪场提高良好的外部环境。平原地区地势要求：平坦、开阔、比周围地区高、地下水位低。丘陵山区地势要求：向阳的坡面，面向夏季主风向，整场总坡度控制在2.5°～3.5°，避开谷地、山口。地势高燥、平坦开阔（减少土方施工）、地下水位低（2m以下，低于地基的0.5m以下、至少应高出当地历史洪水线以上）、背风向阳（背寒风）、排水良好的地方。

二、非洲猪瘟背景下猪舍设计

猪舍设计是生物安全体系中最重要的一个环节。猪舍的设计主要涉及以下几个方面：

1. 存栏规模　规模化是现代化猪场设计（图40-3）的前提，到底多大规模才是最合适的。现在大集团公司越来越追求土地利用率最大化、生产辅助性设施效率最大化以及人员管理效能最大化。近几年出现了大型猪场和超级猪场，母猪存栏从以前的2 400头、3 600头，变成了单场母猪存栏达到13 000头，甚至更高的21 000头。适度的规模有利于小环境和大环境的管控，可以考虑粪污消纳，实现持续性发展。综合考量各种因素，未来猪场单场设计存栏母猪不宜超过5 000头。地块条件允许的条件下，可以实行多条生产线布局。

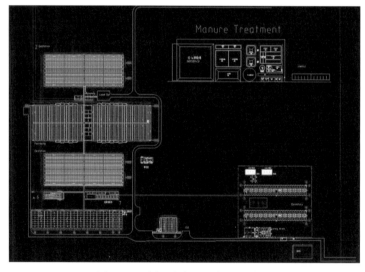

图40-3　猪场设计平面布局示意图

2. 生产工艺　为了降低猪群销售风险、降低生产操作频率和减少猪群在场区内流动，生产工艺设计必须要重新调整，传统的周批次生产已经无法满足要求。为了防控非洲猪瘟，延长猪场批次间隔也是一种有效的方法。需要根据公司的生产技术水平、猪场的设计存栏规模以及每个阶段栏位的配置，进行"3周批""4周批"或者"16天批"等适合场区和适合团队的"大周批"生产节律。

3. **猪舍结构**　猪场的规模化和现代化也带来了猪舍结构的"工业化"。大跨度、大空间成为现代化猪场建设的主流。大跨度、小单元将是猪场建设比较合适的模式。为了降低人和猪的接触，全漏缝的水泡粪或刮粪板结构将猪舍分为地上部分和地下部分双层结构模式。猪舍全密闭，依赖机械通风、密闭走廊、上下猪房等密闭式功能单元，将猪舍与外界环境进行阻隔。高楼猪场的设计也必将成为猪舍结构设计调整的一个重要发展方向。

4. **通风模式**　水平通风是目前国内大部分猪场采取的通风模式。为了降低猪舍内的有害气体、粉尘等杂质的传播，猪栏实心隔墙越来越多，横向的水平通风设计模式（图40-4）将对生产造成严重的影响。垂直通风模式、吊顶小窗垂直通风模式、风管垂直通风模式、弥散通风模式，将会成为规模猪场的首选。同时，出风的方式也很重要，屋顶出风或者废弃物收集除臭装置也是通风系统中重要的一个环节。进风口的空气过滤装置，也是有效阻断蚊蝇、

图40-4　横向通风模式图

粉尘和大颗粒物质有效的方法。根据猪舍的类别、生物安全等级要求可以选择安装初效、中效、高效空气过滤装置。没有安装空气过滤装置的通风系统，需要在屋檐进风口、水帘外侧安装304不锈钢丝网，钢丝网要求密度>20目。

5. **设备选型**　现代化猪场涉及各种设备（图40-5），包括养殖设备、环控设备、喂料设备、水电气设备、供暖设备、清污设备、水处理设备、清洗消毒设备等，从自动化不断升级为智能化。但是，设备的质量和操作的便利性是非常重要的。设备选型时需要考虑设备的兼容性要强，并且能够有数据端口。未来猪场的物联网和信息将大大提高设备之间的联动性，通过后台数据库对数据进行分析，然后发送指令对猪舍设备进行控制。最终，在选择设备厂家时，设备的质量更为关键。低故障率是生产有序进行的必要保障。

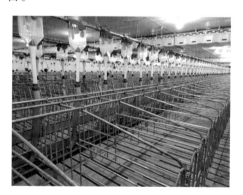

图40-5　妊娠舍设备

三、猪场的配套设施

非洲猪瘟背景下猪场规划设计需要更完善的配套设施。场区按照功能进行分区管理，包括生产区、环保区、内生活区、外生活区、门卫隔离区等。每个区根据生物安全等级，采用实心围墙、镀锌围网等材料进行分隔。

1. **门卫隔离区** 场区大门口的生物安全设施功能要齐全，有人员进场洗澡间、行包房、二级人员隔离宿舍、门卫值班室、物品消毒间（图 40-6）等。洗澡间的单向流动，消毒间需要有镂空置物架，并且通过置物架内外分隔开。进场物品按照生活类物品、生产类物品、蔬菜食品等分类，根据不同的物资采取不同的消毒方式。隔离宿舍应配有独立的卫生间和淋浴设备。

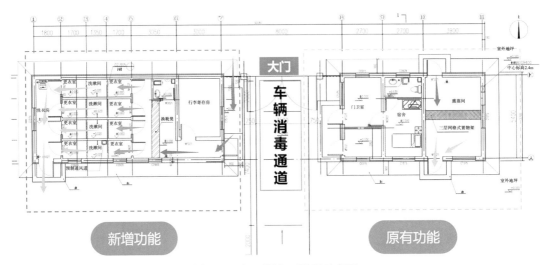

图 40-6　门卫隔离区平面示意图

2. **外生活区** 外生活区主要功能单元有行政办公、中央厨房、非生产人员宿舍等单元。中央厨房按照空间分为蔬菜采摘区、清洗区、配菜区、操作区和熟食暂存间等。按照餐食制作流程布置，要求分区管理。厨房操作人员与非生产区人员严格分开住宿，减少接触和交叉的风险。

3. **内生活区** 内生活区是员工休息、娱乐、学习的重要场所。未来封闭式管理时间会更长，对员工身心有很大考验。内生活区需要有宿舍、洗衣房、会议室、餐厅、娱乐室等功能单元。宿舍要求床位充足，标准间设置。内生活区的餐厅采用送餐制。

4. **生产区** 生产区分为：配怀区、分娩区、保育区、育肥区，从内生活区进入生产区需要有工作淋浴间（图 40-7）。工作淋浴间集进猪舍人员洗澡、人员中午休息、中午就餐、物品存放、夜间值班等功能为一体。按照生产线布局，每条线要求有独立的工作淋浴间。其中，淋浴区要根据人员数量，设计合理淋浴位，并且单向流动。同时，生产区还需要密闭式连廊、上下猪房、病死猪淘汰通道等设施。

5. **环保区** 环保区位于场区下风向、低洼位置，需要有固态废弃物处理区、液态废弃物处理区和死猪无害化处理区（图 40-8）。固态废弃物处理区建议采用密闭式阳光棚或大棚进行堆积发酵，也可以采用立式发酵罐进行发酵处理。液态废弃物处理主要是通过厌氧发酵、好氧发酵、两级 0（1）末端深度处理，然后排入生物氧化塘。病死猪无害化处理采用电热式高温发酵设备，快速高温分解死猪，短时间快速杀灭细菌和病毒。整个环保区尽量与生产区拉开距离，并且有镀锌围网进行分隔，有专用的进出道路。

6. **车辆洗消中心** 车辆洗消中心（图 40-9）是降低车辆对生物安全圈的风险管控。

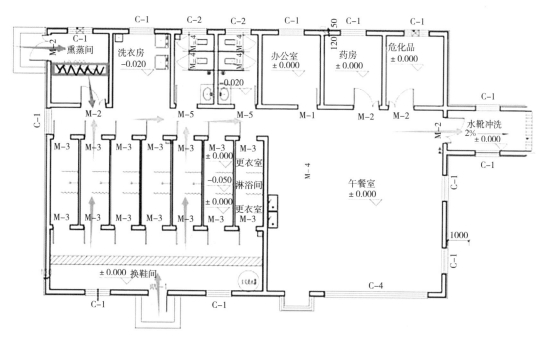

图 40-7 工作淋浴间平面示意图

图 40-8 无害化处理设备间

车辆洗消中心是防控非洲猪瘟非常关键的环节之一。车辆洗消中心可以根据功能划分为脏区（脏车停车场、污物清理点、污水蓄积池）、灰区（清洗单元、人员洗澡更衣室、沥水区）、净区（烘干单元、设备间、司机休息间、净车停车棚、实验室）。同时，根据生物安全圈，可以将车辆洗消中心分为对外车辆洗消中心和对内车辆洗消中心。清洗干净是车辆洗消烘干的基础，需要有钢架平台、地喷系统、各种工位高压快速接头。持续高温、温度均衡、热量回收、内部热量循环，是烘干区的关键。同时，烘干间需要有智能控制系统，实时监测温度曲线、燃料消耗、水电消耗等参数。配套监控系统与手机和电脑终端进行连接，实现洗消烘全过程监控。通过手持 3M 荧光检测仪以及细菌培养等实验手段，检测车辆洁净度。

图 40-9　车辆洗消中心

7. 卖猪中转站　卖猪中转站（图 40-10）是为了让外部运猪车远离场区，位置选择要远离猪场 10km 以上。卖猪中转站功能区：场内车辆卸猪台、场外车辆装猪台（升降平台或升降赶猪通道）、猪群暂存栏、污水收集池、设备间、车辆清洗点、人员值班房等。场内车辆卸猪台和场外车辆装猪台要有一定的距离，并且中间要用实心墙体进行隔断。场内卸猪台的地面高度

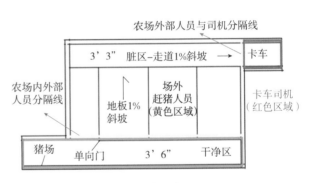

图 40-10　卖猪中转站示意图

高于场外车辆装猪平台，并且有一定的坡度。暂存栏根据卖猪的频率，设计暂存栏的面积和数量，尽量将同一批次销售的猪暂存在卖猪中转站。保证场内中转车和场外运猪车在时间、空间没有接触和交叉可能，并且中转栏为单向流动设计，确保猪单向流动不回头。暂存栏需要有顶棚，确保夏季和雨天卖猪的可操作性。

8. 饲料中转仓　为了确保外来饲料车不进场打料，需要在场区门口修建饲料中转仓（图 40-11）。散装饲料车能够覆盖区域，可以采用中转料塔。如果采用吨包运输，可以考虑采用饲料中转仓。有 2 种方式将中转的饲料通过内部散装料车或远距离料线输送到生产区每个料塔。场内散装料车需要考虑场内的道路，能否做到净、污道分离。远距离输送要

选择质量可靠的塞链和电机，架空料线要有检修平台。

图 40-11　饲料中转料塔

四、非洲猪瘟背景下猪场人员配置设计

猪场员工招聘和培养是一个非常严峻的问题。年龄偏大、文化程度低的人员再也不适合现代化猪场。年轻的、有学历的毕业生很难在猪场干长久。精简人员配置将是非洲猪瘟背景下猪场人员配置设计的关键要素之一。

1. 设备不能完全取代人　现代化猪场设备的自动化和智能化程度越来越高，但最终还是需要有人来操作和管理。这就需要我们的管理人员懂得养猪、设备、水电气、等综合知识，对人员的综合素质要求很高。再好的设备，也需要用好、保养好，才能发挥最大的优势。

2. 要养猪先养人　猪场建设要满足猪的生产需求，更要体现出人文关怀。可口的饭菜、温馨的宿舍、舒适的工作淋浴间等将是留住年轻人的必备条件。同时，我们在人员配置设计时需要考虑有轮休人员储备，确保定期休假、劳逸结合。内生活区还应该设有运动场地，如半场篮球场、乒乓球台等设施。后勤人员配备充足，确保内部生活区、淋浴间、工作服、雨靴有专人进行清洁和消毒清洗，实现专业人做专业事。

3. 视觉管理设计　颜色是视觉管理的基调；标识和标牌是视觉管理的工具。通过视觉管理设计实现可视化管理。从衣物的颜色、地垫的颜色、标识标牌、卡片卡牌、白板、表格和挂图等一系列视觉设计让员工对猪群生产能有共同的、简洁的理解方式。运用形象直观和视觉舒适的各种视觉设计方案，能够让标准操作流程（SOP）更接地气，一看就懂、印象深刻。通过视觉管理设计让猪场的每一个操作流程更加高效地开展和进行，提高员工的现场管理效率。

五、总结

非洲猪瘟背景下猪场设计内容涉及非常广泛，通过以上几个要点的梳理，能够让大家对猪场的设计要点更清晰。养猪道路漫漫，非洲猪瘟是把双刃剑，让我们损失惨重，也带来养猪行业的快速发展。生物安全等级的不断提升，未来疾病的防疫会越来越简单。经历了非洲猪瘟以前很多常见疾病可能会在我们猪场慢慢消亡。最后，非洲猪瘟防控的成败关键在于人，细节执行到位，我们就能够有成功的可能性。

专家点评●

2019 年是我国生猪养殖历史上难忘的一页，见证了国家、行业、公司、猪场、养猪人等在应对百年不遇的非洲猪瘟疫情危机中表现出来的人生百态。蓦然回首，看到了养猪人不屈不挠，甚至是在无知恐惧中不断向上的人生韧性。最终部分猪场取得了抗非阶段性成果，让行业在历经泥泞，甚至疾风暴雨后始见彩虹。

这场疫病是灾难性的，整个生猪产业能繁母猪萎缩近半。但我们不应只停留在过去的痛苦之中，我们应该看到，随着养殖门槛的提升，行业走向现代化、规模化、集中化；非洲猪瘟让我们回到了猪病防控的本原，即生物安全管理，而不仅仅是使用各种"神药""神苗"等；非洲猪瘟重塑了我国基层养猪队伍的整体能力，是我国生猪养殖重新发展起航的坚实基础；我国养猪行业存在大而不强的问题，加上楼房养猪、5G 物联网、智能化养猪、2020 年全面"无抗"等综合因素的作用，我国养猪业将在本轮灾难之中浴火重生。

本文中，潘飞帮我们梳理了非洲猪瘟背景下的猪场设计。实践证实，我们之前的一些猪场设计在非洲猪瘟面前不堪一击，非洲猪瘟促使我们认清生物安全的本质，好的猪场设计不仅能防控好非洲猪瘟，还能防控好其他疾病，同时对生产也提供非常多的帮助。

在猪场选址方面，主要需要关注的是生物安全圈层、远离主干道、充足的干净水源等；猪舍设计方面，需要考虑到存栏规模、生产工艺、猪舍结构、通风模式、设备选型等；在猪场配套设施方面，需要关注门卫隔离区、外生活区、内生活区、生产区、环保区、车辆洗消中心、卖猪中转站、饲料中转仓等；猪场人员配置设计方面，需要认识到设备不能完全取代人、养猪要先养人、通过视觉管理设计提高管理效率。非洲猪瘟是灾难，是我们重新起航发展的契机，非洲猪瘟防控关键在人，猪场设计能帮助人更好地将细节执行到位，这样才能战胜非洲猪瘟。

（点评专家：陈芳洲）

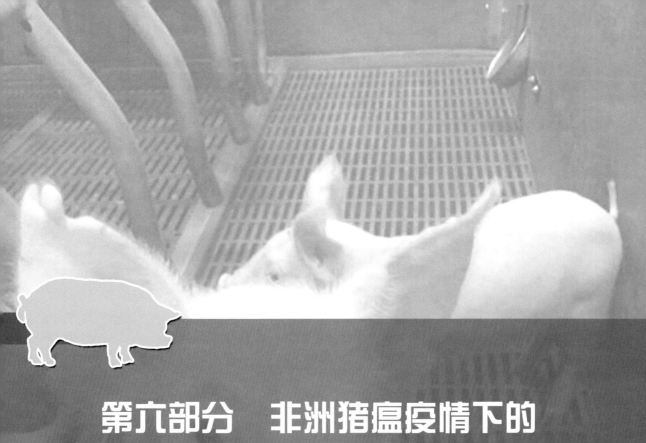

第六部分　非洲猪瘟疫情下的
生产管理

第 41 篇 范卫彬：操作不规范是 非洲猪瘟防控失败的 最主要原因

2019 年 10 月 21 日

▶ 作者介绍

范卫彬

河南求真农牧科技有限公司总经理，非洲猪瘟防控研究与推广者，非洲猪瘟病毒"堆积理论"创立与践行者；非洲猪瘟定点清除（"拔牙"）技术的"三七和双二一理论"创立与验证者，先后指导 200 多家规模猪场成功防控非洲猪瘟，依据防控实操案例撰写、发表非洲猪瘟防控相关文章近百篇。

非洲猪瘟防控不分规模大小和人脉宽窄，只认防控措施是否科学和完善。否则，只要存在漏洞，感染非洲猪瘟病毒只是时间早晚的问题。这也是每个场不敢掉以轻心，都在全力以赴防控非洲猪瘟的原因。可是结果呢？一样都在防控，有的场至今安全，**多数场不但清场，甚至还经历了 2～3 轮的复养失败**。究其原因，防控方案的科学性是一方面，**最重要的还是操作规范性的差异**。

举个例子，消毒是非洲猪瘟防控的重要一环，可以通过消毒达到消灭传染源（环境中的病毒）、切断传播途径（阻断病原体流通）和保护易感动物（不让易感动物接触非洲猪瘟病毒）的目的。但在实际执行中却是问题多多，消毒牵涉到消毒剂的选择、使用环境、稀释浓度和作用时间等，每一项操作是否科学、规范，直接决定了消毒效果。大家多数能做到的是消毒剂选择和稀释浓度，甚至稀释浓度也做不好，而使用环境和作用时间更是凭感觉做事。

消毒举例：

戊二醛：

操作要求：杀灭非洲猪瘟的最低浓度是 1％，最短时间是 30min，环境温度要求 20℃以上。

20％浓戊二醛，1％配制标准是 1∶19，2％配制标准是 1∶9，消毒液与非洲猪瘟病毒作用时间不能低于 30min，环境温度低于 20℃时禁止使用。

生石灰：生石灰的新鲜度直接决定了消毒效果。

生石灰与水反应产生的温度是检验生石灰新鲜度的一个标准，越新鲜，反应产生的温度越高。20％～30％生石灰乳是我们最常用的一个比例，我们只需测量出这个配比的温度作为验证的标准，即可成为一线生产操作的准则，执行场长随身携带 1 把红外线测温仪即可检查工作。生石灰新鲜度低于标准时，要么弃用，要么通过温差判断生石灰乳 pH 与验证标准差值，通过添加氢氧化钠来解决。

火焰消毒：火焰消毒不是火焰的温度决定消毒效果，而是消毒介质温度是否达到了该环境下灭活非洲猪瘟病毒的温度。

我们需要明确的是多大的气量、多远的距离、多长的时间能够使水泥类介质温度升到 150℃以上、金属类介质升到 120℃以上，还要掌握水泥类介质从 150℃降到 100℃和金属类从 120℃降到 100℃的时间。以此界定每把火焰喷枪工作时的气量、与介质的距离、作用的时间，形成标准操作规程，方便工人执行。

请问大家，有多少猪场能够按照此标准规范操作？若不能，那就存在错误操作，失败就不要再找客观理由。

非洲猪瘟防控不是什么高大上的工作，就是**需要把简单的事情做到极致**，做到事事有标准、项项有验证，以求规范、科学地防控非洲猪瘟。

规范就是细节，而细节能够决定我们防控非洲猪瘟的成败。

第42篇　唐红宾：善待猪，提供生理舒适度、原料清洁度和营养均衡度，可以降低非洲猪瘟感染概率

2019 年 10 月 21 日

▶ 作者介绍

唐红宾

新疆物美生物科技有限责任公司，多年从事饲料生产、养猪生产及猪病诊疗工作。

1. 非洲猪瘟病毒是高度接触性传染，不接触无传染。**物理阻断是非洲猪瘟最有效的防控措施。**

2. 猪是非洲猪瘟病毒自然宿主。因此，**病毒只有进入猪场并接触到猪，才有可能引发感染。**

3. 非洲猪瘟病毒怕酸、怕碱、怕高温。

4. 对非洲猪瘟病毒的**阻断和杀灭**，物理方法比化学方法**更有效**。

5. 非洲猪瘟没有腿脚，没有翅膀，完全依靠人类的活动传播。

6. 运输车辆不会进入猪舍，非洲猪瘟病毒进入猪舍的最后 1m 主要是由人协助完成的。

7. 要从流程设计上，尽量减少接触，即减少猪流、人流、车流。集中采购、集中销售有利于**风险的集中控制与管理。**

8. 绝对的杀灭清除病毒是做不到的，也就是说消毒做不到 100%。

9. 非洲猪瘟病毒造成感染需要一定的数量。各种洗消杀灭的目的就是为了最大限度地减少与控制病毒量，**使环境中病毒载量低于感染阈值。**

10. 环境中病毒载量决定感染压力；猪群的健康状况决定感染率。

11. 没有一种病原体可以消灭一个物种。非洲猪瘟也不例外。否则，这个病原体也不存在。

12. 短期内病毒不会自然**弱化**，但猪群的耐受性会增加。

13. 病原体与宿主最终会达成均势共存的状态。因此，战胜非洲猪瘟最终取决于猪。

14. 疫病是多重因素共同作用的结果，善待易感动物（猪），提供生理舒适度、原料清洁度和营养均衡度，可以降低感染概率。

15. "生理舒适"最基础的就是"温饱"，即让猪吃好、休息好。

16. 人为干预能够降低非洲猪瘟的感染率与死亡率。及时、果断、精准的"拔牙式清除"是行之有效的。

17. 科学监测、评估猪群整体的感染状况和健康状况，是"早、快、严、小"控制非洲猪瘟场内传播扩散的基础。

18. 对非洲猪瘟疫苗的过度依赖与过度质疑，都是非理性的。

19. 人既是非洲猪瘟防控的主体，也是非洲猪瘟传播的主要载体，必须**优先考虑人在非洲猪瘟防控工作中的作用**。

20. 员工素质与执行力是非洲猪瘟防控的关键。猪场最大的浪费，是低素质员工造成的浪费。尽管提高员工薪资福利，并不能提高员工素质，但可以吸引与留住高素质员工。

21. 无论如何，生物安全都是非洲猪瘟防控的基础和关键。

第 43 篇　吴荣杰：认清非洲猪瘟病毒主要特征，抓住关键，务求实效

2019 年 11 月 8 日

▶ 作者介绍

吴荣杰

1988 年毕业于湖南农业大学兽医专业，高级兽医师，执业兽医师。2011 年 9 月至今就职于重庆南方金山谷农牧有限公司。2015 年荣获中国美丽猪场魅力人物称号，2018 年荣获重庆市首届畜牧业先进工作者称号。

▶ 引言

我国是生猪生产和消费大国，猪肉在居民肉类消费结构中占比高达 62.7%，生猪行业是关乎国计民生的重要产业。2018 年 8 月初，非洲猪瘟开始从北到南侵袭我国，生猪产能骤降，行业动荡不已，防非抗瘟俨然成为养猪关键点。如何利用猪场生物安全措施打开转型升级的思路？

背离实际的理论是空虚的，同时缺乏理论的实际是盲目的。吴荣杰分享《认清非洲猪瘟病毒主要特征，抓住关键，务求实效》，旨在为养猪人提振信心，帮助大家应对挑战、化解风险，坚持非洲猪瘟疫情防控和稳定生猪生产保障两手抓。

非洲猪瘟病毒是个"大块头"病毒，病毒粒子直径长达 260 nm，嗜盐，喜欢营养不足（饥饿）的个体，就像是一只"失去运动能力的黏虫"，自身不能实施"空陆"作战，只能借助人类和媒介生物活动等侵害猪只。

巨型病毒粒子不可能穿透完整的细胞膜侵入细胞，只有在细胞膜结构受到破坏、出现大孔道或缺损的情况下才能侵入细胞。我认为，防控非洲猪瘟的关键就是要保护细胞膜，

笔者称之为"细胞膜屏障"。要维护细胞膜的稳固性、流动性、通透性，两样东西最重要，就是控制血清钠为 110～140mmol/L 和血清总胆固醇为 2.7～6 mmol/L，也就是降钠、提胆固醇、不限饲、防应激。

纵观之前所有瘟病，从局部感染到病毒血症都是很快的过程，大都是先发热、再厌食，唯独 ASFV 从局部（口咽）感染到病毒血症需要 4～8d 的时间，而且局部感染恰恰是在扁桃体，引起咽喉肿痛基本上是先出现拱料不吃，就是有食欲但不能采食，48h 过后再慢慢出现发热症状，这就是非洲猪瘟区别于其他瘟病的最大特征。基于这些判断，我们做了以下工作，取得了防控非洲猪瘟的切实效果。

一、优饲料

我们的做法是，在保证营养充足均衡和选用优质易消化原料的前提下，饲料氯化钠含量控制在 0.3%～0.5%，不再额外添加氯化钠调味；所有饲料品种添加 1%～5%进口鱼粉，以提高优质蛋白和不饱和脂肪酸含量；各阶段饲料选用国标一级玉米，黄曲霉毒素控制在 10μg/kg 以内；选用优质豆粕，并根据豆粕的添加比例调整钾、碘添加量，确保利尿排钠；**采用颗粒饲料饲喂，以便于识别拱料不吃。**

二、不限饲

预防因各种因素致猪只采食不足。从乳猪到保育猪、育成猪全程喂饱不限饲，从后备母猪到妊娠母猪，产仔、哺乳（图 43-1）、断奶、配种等全程不限饲（妊娠母猪确保 9 成饱），防止饥饿导致血清钠迅速升高、血清胆固醇迅速降低。妊娠母猪不限饲稍有不利影响，如从配种开始不限饲会引起 5%～10%的哺乳母猪奶水不足，从妊娠中期开始不限饲会引起 10%～20%的哺乳母猪奶水不足，但产仔数未受影响，还略有提高，健仔数明显提高，当然这个结论需要更广泛的实践验证。

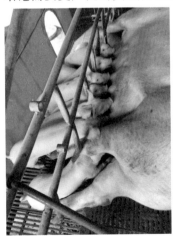

图 43-1　母猪哺乳

三、防应激

预防热应激，防止采食不足、胆固醇合成减少、消耗分解过大；预防湿气过重，防止钠潴留；预防冷应激，防止引起脂质过氧化反应，生成有细胞膜毒性的脂质自由基和脂质过氧化物，破坏细胞膜的完整性，使细胞膜脂质双层出现大孔道和缺损等。

四、洗消换

必须做好洗消工作，但由于消毒液配比、温度、消毒时间及环境的影响，洗消做不到完全彻底。换衣换鞋是减少 ASFV 接触猪只的最有效措施场内增设第二道门卫（人、物品洗消中心），每个车间配置衣鞋清洗消毒设备，给员工增发工作服和鞋 4 套，员工回场进第一道门换水鞋通过氢氧化钠溶液池，进第二道门淋浴换洗全套服装和鞋，进生产区淋浴更衣室淋浴后，换外套服装和水鞋通过氢氧化钠溶液池，进猪舍再换外套服装和鞋通过氢氧化钠溶液池。

五、勤淘汰

靠淘汰、不治疗，是我们的一贯原则；淘汰病残弱猪是我们的一贯做法。之前是 1 周淘汰 2 次，**现在处于非常时期，每天淘汰 1 次，猪只拱料不吃，排除饲料（如霉变、酸败、加药）和饮水原因后，立即淘汰。**

根据一年多的非洲猪瘟防控实践，笔者认为通过加强生物安全、优化饲料营养、及时淘汰病弱猪，**无需疫苗和药物，非洲猪瘟可防可控。**

专家点评

　　作为一线兽医人员，能深入观察思考、提出科学假说并采取针对性措施，取得较好的防控效果，实属难能可贵。通过洗、消、换，强化生物安全体系；通过优饲料、不限饲，提升猪群营养水平和健康度；通过防应激、勤淘汰，减少了非洲猪瘟攻击的薄弱环节，所有这些都抓住了非洲猪瘟防控的关键点。这样做下来猪场经受了疫情的严峻考验，证明了这些措施的有效性。中华民族和广大人民群众蕴藏了巨大的智慧和创造性，只要大家齐心协力，一定能找到战胜非洲猪瘟的办法。

（点评专家：仇华吉）

第 44 篇　游启雄：非洲猪瘟常态化
呼唤系统思维

2020 年 4 月 14 日

▶ 作者介绍

游启雄

四川省畜牧科学研究院助理研
究员,《中国畜牧产业化经营理论
与实践》作者。主要从事动物营养
与生物制品方面的研究、推广及农
牧企业运营管理咨询工作。

▶ 引言

　　非洲猪瘟侵袭我国之后,生猪行业就好似被扼住了命运的"颈脖子",疫情背景下防
控措施的重要性不言而喻,大小猪场都在完善生物安全措施,但仍有部分猪场感染病毒,
为何? 症结点在于很多猪场机械化重复消洗工作,而没有建立一个真正有效的、系统的生
物安全防控体系。我们是不是应该重新审视自身知识的系统性? 要想真正防控住疫情,必
须深入转换思维。接下来,游启雄分享《非洲猪瘟常态化呼唤系统思维》,深入剖析系统
思维在"后非洲猪瘟"时代的作用。

　　非洲猪瘟迈着蹒跚的脚步,经历了近 100 年来到中国。短短大半年时间,非洲猪瘟从
北到南,如洪水猛兽,重创养猪业。究其根源,是我国养猪业整个生物安全防疫系统存在
一些漏洞,缺乏有效的结构和功能。

综合分析非洲猪瘟疫情在过去一年多来，呈现迅速暴发态势，主要由以下一些因素引起：

病毒传播速度之快主要有如下三大原因：①商品猪差价带来的病毒快速跨区域流动性传播；②仔猪差价带来的病毒快速跨区域流动性传播；③肉品差价带来的病毒快速跨区域流动性传播。

病毒传播范围之广主要有如下五大漏洞：①场内人员、物质交叉等生物安全漏洞带来的病毒入场感染；②病死猪理赔和无害化处理不规范等带来的病毒入场感染；③区域性病原体处理不当，造成水源污染带来的病毒入场感染；④车辆、道路、扬尘等污染带来的病毒入场感染；⑤违规饲喂被污染的餐厨垃圾带来的病毒入场感染。

场内点面暴发时间差之短主要有如下十个不规范因素：①日常生产管理不规范；②场内疫病监测预警机制缺乏；③场内全员生物安全意识观念不足；④生物安全措施执行不到位；⑤场内饮水系统有缺陷；⑥人员违规串岗；⑦场内物流随意交叉混合流动；⑧场内人员配备不足，一人多岗，甚至混岗；⑨外购精液评判重视度不够；⑩卖猪、买猪、转运猪、病死猪、粪污处理不规范。

今天，在国家鼓励加大养猪政策扶持力度下，在猪价行情的刺激下，在非洲猪瘟疫情威胁依然存在的环境下，全国各地陆续掀起复养小高潮，尤其是各类大型养猪企业，明显加快了保产、扩产的步伐，一部分中小猪场也逐步摸索尝试复养。

复养是一个复杂的系统，不仅关系到自身的投资安全性和回报率，也可能导致非洲猪瘟疫情再次大流行。在此，建议有意复养的各类猪场朋友，尽量从以下几个方面着手，进行思考和系统研判。

一是区域产业链风险评估系统：场地周围一定区域内，猪场、屠宰厂分布（图44-1），水系、扬尘等存在潜在病原体隐患的风险评估。

图44-1　猪场处于周边道路包围之中、紧挨住家户、周边小猪场包围

二是内外功能分区及切断病毒传播改造升级系统：增设场外中转洗消高温烘干区、人员进出洗消隔离区、进场物资高温烘干储存区、办公生活区、生产区栋外流动区、栋间物理性阻隔区、入栋病毒切断区、蚊虫鼠鸟类防控区、栋内小单元格实心化区等改造升级（图44-2）。

三是场内外消杀清除病毒及评估系统：清场消杀一定要处理好消杀顺序（高温烘杀—

图 44-2　防虫网、驱鸟器、实心墙、小单元、流动区氢氧化钠溶液池、栋内氢氧化钠溶液池

氢氧化钠溶液喷洒—清洗—泡沫消毒—消毒剂冲洗—熏蒸消杀）、时间周期（消杀作用时间、频率）、消杀人员倒退方向移动等，避免病毒污染面人为扩大，增加不确定风险；通过高温、强力杀毒、清洗、熏蒸等综合消毒措施，全面多次消杀清除栋内病原；栋外除草砍树、翻耕或者硬化处理，出猪台、料槽、产床、限位栏、饮水器口、排污口等定点采样检测评估（图 44-3）。

四是猪场岗位职责及人员配置：以生物安全理念为前提，制定可执行的岗位职责，不断完善适合本场的生物安全措施；全员宣贯生物安全理念，全员生物安全岗位职责通关推演；营造人人率先带动、强化落地执行、相互监督、绩效激励合理的养猪运营机制；进猪前全员提前规范隔离入驻场内，开展非洲猪瘟常态下日常生产、经营、管理活动以及突发事件模拟实战演习，统一思想，明确职责，规范行动，养成习惯。

五是猪群体内外健康管理系统：

1. 体外健康管理系统　密度、通风、饮水、营养、阳光、温度、湿度、人员频繁惊吓、猪只频繁转移、抗生素保健以及肌内注射等人为干预系统评估改善。

2. 体内健康管理系统　黏膜系统、肠道系统、免疫机能健康管理系统；肝脏、肾脏、泪腺等解毒排毒保健系统；体内病毒及毒素清控健康管理系统；抗应激健康管理系统等；让猪吃好、喝好、睡好、拉好，增强机体自身的抗病毒感染阈值，调理修复甚至净化猪群的基础性病毒病，化解免疫抑制因素，提升特异性及非特异性免疫机能，解除病毒性综合感染导致猪群暴发流行病风险。

众所周知，养猪业最低成本是拥有一个病毒净化环境，但要实现这个最低成本，需要从行业主管部门顶层设计开始，自上而下用相关的法规约束行业行为规范，这个目标短期

图 44-3　生产区栋外公共通道氢氧化钠溶液消杀；栋内地面墙壁、槽内、保育床火焰消毒

内可能是可遇不可求的最高境界。当大环境难以整齐划一的情况下，区域性、小环境中各人自扫门前雪不失为可以立竿见影的开始。

　　常言道：思路决定出路，行动决定结果。让逆境倒逼养猪人从系统思维出发，转变观念，坚定信念，强力执行，常抓不懈。通过生物安全措施切断抑或尽可能降低大小环境的病毒载量，同时，加强促进免疫力综合提升方案增强猪只内在抗感染阈值，促进养猪业安全、稳定、高效生产。避免劣币驱良币式的悲剧在养猪业不断上演，**"打破混沌无序、培植猪道文化；构建系统思维、拥抱猪业灵魂"**，自下而上，为顶层设计部门提供水到渠成的净化决策土壤。

专家点评●

　　2019 年初，正值非洲猪瘟肆虐全国之时，初识本文作者游老师，他以一线的亲身经历表达了对我国养殖业的深度担忧。在随后的一年多时间里，游老师以对行业的使命感组织了"非洲猪瘟复产联盟"积极帮助猪场复产，助力我国猪业的复兴。

　　本文通过对近百家猪场发病原因的总结，对非洲猪瘟流行的经济因素、社会因素和管理因素进行高度凝练，提出解决这些漏洞并进行复养需要系统思维。

系统防控不仅建立在对区域产业链风险的评估、对猪场切断病毒传播途径的设施改造、猪场生物安全体系建设，还需要提升猪体内和体外的健康系统。

　　猪的健康管理是一直被养猪人忽视的问题，让猪吃好、喝好、睡好、拉好，猪才有更好的抗病能力。非洲猪瘟让我们更加重视生物安全，更加重视良好的生存环境和猪的健康度，更要以系统思维去思考养殖业顶层设计，从而实现区域净化，不仅要防控非洲猪瘟，还要防控其他疾病，让养殖业更加健康地发展，我想这才是作者真正想对行业发出的呐喊。

（点评专家：程家锃）

第 45 篇　夏天：非洲猪瘟背景下的猪群健康管理

2020 年 4 月 15 日

▶ 作者介绍

夏　天

硕士，毕业于华中农业大学临床兽医学系。现为 PIC 中国健康保障经理，负责 PIC 中国核心场的健康管理。具有 10 年猪场生产管理、疾病预防、控制、净化经验，曾参与并主导猪场 PRRS、PFD、MHP 的驯化、净化项目，并取得成功；在非洲猪瘟的形势下，负责重塑 PIC 中国核心场的生物安全体系，主持编写 PIC 中国生物安全手册。

▶ 引言

　　猪群健康是养猪业追求的目标之一。非洲猪瘟疫情背景下，猪群健康直接或间接关系到猪场效益乃至整个行业利益。生猪一旦感染非洲猪瘟病毒，必定会造成经济损失。因此，做好猪群的健康检测工作，把疫病"扼杀在摇篮里"是猪场工作的重中之重。接下来，夏天分享《非洲猪瘟背景下的猪群健康管理》，全文基于 PIC 背景，围绕多年从业心得及实践经验，分享猪群健康管理经验、生物安全文化以及对生物安全体系建设的见解，供养猪人参考。

一、从业心得

　　笔者从 2010 年毕业至今，从曾经的一名生产管理者逐渐转变成为一名兽医。非洲猪瘟来到我国之前，尽管我当时所在的企业也曾受猪流行性腹泻（PED）猪繁殖与呼吸综合征（PRRS）等疾病的侵袭，但通过我们的不懈努力，已形成一套成熟的技术方案去改变猪的易感性，让我们不再那么害怕某些病原体的进入。彼时，生物安全则尚未受到足够重视，这不是公司的问题，也不是一个团队的问题，而是我们不得不面对现实，即无论自身或者团队均缺乏生物安全的意识和文化。

加入 PIC 后，我开始重新认识和理解疾病预防与控制的根本即是生物安全，对生物安全的尊重、敬畏、信心，不仅仅是 PIC 的文化，更是其核心价值和竞争力。经常会听到有行业内的朋友说，"不可依靠**生物安全，生物安全很虚**"，但残酷的现实告诉我们，**请开始待其如师般敬畏它、请开始待其如书般研读它、请开始待其如友般信任它。**

二、PIC 健康管理（生物安全文化）

1. 以人为本　以人为本不是一句虚假的口号，员工是否从心底愿意接受你的程序，决定了你所在农场生物安全的可持续性。制订每个程序之前，管理者需要考虑对员工健康是否有害，程序的可执行性，相关设施设备是否支持你制定的程序，能否通过改善设施条件来优化生物安全程序，这些是每位兽医和生产管理者需要考虑的问题。

举例说明：

a. 你检查过猪场的洗澡间吗？是否 24h 提供热水以及取暖设备？始终有沐浴露和洗发水吗？有电吹风吗？可以想象在一个寒冷阴暗的洗澡间，还偶尔提供"冰浴"服务，员工怎会愿意在此进行彻底沐浴？员工怎会愿意带水的头发上结上一层冰霜？他们也许不会向您抱怨，因为您大幅提高了补贴，但心底的一丝不愿会导致淋浴不彻底，结果可能就是灭顶之灾，再完美的监控方案也不如员工心底的认可。相反，如果你能在员工回场时提供桑拿服务，也许情况会大不相同（图 45-1）。

图 45-1　人员浴室

b. 当你使用消毒剂的时候，除了关注对非洲猪瘟的杀灭时间和消毒浓度，是否给员工进行相关生产安全的培训？是否有准备足够数量的防护服？是否考虑过员工暴露在消毒剂中的风险？安全性和有效性是 PIC 所选择的，这也是我们宁可花费 3 个月去进行臭氧熏蒸试验，而拒绝使用甲醛作为熏蒸消毒剂的原因（图 45-2，表 45-1）。

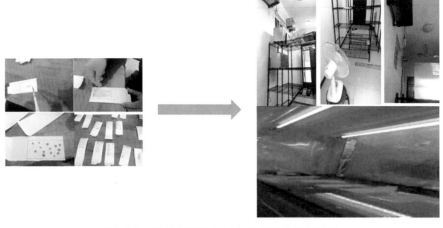

图 15-2　臭氧和紫外线对大肠菌群的杀灭试验

表 45-1　以大肠菌群作为消杀的指示菌

大肠菌群作为消毒指示物	试验重复 1	试验重复 2	试验重复 2
阳性对照（CFU/50cm²）	1.3×10^4	4.8×10^4	1.3×10^4
20mg/L 臭氧浓度消杀 30min（CFU/50cm²）	1.8×10^2	1.7×10^2	8×10^1
20mg/L 臭氧浓度消杀 60min（CFU/50 cm²）	0	0	0
阴性对照	0	0	0
阳性对照（CFU/50cm²）	1.5×10^4	2.8×10^4	2.4×10^4
紫外线消杀 15min（CFU/cm²）	7.6	16.2	—
紫外线消杀 30min（CFU/cm²）	16.4	8.8	—

c. 食物原材料的消毒。一直是大家关注的焦点，选择对员工健康安全的食物消毒剂应该是首先需要考虑的问题，解决问题的方法不应比问题本身造成的危害更大。Peter 等（2012）研究显示，室温下 2％柠檬酸在 30min 内能灭活超过 10^4 CFU/50cm² 的非洲猪瘟病毒。在猪场实际应用中，我们发现 2％柠檬酸对食物的保存时间和风味影响较小。

d. 尊重女性，关注女性的隐私。在人员入场程序中需要避免和减少性骚扰的可能，给女性开辟独立的洗浴通道是必要的。

2. 兽医与生产管理者的角色转变

a. 生产团队与兽医共同制定规则。以兽医为主导，与生产团队共同制定合理的可执行、可监控的生物安全程序。我们会不会遇到一个问题，猪场员工可能会认为规则是兽医团队制订的，我在执行别的部门的方案，为别的部门打工，我的领导认同和认可吗？方案考虑过我们的可执行性吗？因此，充分征询生产部门的建议，得到生产部门领导认可的方案，无疑更易于执行。

b. 生物安全到底归谁负责？谁监督？生物安全归兽医负责吗？归兽医监督吗？猪场发病由兽医买单吗？猪场发病就是因为兽医没有做好生物安全的监督和培训吗？如果一个公司是这样的思维模式，结局可想而知。生物安全第一责任人永远应该是生产部门。在兽医的引导和指导下，生产部门应对生物安全制度的执行进行自我优化和监督，对生物安全漏洞持零容忍态度，应比兽医部门的要求更加严苛。据了解，有些没有专业兽医团队的公司依旧在这场非洲猪瘟疫情的浩劫中屹立不倒，究其原因，生产团队对公司的极致管理和约束，远比拥有一个优秀的兽医团队更重要。

c. 管理型兽医并非要求兽医直接参与管理，而是需要其从管理的思维出发去解决生产中的健康问题，从专业角度引导生产团队，培训生产团队进行自我高效的生物安全管理，提高生产团队寻找生物安全漏洞的能力，使其具有对反馈问题及时解决的能力。

举例：某一天你发现某洗车点的种猪车司机屡次违反生物安全程序，来到猪场未穿着公司要求的衣服或隔离服，作为一名兽医应该如何做呢？仅仅发出邮件要求对该司机进行处罚就结束了吗？其他洗车点也有这样的问题吗？仅仅是你发现的时候违反规定，还是有违规你无法发现呢？以目前的管理模式，若出现其他问题，生产部门和兽医部门能及时监控到吗？笔者认为仅靠处罚解决不了问题。经过调查，若是普遍存在的问题，且兽医已对此进行多次培训，可能原因是目前的人员配置和管理模式无法避免下一次问题的出现，当下暴露的问题很可能只是冰山一角。解决方案：兽医应建议生产部门选择一个人员对洗车点的生物安全程序负责，可以兼职，若能专职更好，赋予此负责人一票否决的权力，有权利退回和拒绝某车辆和不配合的司机进入洗车点。选择一个第三方人员对其进行监控，比如门卫，并通过检查列表进行及时反馈。增加对该洗车点的巡检频率，并根据检查结果进行奖励和惩处。简而言之，很多问题是管理混乱导致的，而并非方案不可执行。当然不合适的设备设施也往往是生物安全执行困难的重要因素。

d. PIC 是一个生产负责制的团队。尽管兽医团队的首要责任是维持 PIC 核心场高健康，但生产团队是对生产所有结果负全部责任的，这就意味着 PIC 生产团队对生物安全和保持猪场高健康具有极高的自我意识。PIC 健康保障团队的核心程序和方案均是与生产团队逐条讨论、逐条优化而得到的，兽医团队不仅仅是专业指引者，同样也在学习并与生产团队共同成长。

e. 生产团队的生物安全自我监督。每个猪场由生产团队选派一名优秀员工兼职或全职作为该猪场的"生物安全官"，由生产团队管理，但由兽医团队考核其绩效工资，由兽医团队制定该"生物安全官"的工作流程，每周按照生物安全检查列表对猪场进行全方位的检查，且负责新入职员工和猪场内的生物安全培训，以及执行生物安全周报、月报制度等，其工作已完全融入猪场的日常生产管理中。即在兽医团队的引导下，生产团队实现生物安全的自检。

三、PIC 生物安全防护

PIC 全球健康保障团队最新提出**"PIC 生物安全防护"**的概念，是由生物安全标准、生物安全培训体系、生物安全风险评估体系、生物安全反馈与行动及生物安全团队的评价组成。

a. 生物安全标准。只有经过试验验证或临床实践，且根据自有的设备条件制订的程序，才是合格的生物安全标准与程序。

b. 生物安全培训体系。对每位新入职猪场的员工，以及每位新入职的中高层管理者进行猪场健康管理方面的培训，营造生物安全文化。通过简化版的生物安全程序、PPT、视频，提高培训效率。

c. 生物安全评估体系。由健康保障团队主导(生产团队为辅)从猪场选址（图 45-3）、饲料场、洗车点、猪场生物安全等方面进行定期评估，根据风险等级调整评估频率（表 45-2）。

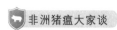

PIC 猪场选址干点评分系统
(1000 Point Site Location Assessment)

生物安全检查与风险评估

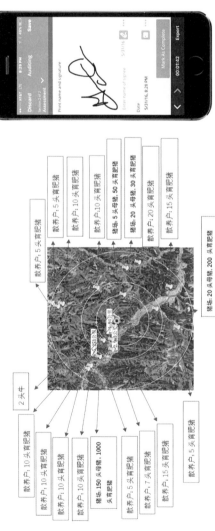

图45-3　PIC猪场1000选址评分系统

表45-2　兽医与生物安全专员风险评估的规划和频率

月份	Checklist 英文翻译·成册	完成至少10个生物安全video	新员工入职培训PPT,生物安全手册PPT	生物安全手册至少更新2次	每个猪场2份生物安全审计报告	每个洗车点至少2分审计报告	每个饲料厂每年审计2次	每个猪场每半年1次 location 1000 score	水样检测每年2次（6月，12月）	红色表示未完成 蓝色表示已完成
12月	—	—	—	—	××猪场（某某审计）	××洗车点（某某审计）	—	—	所有猪场	红色表示未完成 蓝色表示已完成
1月	人流	人流	新员工培训	—	××猪场（某某审计）	××洗车点（某某审计）	××饲料厂（某某审计）	××猪场（某某评估）	—	
2月	物流	物流	人流	更新一次	××猪场（某某审计）	××洗车点（某某审计）	××饲料厂（某某审计）	—	—	
3月	猪场中转台	猪场中转台	物流	—	××猪场（某某审计）	××洗车点（某某审计）	××饲料厂（某某审计）	××猪场（某某评估）	—	
4月	洗车点	洗车点	洗车点、猪场中转台	—	××猪场（某某审计）	××洗车点（某某审计）	××饲料厂（某某审计）	××猪场（某某评估）	—	
5月	设施（防鼠、防鸟）	设施（防鼠、防鸟）	设施（防鼠、防鸟）	—	××猪场（某某审计）	××洗车点（某某审计）	××饲料厂（某某审计）	××猪场（某某评估）	—	
6月	猪与精液引进	猪与精液引进	猪与精液引进	—	××猪场（某某审计）	××洗车点（某某审计）	××饲料厂（某某审计）	××猪场（某某评估）	所有猪场	

猪场生物安全专员工作规划

检查项目	A猪场	B猪场	C猪场
PIC猪场周检查列表	每周	每周	每周
PIC人员入场生物安全检查	每2周	每周	每2周
PIC农场设施设备安全检查	每4周	每4周	每4周
PIC物资入场生物安全检查列表	每4周	每2周	每4周
PIC运输检查表	每4周	每4周	每4周
PIC特殊车辆进场检查列表	每4周	每4周	每4周
PIC死猪处理场生物安全检查	每4周	每4周	每2周
……	……	……	……

　　d. 生物安全反馈和行动。每一份风险评估报告都需要制定行动计划表，并定期反馈与跟踪，直到解决为止。最可怕的不是解决不了问题，而是发现不了问题。

　　e. 生物安全团队的评估。对生物安全团队的工作与生物安全执行情况进行定期评价。

四、对生物安全体系建设的几点建议

　　（1）建立生物安全团队，由兽医主导，与经过培训的生产团队人员共同组成。

　　（2）与生产团队共同制定符合自身设备条件的生物安全标准，并定期进行更新，兽医团队主要负责对生物安全程序进行不断地验证和优化。

　　（3）对每一名新入职员工（所有层级）进行生物安全的培训，宣传生物安全文化，并优化培训制度、培训材料，提高培训效率。

　　（4）选址评估不仅仅针对新建项目或猪场，对已有猪场已需要进行定期评估，了解周边风险变化，采取进一步措施。

　　（5）根据自有生物安全标准制定与之对应的生物安全检查列表（选址、洗车点、饲料场、猪场、水源等），生产团队日常自检与兽医团队定期巡检相结合，制订自检和巡检的频率，并根据风险等级调整频率，逐渐从以巡检为主，转变为以自检为主。

　　（6）制定风险评估的反馈和行动机制，确保生物安全风险点能及时得到反馈与解决。由兽医团队主导，对评估结果进行汇总和跟踪，优化程序和评估效率。

> **专家点评●**
>
> 　　作者以兽医视角，从猪场生物安全层面出发阐述了非洲猪瘟疫情背景下的猪群健康管理，其核心观点是猪场有效落实生物安全需要构建以人为本的生物安全文化，这的确能够引发我们的思考。首先，兽医与猪场管理者分工协作、密切配合，能够切实保障猪场的相关制度和流程顺畅运行，提高发现生产管理漏洞及生物安全风险并及时解决的能力。其次，作者提到了"生物安全防护"的概念，其本质是一个高效运行的系统，包括生物安全标准、培训体系、风险评估体系、反馈与行动及生物安全行动团队的评价。最后，作者提出了生物安全建设的合理建议，对现存猪场及即将复养的猪场具有一定的指导意义。由于作者猪场从业经历丰富，既有猪场生产管理的一线经验，也有规模化猪场兽医背景，文中观点具有重要参考价值。
>
> 　　　　　　　　　　　　　　　　　　　　　　　（专家点评：张交儿）

第 46 篇　邵国青：管理层的认识高度和态度决定了非洲猪瘟防控的成败

2020 年 5 月 1 日

▶ 作者介绍

研究员，博士生导师，江苏省农业科学院兽医研究所副所长。担任亚洲支原体组织理事长，是江苏省"333 高层次人才"第一层次培养对象，享受国务院"特殊津贴"。邵老师聚焦猪支原体肺炎防控技术研究，率领团队成功研制猪支原体肺炎活疫苗（168 株）、猪支原体肺炎灭活疫苗（NJ 株）和猪支原体肺炎 sIgA 抗体检测试剂盒。获国家技术发明二等奖、神农中华农业科技一等奖、中国专利优秀奖。

▶ 引言

一篇优质的"抗非"文章，除了内容充实、重点突出、语言准确、条理清晰之外，还应能够引发养猪人深刻思考。生物安全意识及措施是非洲猪瘟疫情背景下养猪人不变的关注焦点，但如何才能戳到痛处、击中实处，让猪场立于不败之地？邵国青分享《管理层的认识高度和态度决定了非洲猪瘟防控的成败》，诠释猪场生物安全的内涵，并给出实战方案。

生物安全是一种健康管理思想，它有三层内涵：一套体系、一组方法、一个意识，它的目标在于使猪场立于不败之地。从 20 世纪 60 年代起，欧洲率先开始实行工业化养猪生产，养猪模式不断变革和创新，主要目标是解决规模化发展和传染病防控等瓶颈问题，从猪瘟和伪狂犬病净化、全进全出到多点饲养（MSP）。

20 世纪 80 年代引入生物安全来通俗表达安全生产要求；20 世纪末，出现了另一个广为人知的名词，即健康管理或健康生产。这种健康管理思想的最大好处是为长期稳定的规模化生产带来可靠性。2003 年在南京召开了首届全国规模化猪场健康管理国际论坛，介绍 PI（3）TOPIGS 的生物安全管理理念。直到 2020 年 3 月，按照生物安全理念管理的猪场大部分依然安然无恙，经受住了高致病性蓝耳病和非洲猪瘟的严峻考验。通过回顾性调查，才能真正理解生物安全的深刻内涵。

非洲猪瘟对生物安全提出了严格、系统的要求，而生物安全还没有成为大多数猪场的必要管理意识，需要循序渐进经历几个过程：通过专业化培训对它有深刻的了解；通过学习、互动、写作总结，使猪场管理人员和员工掌握生物安全；将生物安全的管理思想应用于生产实践，尤其是对屏障系统的保护；通过反复实践，使猪场形成习惯；通过有经验的专业人员巡栏检查和实验室重复检测数据，把握猪场生物安全的水平重复检查，通过各种宣传、交流训练和实践，猪场对生物安全的需求像饲料、饮水对于猪一样的必不可少，变成日常，完成这个训练需要较长时间，需要有权威性强的专业人员做教练，反复训练。

最严密的生物安全体系也会出现漏洞，非洲猪瘟出现后，会帮助我们在管理思想上回归大道至简，我们需要有积极性、主动性，"取法乎上，得乎其中"，这个观点在环境较好、机会较多的顺势中是正确的，但是它隐藏了一个可怕的陷阱，它会让我们忘乎所以追求美好的最高目标，而一旦发生重大疫情，会让我们败得没有底线。如果我们换一个思路。用立于不败之地作为战略目标，机会来了，不影响我们的辉煌，而且上不封顶。但是遇到变化有不败的底线作为保护。**因此，可以这样认为，高水平的管理态度是健康管理或生物安全，它能使猪场立于不败之地，其核心技术是建立体系、刻意训练。**

对于非洲猪瘟防控的生物安全，已知：①非洲猪瘟是可防可控的；②无论是大规模猪场还是中小规模猪场，都可以通过生物安全取得成功；③生物安全体系建设首要课题是猪场选址；④生物安全体系建设次要课题是猪场生产区、缓冲区、生活区和外围形成不同区域屏障；⑤猪场生产区、缓冲区通过硬件设施的屏障和人流、物流路线的限制，形成单元格分隔管理，会有利于早期发现和精准清除；⑥生物安全加精准清除，可以使阳性场转阴，并维持安全生产；⑦根据国内外的经验，非洲猪瘟活疫苗对母猪不安全；⑧复养成功必须有完善的生物安全体系、精细的管理和必要的硬件设施。如果猪场的选址不好，或者周边环境容易受到污染，猪场的风险就依然较大。精准清除能成功，是基于强大的生物安全体系和可靠的环境；⑨临床实践显示，发酵床饲养可以明显增强猪对非洲猪瘟的抵抗力，发酵饲料、阳光猪舍、特殊品种选育等也有一定的作用，如果有基本的生物安全措施，硬件设施不好的猪场也能够取得成功，但这些猪还没有能抵抗低剂量肌内注射攻毒的实验证据。

实验室诊断是生物安全评价和复养的核心工具（图 46-1）。

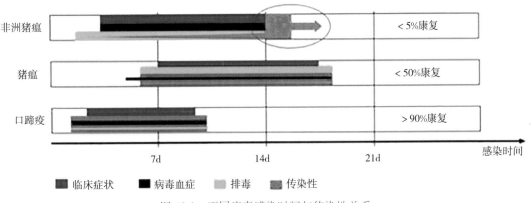

图 46-1 不同病毒感染时间与传染性关系

（参照 Zhao Dongming，Bu Zhigao et al，2019；Klaus Depner，et al，2019，AASV）

一、精准清除的五步骤操作精要

精准清除的五步骤，精要是每一步必须做到位，实现早、快、准、狠，为生物安全补漏：①日常监测：第一时间发现问题——有经验有责任的技术人员很关键，精髓在早。②确诊后应急措施：紧急切断所有传播途径——考验管理水平，精髓在快。中国农业科学院哈尔滨兽医研究所 ASFV JMS18 强毒株攻毒与同圈感染：SPF 猪肌内注射不同剂量 Pig/HLJ/18 后，2～3d 病毒血症转阳，3～4d 出现发热等症状，3～5d 经口、肛门排毒，6～9d 内接种猪全部发病死亡。同居感染猪病毒血症、发病、排毒及死亡时间均延后 5～8d，病死猪每克组织所含 PLD_{50} 病毒量达 10 万以上（图 46-2）。③高效且可靠的鉴别诊断方法（qPCR）确定传染源——必需的技术能力，精髓在准。④消灭传染源、切断传播途径：移除病猪，环境消毒——考验管理水平，精髓在狠。确诊后第一时间就地处死阳性猪，注意感染猪，尤其大猪移动和运送过程中会造成一路污染扩散。首先直接杀灭附着病猪身上的蚊虫，猪尸体石灰粉覆盖，防止渗出，使用塑料布全包裹后运出。⑤持续实验室检测和清除，网格化的管理，将感染范围控制在最小的区域——考验管理水平。网格分区和物理屏障有利于切断传播，人流物流规定移动路线，限制区域间物流，严格消毒，对鼠、蚊、蝇、鸟、犬、猫必须完全隔离、扑杀，并测试反馈杀灭效果，环境白化消毒。

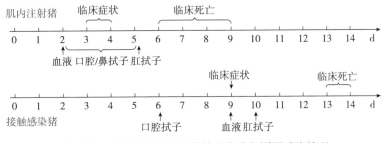

图 46-2 ASFV JMS18 强毒株攻毒猪与同圈感染情况

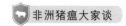

二、复养成功的四步法

复养本质上还是生物安全问题，如何简便、稳定、可靠地解决这个问题？科学方法通常用四步法：①提出问题。充分理解构建生物安全体系最核心的问题是什么，如何保证生物安全到位，要求我们解决什么，还有哪些次要问题，须要满足什么条件等。②制定方法。要抓住解决问题的每一个环节，建立解决的清单和操作程序。对人流、猪流、物流、车流、检测、反馈6个决定生物安全质量的关键内容，每一项内容的每一个环节都要形成具体的可操作解决方法和评价方法，确定合适的领导者是解决方法的重要部分。③检查反馈。要有高质量完成生物安全体系运行的保障手段。执行力好不好，一看有没有检查，二看有没有实验室检测的数字化反馈，三看有没有瞒报、谎报。检查反馈，既是管理方法问题，也是掌控能力问题。分红、奖励有重要作用，但不是全部作用，也不一定起决定性作用。④总结提升。形成猪场自身具有不断解决新问题的应变能力，分阶段、分主题进行总结是获得提升的最有效的手段，要善于总结、善于改进。不能问题解决了就了事，总结不仅是巩固提高的最好机会，还可以启发我们形成新的发展思路和方法技巧。生物安全的新问题是不断出现、不断变化的，生物安全体系管理需要形成预见隐患、尽早发现隐患、解除隐患的应变能力，这个能力通过总结提升实现。

专家点评●

　　长期以来，养猪人习惯打苗、用药，不太了解、不太愿意投资生物安全，经历非洲猪瘟洗礼后，如梦初醒，意识到了生物安全的重要性和必要性，明白了生物安全是抵御非洲猪瘟的强有力武器。当前我们面临的新冠肺炎和非洲猪瘟有诸多相似之处，比如全球性暴发、无特效药、无疫苗，但防控成效大相径庭。新冠肺炎阻击战向世界展示了我国政府的领导力和动员力，广大人民的执行力和创造力。新冠肺炎对我们认识和构建防控非洲猪瘟的生物安全有重要参考作用。

　　在本文中，邵国青研究员详细介绍了猪场生物安全的内涵、非洲猪瘟防控的关键点。提出生物安全是一种健康管理思想，它有3层内涵：一套体系、一组方法、一个意识。从预防、控制和复产3个方面具体阐释了非洲猪瘟防控的要点。从预防角度，强调了生物安全的重要性，介绍了生物安全的关键点；从控制角度，总结了精准清除的5个步骤：日常监测早发现、确诊后应急处置、精准检测确定传染源、移除病猪与环境消毒、网格化管理和控制污染区；从复产角度，提出成功复产的4步法：提出问题、解决方法、检查反馈和总结提升。文章逻辑清晰、内涵丰富，非常值得学习。

　　　　　　　　　　　　　　　　　　　　　　（点评专家：仇华吉）

第七部分 非洲猪瘟疫情下的
抗病毒策略

第 47 篇　郭廷俊：防控非洲猪瘟要重视提高猪群非特异性免疫力

2019 年 10 月 18 日

▶ 作者介绍

郭廷俊

1991 年毕业于沈阳农业大学，毕业后任教一年，先后就职于沈阳正大畜牧公司、美国康地（北京）公司、辽宁禾丰和瑞士罗氏（上海）公司。2003 年创办饲料公司，2006 年开始坚持饲料不加任何药物，逐步形成阳光猪舍健康养猪模式。

第一，**非洲猪瘟发病的根本原因是猪自身免疫力过低**，主要诱因是：①饲料品质低，或使用疫苗和药物过多，或两者同时存在，损害了猪的肝脏、骨髓、皮肤、肾脏、肠道，降低了机体免疫功能。②猪舍环境恶劣。潮湿、呛人、阴暗、地面阴凉、氧气不足，使猪的皮肤、黏膜、呼吸道受到损伤。③应激因素太多。包括猪舍过冷、过热、温差大、过湿、拥挤、通风不良、惊吓等应激。

第二，**保证猪群健康是一个系统工程，要进行综合防控。** 提高猪自身非特异性免疫力是防控非洲猪瘟的有效措施：①改善饲料营养和品质。因为猪皮实、耐粗饲，人们常给猪吃一些品质低甚至变质的食物；为降成本，一些饲料中添加了含有毒素的非常规原料；有些饲料蛋白原料比例过低，或维生素含量不够，或添加药物超过促生长剂量。**正确做法是：保证原料品质，剔除品质低、风险大的原料，保证优质蛋白原料比例，保证维生素品质和含量；饲料中不加任何药物，保障猪的健康。** ②采用阳光猪舍。用阳光增温，可以做到长时间通风，猪舍干爽，空气好；有地热、遮阴、通风、降温措施，保证猪舍温度舒适，预防冷、热、潮、温差大、浊气的应激。③从管理上预防、减少应激。只接种国家强制免疫的疫苗，减少应激；降低猪群密度，每头育肥猪应有 2～3m² 。猪舍最高点最好在 5m 以上。

第 48 篇　范卫彬：使用酸化剂防控非洲猪瘟存在哪些误区？

2020 年 3 月 1 日

▶ 作者介绍

范卫彬

河南求真农牧科技有限公司总经理，非洲猪瘟防控研究与推广者，非洲猪瘟病毒"堆积理论"创立与践行者；非洲猪瘟定点清除（拔牙）技术的"三七和双二一理论"创立与验证者，先后指导 200 多家规模猪场成功防控非洲猪瘟，依据防控实操案例撰写、发表非洲猪瘟防控相关文章近百篇。

▶ 引言

　　近几年来，非洲猪瘟给我国养猪业带来了很大的影响。由于目前尚无有效的非洲猪瘟疫苗和治疗方法，只能通过扑杀、无害化处理及严格的生物安全措施来进行防控和根除，一时间生物安全被提到了前所未有的高度。但任何消毒方式都不会 100% 有效。最好的生物安全措施首先是防止交叉污染，其次是消毒作为补充。正如范卫彬所说：非洲猪瘟防控措施有千万条，但是任何一条我们都不能盲信盲从。

　　接下来范卫彬老师将从实际出发，谈谈使用酸化剂防控非洲猪瘟存在哪些误区？

一、概述

饲用酸化剂是一种可降低饲料在消化道中的 pH，为动物提供最适消化道环境的新型添加剂，被国内外广泛应用于家禽、仔猪、肉牛、奶牛、羊等动物的饲料中。

在非洲猪瘟进入我国以前，酸化剂作为添加剂仅以提高饲料的适口性和促消化的功能为主，其使用量和范围都相对有限。自从非洲猪瘟在全国蔓延以后，酸化剂这类产品瞬间风靡整个业界，成为大家的抗非"神器"。动保企业也争相推出此类产品，邀请专家教授站台，在各大平台宣讲酸化剂在非洲猪瘟防控中的重要作用，其热度可见一斑。

那么，酸化剂在非洲猪瘟防控中具体有什么作用？公众对酸化剂存在哪些误区呢？

非洲猪瘟病毒耐受的酸碱环境为：无血清时 pH 3.9～11.5；有血清时 pH 3.9～13.4。可以看出，环境无论是否有血清，非洲猪瘟病毒耐受酸性环境是没有变化的，这与强酸和强碱的杀毒机理不同有关，其耐受酸的 pH 临界值是 3.9。言外之意就是，pH 低于 3.9 时就会达到杀灭非洲猪瘟病毒的必要条件，所有酸化剂的杀毒理论和营销说辞都是来自于此。

二、酸化剂的应用

（一）拌料脱毒

拌料是酸化剂常见的一种使用方式。

部分饲料企业以"饲料酸化"抗非洲猪瘟为卖点，其理论依据也是来自饲料中高含量的酸化剂可以达到酸化饲料，进而杀灭饲料中潜在的非洲猪瘟病毒的目的。

那么，酸化剂拌料真能达到杀灭饲料中的非洲猪瘟病毒，以此阻断猪群感染的目的吗？

1. 杀灭难　酸化剂拌料是以固体的形式存在于饲料中，而酸化剂的酸性体现条件是在水中电离出氢离子，以此才能达到降低 pH 的目的。但通常饲料中的水分含量过低，无法满足让酸电离出氢离子以达到降低饲料 pH 的目的。

试问，酸没有电离条件何谈把饲料酸化？何谈通过把 pH 降到 3.9 以内杀灭饲料中的非洲猪瘟病毒？

因此，试图通过在饲料中添加酸化剂杀灭非洲猪瘟病毒，这是误解！

2. 阻断难　虽然饲料中没有足够使酸电离的水分，但进入口腔和胃时会有足够的消化液和饮水作为酸电离所需的水。诚然，此时可以满足酸电离的条件，但是这样就可以阻断饲料中非洲猪瘟病毒感染机体了吗？我看难！

（1）感染途径不允许　非洲猪瘟感染机体的途径，首先是在口腔被扁桃体捕获，在扁桃体和下颌淋巴结进行第一次复制，随后通过血液和淋巴循环进入淋巴结、骨髓、脾、肺、肝、肾等二次复制场所，大量复制后随血液和淋巴进入全身各组织，病毒全身发力，显现临床症状。非洲猪瘟自然感染途径主要是口腔，而不是胃肠道。此种条件，只有口腔存在阻断非洲猪瘟病毒感染机体的可能。口腔中的消化液作为酸电离水源时，酸化剂才具备阻断非洲猪瘟病毒感染机体的条件。

口腔阻断感染，我们要考虑 3 个问题：①口腔中的消化液能满足酸电离的量吗？②口腔中酸电离出的氢离子可以将 pH 降到 3.9 以内吗？③饲料 pH 降到 3.9 以内到被扁桃体捕获的间隔时间，能够达到酸化剂杀灭病原的最短时间吗？

3个问题，有一个不符合，口腔阻断就行不通。

（2）杀灭时间不允许 **消毒剂杀灭病原体必须符合3个要素：①作用环境；②最小杀灭浓度；③最短杀灭时间。**

作用环境，在不结冰的情况下，只要是液体状态，环境对酸化剂杀灭效果的影响有限，口腔环境适宜。

最小杀灭浓度，酸化剂的最小杀灭浓度可以理解为pH，我们可以体外检测，根据检测结果确定添加量即可，不是问题。

最短杀灭时间，从文献资料和中国农业科学院哈尔滨兽医研究所检测结果分析来看，酸化剂的最短杀灭时间不低于30min。这个条件，饲料在口腔中的停留时间无法满足，即无法提供酸化剂与病原体作用30min的条件。

饲料中非洲猪瘟病毒只有在接触扁桃体前被灭活，才可以阻断感染机体。这个显然是无法实现的，因为饲料进入口腔，在很短的时间即可到达扁桃体，而酸化剂的最短杀灭时间是30min，因此，病原体不可能在到达扁桃体前被灭活。

不清楚酸化剂杀灭非洲猪瘟病毒的最短时间，以此阻断是错误的。

（二）饮水脱毒

酸化剂饮水是猪场水源脱毒最常用的方式。

酸化剂饮水，满足消毒剂使用3个要素。

那么，我们是否可以认为酸化剂饮水就可以达到水源脱毒的目的呢？我看也难。

1. pH的误解 文献资料显示，pH低于3.9可以杀灭非洲猪瘟病毒，但是我们只知其一，不知其二。pH低于3.9是杀灭非洲猪瘟病毒的必要条件，但不是充分条件。通俗地讲就是酸化剂杀灭非洲猪瘟病毒pH必须低于3.9，但并不是pH低于3.9的酸化剂就一定能杀灭非洲猪瘟病毒。

河南求真农牧科技有限公司委托中国农业科学院哈尔滨兽医研究所，做了一项酸化剂杀灭非洲猪瘟病毒的试验。试验结果显示，在37℃环境下，各pH的试验组，酸化剂与非洲猪瘟病毒作用30min，其中pH分别为3.38、2.28、2.51的3个试验组，对于非洲猪瘟病毒几乎没有杀灭作用。

这个结果实属正常，酸化剂的杀毒效果不仅与pH有关，更与酸的浓度分不开，3个试验组的浓度都比较低，最高的不超过0.1%。

只考虑酸的pH，不要求酸浓度的水源脱毒操作，那是误解。

2. 长期饮水的误解 酸化剂可以长期饮水，对猪群没有危害，这是各酸化剂厂商的宣传语！那么，事实真是这样吗？

（1）口感 本人亲自品尝pH为3.58和3.12的酸化水，入口犹如喝醋，难以下咽，进入食道有灼烧感。为了缓解酸味，酸化水添加5%的白糖，仍旧无法下咽，最后白糖添加到10%，结果没有任何改善。白糖添加量如果再增加，就是高渗糖水，易发生腹泻，临床意义不大，因此没有尝试更大的白糖添加量。

猪与人生理虽有不同，但是同为哺乳动物，味觉差异不大。最大的差别是人会讲话，而猪不会。长期下去，猪会用"行为"告诉我们，它不喜欢。不考虑猪群生理感受的操作，未必能获得我们想要的防控效果。

（2）代谢影响

①胃酸分泌。胃酸分泌是一种条件反射性神经活动，长期、大剂量、额外添加酸化剂，特别是含无机酸量大的复合酸化剂，由于其解离度高导致 pH 降低的速度过快，存在灼伤食道和胃的风险，也会抑制胃底腺细胞胃酸分泌功能，严重地影响胃的发育。胃蛋白酶等多种消化酶依靠胃酸激活，胃酸分泌受影响时，又何谈消化吸收率呢？

②胆汁、胰液分泌。消化道，口腔至胃为酸性，十二指肠至肛门为碱性；酸性环境主消化，碱性环境主吸收。

酸碱过渡在十二指肠完成，从胃幽门排出的食糜为酸性，由胆汁、胰液和肠液调节为碱性。在这个调节过程，胆汁、胰腺和肠液的 pH 是相对稳定的，对于酸度高于正常值的食糜只能通过加大各分泌量来实现调节作用。在长期大量添加酸化剂情况下，无异增大了胆汁和胰液的分泌量。长此以往，胆囊和胰腺的代谢功能是亢奋还是萎缩呢？部分猪场反馈，在长期大量添加酸化剂后，剖检猪可见胰腺糜烂的共性现象，虽然还无法确定胰腺糜烂与酸化剂是否有直接关系，但是在其减少和停止酸化剂的添加后，这类情况很少再出现。

③酸碱平衡。体液的酸碱平衡受体液缓冲系统和食物酸碱度的影响，长期、大量添加酸化剂，会破坏机体的缓冲体系，直接结果就是酸中毒引起的一系列机体代谢问题。

三、建议

（一）饲料添加

饲料中添加酸化剂，脱毒作用可以否定。即使液态饲喂也受矿物质、氯化胆碱等多种物质影响，对饲料营养影响和脱毒作用需要做全面评测。

虽然饲料中添加酸化剂无法脱毒，但是适宜的添加量和酸种类可以通过增强机体抗应激能力、减缓胃排空速度和补充胃酸促进消化、参与三羧酸循环提供能量、降低肠道 pH 促进有益菌生长等多方面提高猪群抵抗力，从另一个层面协助非洲猪瘟防控。

（二）饮水添加

建议添加验证过的酸化剂，不要盲目相信 pH；添加时段只在拔牙期、高风险期和水源有污染嫌疑时。

对于饮水，最好的方式是预防性保护，而不是懒于防控的长期酸化饮水。

规范的水源性病原体监测和防范措施是解决水源污染的最好方式，因为猪需要的还是清洁的淡水。

四、总结

非洲猪瘟防控措施有千万条，酸化剂使用不过是其中的 1 条。但是任何一条我们都不能盲信盲从，要尽量做到有出处、有来源、有依据、经得起推敲和检验。只有这样，才有可能获得真正意义的成功！

专家点评●

　　作为饲料添加剂，酸化剂早就广泛应用于饲料业，更是常态化应用于养禽业的饮水消毒。非洲猪瘟前，酸化剂在仔猪教保料上已得到普及，从 2019 年开始，逐渐应用于育肥猪和母猪的饲料。

　　近年来，由于非洲猪瘟的防控需要，酸化剂广泛应用于饮水消毒，其效果得到了实验室和现场的证实，但不少业内人士还是将信将疑。

　　实际上，只要组方科学、质量可靠，酸化剂不仅具有本来的营养和调控功能，对非洲猪瘟病毒的杀灭效果也是确实的，用于饮水风险控制，也得到了实际临床的检验。但市面上的酸化剂产品的确鱼龙混杂。酸化剂不仅要科学配制，还要合理使用，并根据实际不断完善和优化。

　　选择酸化剂要遵循以下几点原则：

- 复合酸的配比和缓冲体系要科学合理；
- 适口性好、无刺激性；
- 要具有营养价值；
- 可杀灭非洲猪瘟病毒和有害细菌，但不影响且有益于肠道的正常菌群，建议测试一下对非洲猪瘟病毒的实际杀灭效果；
- 具有一定的免疫调节作用。

　　本文讨论了酸化剂使用的注意事项和操作误区，值得大家思考。比如，用于拌料时，酸化剂不一定能阻断饲料源病毒感染猪群，但是可以通过抗应激、促消化等机制提升猪群的抗病力，从另一个层面防控非洲猪瘟；用于饮水时，酸化剂可以消除水源被非洲猪瘟病毒污染的风险，但需要适时、适度、适量使用，并从源头上控制水源的风险。

（点评专家：仇华吉）

第49篇　曹松嵘：用消毒池替代猪舍门口的消毒盆——细节决定成败

2019 年 12 月 13 日

▶ 作者介绍

曹松嵘

　　广州猪个靓生物科技有限公司总经理，临床兽医专家，提出了自己的规模猪场整体控制系统的基础理论，规范了非洲猪瘟现场管理操作流程，找到了控制类似非洲猪瘟等疫病的临床快速解决方案并制订了相应的配套管理流程。

▶ 引言

　　国内外专家通过对非洲猪瘟的研究发现：非洲猪瘟感染猪的 1 滴血中，含有上亿个非洲猪瘟病毒，通过某些传播途径，可以分别使 50 万头健康猪感染发病，导致猪场全军覆没。虽看似一个小点被放大，但非洲猪瘟的传播力度仍不容小觑。

　　防控非洲猪瘟之道，细节决定成败！根据切身体会，思考防控思路并总结发现，消毒池可替代消毒盆的三大优势。曹松嵘分享《用消毒池替代猪舍门口的消毒盆——细节决定成败》旨在总结有效的非洲猪瘟防控经验。

　　笔者有个猪场位于养殖小区，猪场没有大门，距该猪场 50m 有疫情发生，100m 左右是一条主干道，道路两侧也有病死猪无害化处理集中堆放点。在这样的环境中养猪，真是费尽脑筋，查阅大量资料，也没有找到相应的解决办法。

　　笔者待在猪舍附近，仔细思考防控思路。终于有一天，我灵光一闪，既然没有大门，只能防住小门。因此，我在猪舍门口过道建了一个 5m 长的氢氧化钠溶液消毒池（图 49-1），替代原来的消毒盆。**经过半年多时间的验证，我发现消毒池消毒效果明显优于比消毒**

盆，其好处是：①可以避免员工进入猪舍时漏踩消毒盆；②消毒池中的消毒液有一定的长度和深度，员工在行走过程中，鞋底可以充分接触消毒液，提高消毒效果；③拉饲料用的斗车无法用消毒盆消毒，员工也比较容易忽略饲料车轮胎的消毒环节。而 5m 长的消毒池，差不多足够饲料车轮胎转 2 周，进出猪舍拉饲料过程中，充分接触有效的消毒液，提高了消毒效率。

图 49-1　猪舍内的消毒池和消毒盆

据反馈，很多中小猪场采用这个办法保住了自己的猪场，也有一些规模化猪场也借鉴了这项措施，可谓"小主意办大事"。

养猪网点评

消毒是猪场生物安全的主要措施之一，它可以阻断疫病的传播和扩散。大部分猪场使用消毒盆进行消毒并没有很大问题，但对于极端恶劣的养猪环境，其防控工作就一定要根据猪场的实际情况来定制防控疫情攻略，以便相应解决猪场防控疫情问题。

在极端条件下，用消毒池代替消毒盆不失为一个好办法。曹松嵘的观点给了我们一个很好的思路，非常值得学习借鉴，并且具有可操作性和实用性。

第 50 篇　刘自逵：疫苗与中草药搭配有利于更好地防控非洲猪瘟

2019 年 10 月 22 日

▶ 作者介绍

刘自逵

湖南农业大学动物医学院教授、中兽医硕士生导师、中兽医临床实战专家，湖南加农正和生物技术有限公司技术总经理、首席科学家，长沙市科技创新创业领军人才，湖南省兽药企业技术中心主任，北京精免大观生物科技研究院专家。

非洲猪瘟是一种急性、高度接触性、高致死性传染病，其潜伏期长、前驱期与发病期短、致死率可高达 100%。

一年来，许多产品，诸如月桂酸单甘油酯、恩诺沙星、自家苗、耐过猪血清和卵黄抗体等，一一被证实无效。目前，面对非洲猪瘟，我们仍然束手无策，既无疫苗，也无药物，只能依靠生物安全，且各自为政，没有形成统一的生物安全操作标准。

严格的隔离消毒等生物安全措施是"首选"，如通过使用过硫酸氢钾粉、氢氧化钠、生石灰和火焰等空栏消毒、带猪消毒，严格限制饲养人员串岗等。2019 年 5 月粤桂琼非洲猪瘟高发、6 月湘鄂赣高发、7 月全面暴发，甚至包括云贵川等地，大大小小猪场几乎全部中招。事实证明，生物安全"百密一疏"，无法完全阻断非洲猪瘟病毒入侵猪场。饲料安全曾被摆在很高的位置，高温制粒饲料红红火火了一阵子，实际并不一定比粉料更可取，而且相比水的风险来说，饲料的风险是较低的。有报道显示，在受威胁的猪场，水的风险是饲料的 1 万倍（10^4：10^0）；而在已感染或正"拔牙"的猪场，水的风险比饲料高

100万倍（$10^{6.8}:10^1$）。如果忽略了水的安全，防控非洲猪瘟绝对是空谈。

关于非洲猪瘟疫苗，中国农业科学院哈尔滨兽医研究所分离出非洲猪瘟病毒株，研制了候选基因缺失疫苗（MGF与CD2v双基因缺失），并即将进入临床评价阶段。据推测，疫苗通过敲除抑制干扰素分泌的基因和抑制红细胞聚集来延缓病程，并最终诱导保护性免疫。部分单位研制的中草药在诱导干扰素分泌和溶解血栓方面与疫苗有异曲同工之妙，并且还能促进sIgA产生、增强$CD8^+$T与降低杀伤细胞活性，并通过消除败血症、增加血氧和防止大出血等，能最大限度延缓病猪死亡。**疫苗配合生物安全和中草药防控非洲猪瘟，也许是我国养猪业的一个出路。**

第51篇 郑全：中药在非洲猪瘟防控 中的作用及其效果评估 标准探讨

2019 年 12 月 23 日

▶ 作者介绍

郑 全

中医世家，职业兽医师，药理学博士，白求恩青年科学家委员会成员，山东巴德生物科技有限公司总经理。研究方向：中药有效成分筛选与复方中药的免疫调控机理。

▶ 引言

非洲猪瘟疫情形势十分严峻，全球已经有26个国家报告发生13 000多起疫情。非洲猪瘟病毒已在我国形成比较大的污染面，生猪产能急剧缩减，短期内难以恢复。想要实现生猪产能常态化发展，疫情防控是保障，疫情防不住，生产恢复就无从说起。那么，用中医的思维如何考量、如何落实呢？郑全分享《中药在非洲猪瘟防控中的作用及其效果评估标准探讨》，旨在促进国内生猪产业稳定发展，帮助养殖户寻找一条切实可行的抗非防瘟新道路。

非洲猪瘟是一种让养猪人闻声色变的烈性传染病。到目前为止，全世界还没有任何有效疫苗可以使用。防控非洲猪瘟只有2条路可走：**生物安全与提高猪群的非特异免疫力。**关于生物安全，主要从传染源与传播途径着手，降低病毒载量。关于生物安全的具体措施，本文不再阐述。

任何猪病的发生一定取决于3个因素：病原体毒力、病原体数量及猪的综合抵抗力，非洲猪瘟也不例外。

非洲猪瘟病毒的毒力，我们没法去改变。病原体的数量可以通过生物安全措施使其数量降低到最低，直到最低感染量以下。猪的综合抵抗力分为特异性抵抗力及非特异性抵抗力。特异性抵抗力往往通过疫苗实现，目前为止，非洲猪瘟还没有疫苗。非特异性免疫力包括组织屏障（皮肤和黏膜系统、血脑屏障、胎盘屏障等）；固有免疫细胞（吞噬细胞、杀伤细胞、树突状细胞等）；免疫分子（补体、细胞因子、酶类等物质）。

事实上，非特异性免疫力还与猪的黏膜表面微生物、黏膜分泌物相关。总体上，组织上层的微生态平衡，组织屏障的结构完整性，免疫细胞功能的正常及免疫相关的细胞因子的绝对值与相对比值的状态决定了猪的非特异性综合抵抗力。我想就中药防控非洲猪瘟的可能机理，中药提高非特异性免疫力的临床评估标准做一个简要介绍。

复方中药防控非洲猪瘟的现代药理学可能机理如图51-1所示。

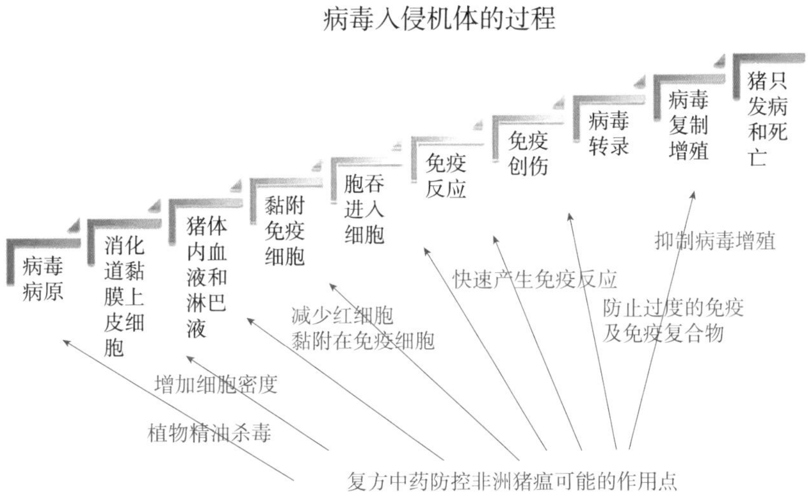

图51-1　复方中药防控非洲猪瘟的可能作用点

关于植物精油抑制病原体，本人认为，植物精油能够杀灭一些病原微生物，但在实际生产当中，因为精油非常容易挥发且价格贵，添加量受到限制，因此，实际效果需要临床检验。同时，哪些植物精油对非洲猪瘟病毒有抑制或杀灭作用，需要大量的科学研究。如果饲料中添加抑制非洲猪瘟病毒的物质，理论上能够阻断非洲猪瘟病毒从饲料传给猪，但在实际中使用效果如何，需要更多的科学实验。中药对肠道细胞的改变，效果非常显著且容易评估。很多研究表明，某些复方中药能够使肠细胞更紧密。检验方法也比较简单，通过猪肠道的组织切片就能够观察出来。另外，通过猪肠道的物理特性检测，我们会发现猪的肠道变得更有弹性和韧性。

非洲猪瘟病毒感染后，出现红细胞黏附在免疫细胞上的细胞聚集现象。病理学上，我们可以看作是血栓与血瘀。中药中很多能活血化瘀的中药，可增强血液的流动性、减少红细胞聚集。

中药对免疫力的调控作用非常确切。很多单味或复方中药能够起到免疫抑制作用，比如常用的雷公藤提取物等。很多单味或复方中药能够起到免疫增强作用，如常用的黄芪提取物、参麦饮等。机体在对抗病毒感染的时候，免疫机制的启动速度决定了疾病发展的最终结果。免疫机制启动越快，患病动物的存活概率越高。非洲猪瘟是免疫器官损伤性烈性病毒病，病毒损伤猪的实质器官的速度非常快，因此，需要提前把猪的免疫系统调整到最佳状态。

非洲猪瘟感染猪后，存在免疫系统过度反应的现象。可能是非洲猪瘟病毒侵害免疫系统，使免疫系统功能紊乱，也可能是非洲猪瘟病毒损伤机体的实质器官，受损细胞进一步刺激免疫系统，产生了针对自身细胞的免疫。过度的免疫反应使体温迅速升高，破坏了正常的体内生化反应。中药对免疫系统的调控是双向的，既能抑制免疫，也能增强免疫，能起到免疫平衡作用。从现代药理学的角度，中药对免疫系统的平衡作用主要体现在免疫相关的细胞因子的绝对数量正常及相对值平衡上。

中药中很多成分具有抑制病毒的作用，如乌梅黄酮、绿原酸等。中药中有效成分对病毒的抑制作用，其作用病毒的种类是有差异的。任何一种抑制病毒的物质要起效果，必须在体内达到最低抑制浓度。因此，试图依靠任何一种通过抑制病毒的模式去控制病毒病，必须要满足2个条件。一是在病毒感染48h内，才能起效果。一旦病毒进入细胞，任何抗病毒药都无效；二是必须每天服用，使抑制病毒的物质维持有效浓度。中药中抑制病毒的有效成分实际上含量很低。要想获得足够量的抑制病毒的有效物质，实际上需要大量的投入。因此，中药的抗病毒机理，往往是体现在对免疫的调控及抗机体损伤上，而不是直接作用于病毒本身。

复方中药作用于病毒感染的各阶段可能起的效果见表51-1。

表51-1　复方中药的可能功效

猪群	复方中药的可能功效
已经急性感染并出现明显症状	基本没有功效。原因：①猪体内的病毒已经达到致病的毒量并在机体得到大量繁殖；②大部分得病的猪基本上没有采食；③免疫系统已经崩溃，免疫调节没有意义；④实质器官已经损伤，短时间无法修复；⑤代谢紊乱，很难纠正
感染早期未出现症状或慢性感染	可以缓解病程的恶化及减少致死率，特别是当调节机体免疫的作用建立后，可降低猪的死亡率
未受感染的猪	在使用复方中药10~14d后提供保护作用，降低感染致病的风险

总之，试图通过中药去治疗非洲猪瘟等烈性传染病，是不切实际的。如果提前使用复方中药，使猪群处于一个良好的健康水平和平衡的免疫状态，能够提高非洲猪瘟感染猪群的门槛。

从传统中医的角度，我们如何对非洲猪瘟的病性进行辩证呢？非洲猪瘟属于瘟疫，和传统的温病有区别。明末清初传染病学家吴有性（1582—1652），明崇祯十五年，全国瘟疫横行，医生们都用伤寒法治疗，毫无效果。吴有性大胆提出"戾气"，于1642年编著了我国医学发展史上第一部论述急性传染病的专著《温疫论》。以往的医家在阐述病因时，始终没超越六气的致病范围，吴有性明确提出：温疫的流行并非六淫致病，而是戾气，他指出，戾气是一种"无象可见，无声无臭"的客观存在，戾气致病具有明显的传染性、流行性和散发性，他还发现，戾气是通过呼吸道侵害人体的，即邪从口鼻入。吴氏对传染病的治疗提出了"客邪贵乎早逐"的基本原则，主张"急症急攻，勿拘于下不厌迟"之说，力主早用攻下之法驱邪。这种有邪必逐，除寇务尽的观点很符合传染病的治疗原则。总之，古代医家吴有性针对传染病，强调"早"和"尽"。"早"的内涵应该包括早预防与早治疗2个方面。"尽"字应该包含彻底治疗感染个体与尽力消除传染源。这样的思路无疑和现代传染病处理思路是一致的。

针对非洲猪瘟感染不同阶段及临床症状，中医思维是如何辩证的呢？清代叶天士著有《温热论》，《温热论》把应用了几千余年的"六经辩证"发展为以卫、气、营、血4个层次为主体，由表及里的辩证方法。叶天士把外感温病由浅入深或轻而重的病理过程分为卫分、气分、营分、血分4个阶段。中医用卫气营血的辩证方法对临床表现进行综合分析和概括，以区分病程，辨别病变部位，归纳证候类型，判断病机本质，决定治疗原则。

温病发生前期，卫分证的证型：

（1）风热犯卫，症见：发热，恶寒，咽红或痛，鼻塞流浊涕，口微渴。

（2）暑湿犯卫，症见：发热，恶寒，无汗，头痛，身重，胃脘部痞满，心烦口渴。

（3）燥热犯卫，症见：发热，微恶风寒，皮肤及口鼻干燥，咽喉干疼，干咳少痰。

从传统中医思维的角度，非洲猪瘟前期的临床表现，如发热，拱料不吃等症状的证候应归为风热，暑湿，燥热。

温病发生中期，温热病邪由表入里，阳热亢盛的里热证候。气分病变涉及脏腑较多，证候类型比较复杂。

（1）邪热壅肺，症见：口渴，咳喘，胸痛，黄稠痰。

（2）热在肺胃，症见：喘急，烦闷，渴甚。

（3）肠腑燥实，症见：高热，腹满疼痛，大便秘结，甚者烦躁神昏。

非洲猪瘟中期临床表现为：发热，咳嗽，喘气，呕吐，便秘。通过临床表现，确认病变部位与脏器。非洲猪瘟是多器官损伤，因此表现出多种临床症状。

温病发生中后期，温热病邪内陷营阴的深重阶段，病位多在心与心包络。以营阴受损，心神被扰为特点。

中医归纳温病后期的症状为：热久伤阴，症见身热夜甚，口干而不甚渴饮，心烦不寐，神昏乱语或昏愦不语，或见斑疹隐隐。而非洲猪瘟中后期，耳部、腹部等出现紫色斑、血斑等临床症状。剖检特征为心包积液、心外膜出血等。这些临床症状与剖检特征很符合中医归纳的温病中后期的特征。

温病发生的后期，邪热深入血分而引气耗血动血的证候，是卫气营血病变的最后阶段，累及脏腑以心，肝，肾为主。

非洲猪瘟发展最后阶段的临床特征为：吐血，便血，斑疹，神昏等很符合传统中医温病的后期。

总之，叶天士医家针对温病用卫气营血去区分温病的不同发展阶段。根据疾病所处的不同阶段采用不同的中药组方来治疗。不过，因为猪是经济动物的属性，我们应该注重群体预防而不是个体治疗，应该注重正气足而邪不可干的治未病而不是治已病。温病的辩证是针对已病个体的辩证，因此，面对非洲猪瘟我们应该用中医思维去判断瘟病的阶段，力争在非洲猪瘟初期就淘汰掉已病的个体，同时进行大群的未病预防。

不同古代中医，针对瘟病阐述各异，我们要用历史的眼光、发展的眼光、辩证的眼光去学习，借鉴中医思维，更要用历史缔造者的高度去发展现代中医。

我们如何评估一款中药的免疫调理及消化系统康复功能呢？从科学的角度，我们可以通过免疫器官指数、玫瑰花环试验检测免疫相关的细胞因子等各角度去评估。

从生产实践的角度，我们可以通过注射特异免疫原，然后测定一定时期后的抗体水平，评估猪群的免疫状态。

在实际生产中，我们还可以采取简单但比较实用的方法去评估。比如，我们把猪群中生长缓慢的猪或僵猪挑选出来做简单实验。因为僵猪群体的消化系统和免疫系统非常脆弱。如果复方中药能够短时间康复僵猪的消化系统及免疫系统，使其恢复正常生长速度，那就证明该复方中药的功效。

1头亚健康的猪，往往从外表上也能反映出来，比如被毛粗乱、皮肤苍白等。因此，如果复方中药能把1头外表病态的猪调理成1头皮红毛亮、生长速度正常的猪，也能证实中药的免疫调理功能及消化系统康复功能。

免疫系统的最佳状态，不仅对提高非洲猪瘟感染猪的门槛有意义，且对提高猪群的健康程度有价值。如何评估一款中药的抗机体损伤功能呢？可以通过感染动物的病理组织切片观察获得结论，也可以通过实验动物的血液生化检测，评估机体各实质器官的损伤情况，最后做统计分析得出结论。中药具备良好的抗组织损伤功能，因此，一定能够降低感染非洲猪瘟病毒的猪的死亡率。这个结论，具有科研意义但没有生产实际意义，因为即使能够使感染非洲猪瘟病毒的猪的死亡率下降，但治疗过程，带毒猪始终是一个非常严重的传染源。因此，非洲猪瘟不能治疗，不仅是政治问题，更是一个实际生产问题。防控非洲猪瘟的复方中药配方的设计方向，我们一定要面向预防而不是治疗。

防控非洲猪瘟，生物安全与提高猪群的非特异免疫力同样重要。世界上，所有的事物都是相对的。绝对的生物安全是不存在的。任何抗病毒药也会根据不同的使用情况，分为无效、有效、显效3种结果。到目前为止，中药到底能提高多少非洲猪瘟感染猪的最低浓度，还没有一个具体的数据，但中药能提高猪群健康状态的这个结论是科学的。我们既要积极研究与科学使用中药，使中药为养猪业保驾护航，也要避免夸大宣传，误导广大养猪人。

最后，送广大养猪朋友们几句话：一般而言，不能提高猪群非特异性免疫力的防非产品都是没有价值的产品；不能提高猪群健康程度和生产性能的防非产品都是没有价值的产品；能减少应激反应的产品都有助于防控非洲猪瘟；仅仅通过药物就把猪养好的养户都会倒在非洲猪瘟面前。

专家点评●

　　第一时间拜读了郑博士的文章，首先是感觉到博士的思路清晰，对中药用于非洲猪瘟（病毒病）的陈述：是针对病毒抑制，对肠细胞的改变，还是对"免疫平衡"的调节？逻辑上十分清晰。其次，对相关内容的理解上有很多独到的地方。如，"……相关细胞因子的绝对值与相对比值的状态决定了猪的非特异性综合抵抗力"就很简练地将非特异性免疫的评价指标量化。"任何一种抑制病毒的物质要起效果，必须在体内达到最低抑制浓度""一旦病毒进入细胞，任何抗病毒药物都无效""中药抗病毒的机理往往是体现在对免疫的调控及抗机体损伤上，而不是直接作用于病毒本身""试图通过中药去治疗非洲猪瘟等烈性传染病是不切实际的"这些观点掷地有声。

　　作为中医世家，郑博士也对中医如数家珍，从吴有性《温疫论》"客邪贵乎早逐""除恶务尽"到叶天士的"卫气营血"都让我学习了不少知识。郑博士在叙述之中，既没有偏执一域，也没有见到任何想用现代医学的思想改造中医，而是很好地保证了各自独立体系，在文中相得益彰。

（点评专家：刘立茂）

第 52 篇　吕广骅：　体内外生物阻断的
理论与实践——以天津
猪世纪种猪公司为例

2020 年 10 月 4 日

▶ 作者介绍

吕广骅

猪世纪种猪公司创始人，
天津猪业协会副会长，英国猪
业协会中方代表，英国
Deerpark 育种公司董事、中
方代表。

非洲猪瘟在我国已流行两年多，从事养猪生产的同行们在疫情的重压下有的清场转
产，有的升级猪场生物安全措施继续复养，不断摸索"拔牙"方法，以便在高猪价机遇期
分得养猪红利。有的猪场已经对非洲猪瘟防控得很好，获得了非常好的效益。

随着大家对非洲猪瘟的认识和了解，相应的预防（环境和猪体内外生物安全措施）和
控制措施（环境、营养、消毒药物、中药等），完善的病毒检测机制和及时的"拔牙"方
案不断推陈出新，然而真正能够帮助猪场实现长期、健康、稳定生产的预防和控制措施才
是有效的措施，尤其是在新方案、新措施层出不穷时，以结果为导向的判定标准更具说服
力。两年多的时间，我们对非洲猪瘟疫情的防控先后经历了战略防御阶段和战略相持阶
段，当前正处于由战略相持阶段向战略反攻阶段转变的关键时期。当前非洲猪瘟疫情对我
国养猪业的影响虽有所缓和，但形势依然严峻，区域性、季节性疫情增多，如养殖密集区
域高发，养殖松散的区域相对发生率较低；春、夏季 4 月至 10 月南方高发，秋、冬季 10
月至次年 4 月北方高发。

　　猪世纪种猪公司是在我国经历两年多时间的非洲猪瘟疫情高发期间快速成长和发展壮大的一员。该公司各养殖基地能够稳定持续地安全生产，并实现养殖规模的扩大，这与其独特的预防措施和控制理念有着直接关系。

　　以猪世纪种猪公司天津艳晨种猪基地为例，该基地位于天津市武清区大黄堡镇小杨庄村西，紧邻国道，始建于 2009 年，占地 140 亩*，设施设备相对老旧，自动化程度不高（图 52-1），饲料以自配料为主，没有铜墙铁壁般的生物安全措施，人员普遍生物安全意识不高。然而，就是这样一个种猪养殖基地，其在非洲猪瘟疫情在华北肆虐之时，依然像一座被非洲猪瘟病毒绕道的"世外桃源"，安全、稳定地生产（图 52-2），没有受到非洲猪瘟病毒的影响，该基地的持久稳定生产也为公司的快速发展奠定了坚实的基础。

图 52-1　猪世纪种猪公司天津艳晨种猪基地紧邻 233 国道（原津围线），
生物安全硬件设施老旧，生物安全无法全面执行和落地

　　猪世纪种猪公司在我国发生非洲猪瘟疫情之前便开始采用国外进口的高端种猪（图 52-3）冷冻精液进行种猪育种工作，在国际育种专家的指导下自建育种群，形成了完善的育种体系架构，实现自育自繁自养的闭群饲养模式，避免了不断从外部引进种猪而出现生物安全无法保障的情况。猪世纪种猪公司自己培育的优质、高产种猪，在华北种猪企业云集的区域也打出了"猪世纪"种猪的口碑和市场影响力。

　　因为猪世纪种猪公司是种猪企业，实行疫病净化是必须的，因此猪世纪种猪公司各个养殖基地，在非洲猪瘟疫情发生前就已经开始探索猪场常见疫病的净化工作。在我国非洲猪瘟疫情发生前，猪世纪种猪公司就致力于打造种"猪蓝耳病抗原、抗体双阴"。猪世纪种猪公司在全场猪群普遍饮用口服碘制剂（下称"口服碘"）（图 52-4），以期实现全场猪群蓝耳病的净化过程中，逐渐摸索和提出"体内生物安全"的概念，即通过在饮水中添加口服碘和使用口服碘对猪进行喷鼻消毒，来清理饮水中和猪消化道、呼吸道黏膜系统表面附着的病毒，降低外界环境中病原微生物进入猪体内的频率，切断感染过程。

---

*　亩为我国非法定计量单位，1 亩＝1/15hm²。

图 52-2 母猪群满负荷生产

图 52-3 猪世纪种猪公司高端优质种猪

图 52-4　猪场全群使用口服碘制剂

口服碘主要成分为具有消杀作用的聚乙烯吡咯烷酮高分子络合碘，经权威实验室验证，口服碘对非洲猪瘟病毒有很好的杀灭作用和更高的安全性（常见的聚维酮碘溶液只能外用，不能口服）。口服碘特别的制作工艺，使其有效碘含量更高，消杀效率更高；络合更稳定，消杀作用更持久、更安全，无刺激；解决了碘的安全性问题，可以达到口服级别，使得口服碘不仅可以杀灭和清理猪饮用水中的病原，同时可以通过猪口服进入其体内清理病原，从而实现对猪体内外病原的阻断。

猪体内外生物阻断技术作为猪世纪种猪公司系统性防控非洲猪瘟疫情的重要一环。如果将"防非"比作抗洪，猪体内外生物安全阻断技术就类似于在源头控制水量。如果抗洪大堤残破不堪，哪怕再小的洪峰也会造成巨大灾害，此时提升猪的非特异性免疫力，不断拔高发病阈值，就如同修筑更加牢固的抗洪大堤，这样才能获得最后的胜利。

猪世纪种猪公司一贯奉行以猪为本的养殖理念。在猪的不同生长和发育阶段为其提供充足的营养补给，关注猪的健康状况（图 52-5）。在饲料中添加大量的优质发酵产物，保证猪肠道绒毛的完整和健康。在母猪阶段添加更高比例的优质复合纤维（甜菜粕、苜蓿草粉等），减少猪群应激的同时提升母猪的抗逆性和生产性能。同时更关注圈舍的通风换气，保证猪呼吸道黏膜的完整。笔者认为病原会通过呼吸道、肠道和破溃皮肤进入到体内，更多的关注黏膜系统的完整度，才可以更有效地防控非洲猪瘟。非洲猪瘟作为中国养猪行业最大的一次"黑天鹅事件"，其影响和危害空前，我们必须保证每一头猪都得到有效保护。在我国非洲猪瘟疫情伊始，猪世纪种猪公司就感受到问题的严峻性。病毒病对于西医领域来说，没有特效药物，但在中国传统医药领域，有很多理念和方案证明中药对病毒病有效。在非洲猪瘟疫情刚暴发时，猪世纪种猪公司就开始寻找针对瘟病的名医和组方，总结众家之长，结合临床症状和猪的体质，利用现代制药工艺，形成组方，在饲料中长期添加，达到了去邪固本的效果，给防控非洲猪瘟又建起一道屏障。通过系统的管理及精准的防控方案，猪世纪种猪公司在非洲猪瘟疫情发生两年后，不仅实现了猪场非洲猪瘟、猪蓝耳病和伪狂犬病的抗原、抗体全部阴性，同时实现了连续 3 年无大规模产房腹泻和其他细

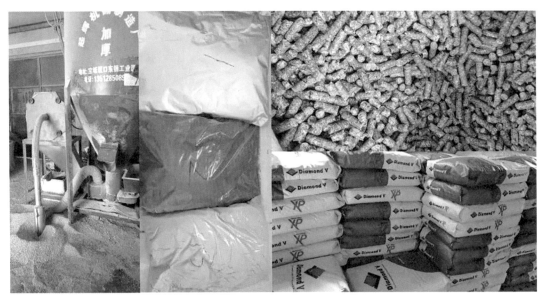

图 52-5　自配料、优质饲料添加剂、中药组方药物可根据猪的需要灵活添加

菌性疾病发生，显著降低了猪场的全程死淘率。非洲猪瘟的防控无非是从降低病毒载量和提高发病阈值两个方面入手，使用系统化思维去选择合理方案。通过管理和有效执行确保猪群免受非洲猪瘟的侵扰。鉴于猪世纪种猪公司养殖基地成功防控非洲猪瘟疫情和净化猪场常见疫病的情况，希望在非洲猪瘟防控由战略相持阶段向战略反攻阶段转变的关键期，能够为广大养猪从业人员提供新的、可借鉴的理念、思路和方法，为我国的"抗非"工作贡献力量！

专家点评●

　　非洲猪瘟在我国已经流行两年多，对我国的养猪业造成了沉重打击，生猪存栏锐减，猪肉价格居高不下。目前无商品化的非洲猪瘟疫苗和治疗性药物可用，生物安全防控是防控该病的主要措施。两年多的时间里，养猪企业、专家、学者等不断探索防控非洲猪瘟的密码。猪世纪种猪公司是成功防控非洲猪瘟的典范，该公司从育种、营养和体内外消杀等方面入手，在地理位置不佳、设施设备老旧、自动化程度不高的条件下，成功在非洲猪瘟疫情中存活下来，而且不断再扩大，个别疫病也得到了净化。本文中所提到的育种模式、猪的营养管理、口服碘和中药的使用值得参考与推广，可为我国养猪业疫病防控提供新的理念和思路。

（点评专家：孙元）

第八部分　非洲猪瘟疫情下的实验室检测

第53篇　樊福好：非洲猪瘟检测瓶颈之核酸提取与纯化

2019 年 10 月 19 日

▶ 作者介绍

樊福好

博士，研究员，动物疫情应急专家，曾任广东省养猪行业协会专家委员会召集人，现任农业农村部种猪质量监督检验测试中心（广州）质量负责人，兼检测室主任。在国际首创"健康评价体系"，提出"血液学"和"唾液学"应同时进行研究的看法。在非洲猪瘟防控方面，提出了唾液检测、饲料熟化、定点清除（拔牙式清除）、窗口期检测、营养冗余等概念。

非洲猪瘟在中国发生以来，关于该病毒实验室检测内容的讨论越来越多，取得的技术进展也越来越显著。从样本的采集、运输、保存到核酸的提取、扩增，任何一个环节出现问题，都会大大降低非洲猪瘟病毒检测工作的敏感性、特异性和可重复性。在 2018 年 8 月到 2019 年 3 月之间，这种检测敏感性较低的情况尤为突出。

唾液学检测具有较高的生产现实意义，该方法已经成为非洲猪瘟检测工作的首选方法。血液学检测过渡至唾液学检测的过程中，同样也出现了很多的问题，这些问题正在被逐步解决。

首先是唾液中病毒核酸被干扰的问题严重影响了唾液学检测技术的推广进度。唾液中的活性酶会大大缩短样本中目标核酸的半衰期，导致漏检率的居高不下，严重影响了定点清除（拔牙式清除）工作的效率。**不过，**随着各个试剂公司推出唾液样本保护液（Saliva Protesis），该问题已经得到较好的解决。

根据近期实验室研究比对得到的情况，病毒核酸的提取和纯化再次成为约束唾液学检测的另外一个重要瓶颈，这个问题如果不能及时得到解决，将大大阻碍非洲猪瘟疫情的防控工作。

非洲猪瘟病毒大多数存在于细胞之内，病毒核酸也被双层囊膜和多层蛋白质紧紧包裹，只有将病毒核酸彻底释放并纯化，才能实现核酸的有效扩增。在实际的实验室检测工作中，尤其是唾液学检测工作中，经常性出现漏检（假阴性）的情况，这些问题大大困扰了生产技术人员和实验室检测人员，严重制约了非洲猪瘟的定点清除工作和未来非洲猪瘟净化工作的成效。

根据现代生物技术研究的进展，病毒核酸的提取和纯化总体上可以分成3步：**核酸释放**、**核酸纯化**和**核酸收集**。

各个试剂公司出品的试剂盒均具有相对的不完备性，往往通过增加繁琐的步骤试图完成核酸的提取和纯化工作，但增加提取步骤会大大降低了核酸的得率，因此，**简化操作过程将成为核酸提取和纯化研究的首要任务**。

（1）核酸释放　组织细胞内和病原体内的核酸释放可以通过反复冻融法、机械研磨法和化学裂解法进行。无论采用哪一种方法，内源性和外源性核酸酶都会降低核酸的得率。实际操作中往往通过采用较低的温度条件、快速的机械研磨或加核酸酶抑制剂等方法避免核酸酶的降解作用。

（2）核酸纯化　裂解后的液体中除了含有核酸成分以外，还有大量的杂质，如蛋白、多糖以及其他化学物质。这些杂质不除去，可能会严重影响后续的核酸扩增。核酸纯化的常见方法有酚-氯仿法、膜（柱）吸附法（图53-1）和磁珠吸附法。由于使用了有毒有害的化学物质，酚-氯仿法基本上已经被弃用，而**采用吸附法纯化核酸将成为未来的主流**。目前的吸附法主要是硅膜吸附法和磁珠吸附法，其中，磁珠吸附法具有明显的优势。

（3）核酸收集　核酸的收集比较简单，吸附在膜上的核酸可以用纯水洗脱。但是，为了提高核酸得率并保护核酸，可以用特殊的溶液进行洗脱。EDTA会抑制后续的分子生物学反应，不建议使用 TE 进行核酸洗脱。

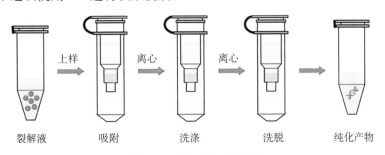

图 53-1　膜（柱）吸附法

膜吸附法核酸提取与纯化（柱提法）的商品化套装： 裂解液1瓶［建议使用棕色瓶保存，裂解液中要求包含助吸附成分（Binding buffer），减少操作步骤］，清洗液Ⅰ和清洗液Ⅱ各1瓶（建议使用白色或透明瓶保存，使用前往往需要加入无水乙醇或异丙醇），洗脱液1瓶，吸附柱（若干）。

膜吸附法核酸提取与纯化的标准操作程序：

（1）裂解　取离心管，管内加入待检液体样本 $200\mu L$ 以及裂解液（Lysis buffer）$600\mu L$，轻摇、混匀。

（2）吸附　吸附柱内加入上述裂解液体 600μL（上述离心管内剩余的裂解样本可留作备份），$1×10^4$r/min，30s，弃液。

（3）清洗Ⅰ　吸附柱内加入 600μL 清洗液（Wash buffer Ⅰ），$1×10^4$r/min，30s，弃液（重复此步骤 1 次）。

（4）清洗Ⅱ　吸附柱内加入 600μL 清洗液（Wash buffer Ⅱ），$1×10^4$r/min，30s，弃液（重复此步骤 1 次）。

（5）收集　更换套管，吸附柱内加入约 50μL 洗脱液（Rinse buffer），$1×10^4$r/min，30s，保留滤液，冷冻保存，备用。

若采用该标准程序，基本上可以在 10min 之内完成核酸提取和纯化的操作步骤，大大缩短后续分子生物学操作的时间。

磁珠吸附法具有自动化的特点，非常适合机器多样本操作。但是，对于少量样本，亦可以用手工进行磁珠法提取核酸，省略了离心步骤，比膜吸附法具有更加明显的优势。具体操作方法建议如下（图 53-2）：

（1）裂解与吸附　取离心管一个，加入待检液体样品 200μL，裂解液 600μL，加入磁珠液 20μL，混匀；将磁铁靠近离心管侧壁，倾倒或吸掉液体。

（2）清洗Ⅰ　加入清洗液Ⅰ 600μL，撤离磁铁，上下颠倒，混匀；将磁铁靠近离心管侧壁，倾倒或吸掉液体；重复一次。

（3）清洗Ⅱ　加入清洗液Ⅱ 600μL，撤离磁铁，上下颠倒，混匀；将磁铁靠近离心管侧壁，倾倒或吸掉液体；重复一次。

（4）洗脱　加入洗脱液 50μL，撤离磁铁，混匀；将磁铁靠近离心管侧壁，收集液体，即为核酸纯化样本。

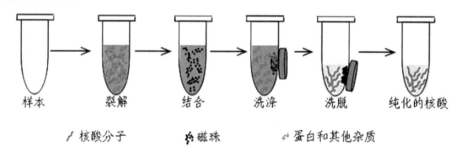

图 53-2　磁珠吸附法

注意事项：

固体组织样本、环境样本或浑浊的体液样本（唾液、粪便、尿液、痰液、黏液），预先用裂解液处理，离心后取上清使用；磁铁靠近试管并倾倒液体时尽量不要残留液体。

另外，样本（含保护液）熟化技术和带磁珠扩增对于提高扩增效率和安全性具有更加重要的意义，值得进一步探索。

核酸提取与纯化的未来发展方向：

（1）操作简单化　尽量不使用酶类（如蛋白酶 K 等）成分，提高试剂存放的便捷性；减少操作步骤或实现机器自动操作。

（2）试剂环保化　避免提取和纯化试剂中包含有毒有害的物质，尤其是禁止使用挥发性有毒物质（如酚、氯仿、巯基乙醇、二硫苏糖醇等），这些物质可能会对实验室操作人员造成身体的伤害。

（3）核酸优质化　如果提取的核酸用于 PCR 等反应，建议提取总核酸（DNA 和 RNA），减少分步提取的繁琐程序，通过特殊的方法保持核酸一级结构的完整性并减少核酸之间的物理缠绕。对于猪群的检测来说，一次性提取的核酸可以用来检测猪瘟、蓝耳病、非洲猪瘟、伪狂犬病和圆环病毒病以及细菌感染等，大大减轻检测工作的负担。

综上所述，猪群病原体的核酸检测工作研究任重道远，值得进一步深入探索。

第 54 篇 王长年 赵俊娜：非洲猪瘟防控，岂容"烽火戏诸侯"？——浅谈 PCR 实验室环境污染的监控措施及规范化操作流程

2020 年 1 月 22 日

▶ 作者介绍

王长年

IDEXX 高级商务总监。毕业于中国农业大学，养猪技术专家，具有丰富的现场管理经验和兽医专业化管理水平，擅长于猪病诊断、控制和净化工作。

2005 年加入 IDEXX 公司，主要负责产品的市场策略、策划、推广和技术支持工作。

赵俊娜

武汉爱诺科技有限公司总经理，在职兽医专业博士，师从华中农业大学农业微生物重点实验室李祥敏教授，专长生猪健康评估，免疫方案及保健方案制定，7 年一线规模化猪场服务经验，非洲猪瘟发生以来，协助多家规模化猪场建立疾病检测实验室，把生物安全防控意识融合到养猪生产行动细节中，规范养殖生产，形成了一套行之有效的防非"拔牙"的方案。

▶ 引言

不以规矩，不能成方圆。实验室环境污染的监控措施及规范化操作流程都是经过长期实践、广泛验证的有效措施，我们只要高度重视、规范化操作就能大幅度降低管理中的风险。毫无疑问，实验室的检测、监测在防控非洲猪瘟方面起到了非常重要的作用！王长年、赵俊娜分享《非洲猪瘟防控，岂容"烽火戏诸侯"？——浅谈 PCR 实验室环境污染的监控措施及规范化操作流程》，推动实验室标准化与规范化运行。

随着非洲猪瘟的来袭，国内荧光定量 PCR 实验室如雨后春笋般地快速发展。荧光定量 PCR 方法已成为非洲猪瘟防控过程中最常见的手段。我们通过调查发现，随着检测量的增加，各实验室的环境污染问题日益突出。2019 年初，仇华吉研究员多次在国内非洲猪瘟防控会议上，呼吁大家在做非洲猪瘟检测和监测时，务必要防止实验室本身所造成的污染问题。

自此，如何建立实验室，如何防止实验室的污染问题也逐渐引起了大家的关注和重视。我们通过与诸多实验室共同地努力和不断地优化，逐步建立了一套荧光定量 PCR 实验室的环境污染监控和处理方法，分享给同行，供大家参考。

一、实验室的设计和布局

1. 关于 PCR 实验室的设计和布局 PCR 实验室设计的科学与合理是保证实验结果准确的必备条件。我们常见一些实验室由于在设计上的缺陷，导致实验室的环境污染难以去除，甚至不能再进行 PCR 检测或不愿意使用高敏感的试剂盒来检测（"鸵鸟策略"）。

标准化的 PCR 实验室设计最主要考虑的 2 个方面：①各区独立；②注意风向。

PCR 实验室的分区我们按照污染程度可分为试剂准备区、核酸提取区、PCR 扩增区，普通的 PCR 实验室还有产物分析区，其污染程度依次增大。PCR 实验室各个相对独立的区域内要做好正负压的控制，简易的实验室可以安装不同数量的排风扇来实现不同区域的压差。严格分区还要注意实验室内的空气在不同区域的流向问题。我们要防止扩增产物顺空气气流进入上游扩增前的"洁净"区域。因此，实验室科学的通风设计在去除气溶胶污染方面是非常有帮助的。

2. PCR 实验室的设计中常见的一些错误 我们参观和了解过许多实验室，发现有些 PCR 实验室的设计存在严重的问题。下面是一些常见的设计错误，希望能够引起大家的注意。

（1）中央空调互通 这样就造成实验室各区域的互通，非常容易造成整个实验室的污染，进而不能使用。因此，需要在各区域另行安装分体式空调或者安装 PCR 实验室专用的分区通风系统。

（2）隔断不密封 有些实验室在分区设计时，只是考虑实验室在形式上的分区（各区分割不完全，有相通之处；各区之间无缓冲间；或者即便有缓冲间，却在装修时采用家庭装修模式——吊轨式推拉门或者平开门，门的下面留有缝隙等）。

（3）传递窗不密封 如果传递窗不密封，虽然有时方便了试剂、物品在不同实验区间的传递，但同时也增加了交叉污染的风险。一个合格的传递窗应是双开门且密封严实，并且两边的门最好设置连锁装置控制（即一次只能开启一扇门）。此外，传递窗内应配有紫外灯照射装置，并在每次使用后立即进行照射。

二、实验室环境污染的监控体系建立以及相关问题的处置方法

1. PCR 实验室环境污染监控的重点　PCR 实验室环境污染监控和猪场环境监控的关注点是不一样的。在实验室层面，主要是关注产物和气溶胶的核酸污染问题；而在猪场，则关注对病毒污染的监测。因此，我们对于 PCR 实验室的监测关注点在重点区域和关键仪器设备方面。

（1）实验区域　按区域采样：试剂准备区、核酸提取区、PCR 扩增区。采样重点是在操作台面和控制按钮、冰箱门把手、离心机、枪头盒盖等。

（2）仪器耗材　移液枪、离心机、涡旋振荡器、核酸提取仪、PCR 仪等。

2. PCR 实验室的环境采样　实验室环境采样需要使用**专用拭子**（一般长度在 10～15cm，易折断为佳）。使用时将它浸入装有 **350～500μL** PCR 级水的 1.5mL 离心管中，然后将拭子在离心管壁上适度挤压，去除多余的水。注意：在不同区域采样时需更换拭子。

将拭子在长约 30cm 的取样区域旋转擦拭 2～3 次（台面或离心机内表面）。然后将拭子放回离心管，涡旋振荡 10～15s，洗脱拭子上捕获的核酸。

按上述方法去除拭子上的水，剩下液体作为检测样品。具体采样检测操作见图 54-1。

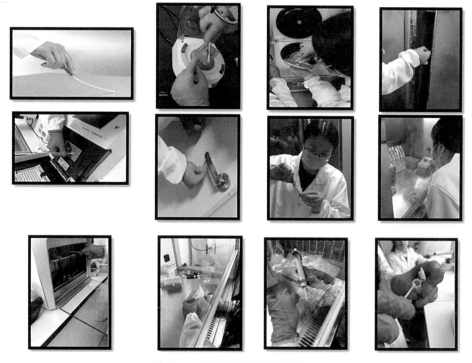

图 54-1　PCR 实验室环境采样

　　3. PCR 实验室气溶胶污染的监控　气溶胶污染的监控主要针对超净工作台和生物安全柜，可以采用**空气采样**方式。将 6～8 层纱布，其面积为 **30cm×30cm**，用 PCR 级水或无核酸残留的纯净水浸润，打开风机，将其放在出风口 5～10min 后取出。将纱布放在带盖的塑料离心管内，涡旋振荡 10～15s，洗脱纱布上捕获的核酸。或者，将装有 **30～50μL** PCR 级水的 1.5mL 离心管，敞开盖放置在不同的监测区域 12～24h 采样，然后进行检测。

　　4. PCR 实验室环境监控频率　可以根据实验室不同的等级划分和检测样本的情况，采取如下 3 种频率进行：①一般实验室监控频率可以每周或每 2 周监测 1 次进行（基层实验室）。②检测样本非常频繁，需要增加监控频率，每周监控 1～2 次（集团中心实验室）。③国家参考实验室：要求每天必须进行实验室环境监控（专业参考实验室）。

　　5. PCR 实验室环境监控配套试剂　PCR 实验室环境污染的监控需要配备专门的配套检测试剂。IDEXX 可以提供各 PCR 实验室环境监测所需要的相关产品，帮助大家更专业地评估和及时发现实验室可能存在的污染问题（表 54-1）。例如：①IDEXX RealPCR™ ASFV DNA Mix；②IDEXX RealPCR™ PC DNA Tracker（阳性对照追踪 DNA 检测混合液）；③IDEXX RealPCR™ Signal Check（QC 细菌 DNA 检测混合液）。

表 54-1　实验室环境监控结果解读

靶目标*	PC Tracker	Signal Check	结果解读	解决措施	
×	×	√	无阳性样本或阳性对照污染	不需要	
√	√/×	√	阳性样本或阳性对照污染	清除污染	重新检测
×	√	√	阳性对照污染	清除污染	重新检测
×	×	×	实验失败、试剂准备错误或拭子洗脱液中存在抑制剂	重新检测	

注：* 根据具体实验室检测内容来确定。

　　6. PCR 实验室环境污染处理措施

　　（1）方法一　将 84 消毒液配置成最终有效氯浓度为 **2000 mg/L** 的溶液，对重点污染区进行擦拭；孵育 5min 后，用洁净的纸巾擦拭干净，再用清水或 75％酒精进行 2 遍清洗。

　　（2）方法二　使用商品化核酸清除试剂（如 **DNAZap、DNAOff 或 DNAAway**）进行处理。使用时直接将商品化试剂喷涂于需要处理的区域，孵育 5min 后用洁净纸巾擦拭干净后，再用清水或 75％酒精进行 2 遍清洗。同时建议配合房间的紫外灯和移动紫外灯（照射高度 30～50cm）对重点污染区、离心机、PCR 仪等进行照射。消毒完后再进行各房间的通风。

　　7. PCR 实验室高风险污染区域的处理方法　①单按钮移液枪：缓慢匀速移液。各区的移液枪要单独使用且应有各自的标识；使用后，移液枪锥嘴处及表面用 75％酒精溶液清洁。若使用过程中发生污染，应及时对移液枪锥嘴使用 75％酒精浸泡 15min。可考虑使用 **Eppendorf R-Ⅱ移液枪**（防止气溶胶污染）。②离心机：每次实验开始前，用 75％酒精擦拭离心机（外表、转子及内壁）。每次实验完毕后，先用 **84 消毒液浸泡过的软布**擦洗离心机，再用洁净的湿布擦洗，待干后盖上机盖。每月使用中性去污剂清洁转子与离心室

（打开离心机盖，拔掉电源线，用专用设备将离心机转子旋下）。③qPCR 仪器：定期清洁热盖和反应槽。具体方法是关机后，将反应槽取出，打开热盖，用 95％酒精或异丙醇浸透的棉棒擦拭反应孔（逐孔擦拭，污染严重时需逐孔更换擦拭所用的棉棒）和热盖，待酒精或异丙醇挥发后再将反应槽安装好，将热盖恢复原位。若发生污染严重时，则改用中性消毒液，按上述步骤消毒，然后再用 95％酒精或异丙醇擦拭。

实验室环境监控出现污染并处理后，仍需要对处理后的效果进行**二次评估**，确定没有污染后才可以进行实验。

三、PCR 实验室人员的培训

PCR 实验室人员必须具有专业的素养，必须对实验室检测、监测方面非常清晰和了解，定期进行回顾和培训。建立标准的工作程序以及实验室各种规章、制度等。

四、PCR 实验室规范化操作流程

建立 PCR 实验室标准操作流程（SOP）非常重要。我们只有建立了良好的 PCR 实验操作规范，才能有效降低实验室环境的污染的发生，使我们的检测结果更为准确。

1. 实验前　准备工作：①进入不同区域要换不同的拖鞋、穿不同的工作服，戴上手套、口罩等。②每日检测前开启紫外灯和移动紫外灯：距离台面 30～50cm 照射 30～60min。③开启排风柜，保证检测区域空气单向流动。④试剂、耗材的准备，特别是在装枪头的时候必须戴 1 副全新的手套。⑤标记好样本。

2. 实验中　减少试剂、器具被污染的风险。①按照规程处理样本；试剂在前，样本在后。②最好使用带滤芯的枪头（防止气溶胶的污染）。③开管盖时需防止液体接触到手套；操作全程注意防止液体的飞溅和洒出。④加样顺序：阴性对照、待检样本、阳性对照（不建议使用高浓度核酸或质粒作为阳性对照）。⑤保存数据，清理废弃物。

3. 实验后　及时清理，保证环境洁净。①将吸头、离心管、PCR 产物等用消毒液浸泡处理。手套、口罩、鞋套放在指定垃圾桶内。若条件允许，则将废弃物与样品一同焚烧处理；或者与第三方合作处理。②用 84 消毒液（按照有效氯 **2 000mg/L** 浓度，现配现用）擦拭移液枪、仪器（注意 PCR 仪等属于精密仪器，不建议使用 84 消毒液）、台面等，作用后再用清水擦拭干净，紫外灯照射。**依次清洁各区的实验台面和地面。各区清洁消毒工具均为专用。注意按照单一方向流程的原则进行清洁。**

五、结束语

非洲猪瘟防控，实验担当。在非洲猪瘟防控过程中，实验室的检测、监测起到了非常重要的作用。通过 PCR 实验室科学的设计和布局、关注通风和风向、定期进行环境污染的监控和处置，能大幅度降低 PCR 实验室的污染，增加检测结果的准确性，从而为实验室人员树立信心。同时，注意实验室操作人员专业化的培训以及 PCR 实验室人员规范化的操作，对于获取准确的实验室结果也非常重要。

感谢仇华吉研究员提供了非常宝贵的建议和意见。感谢 IDEXX 的同事徐灵龙、李敏华、李昭春、宫大庆、崔保亮提供了非常好的素材和经验分享。

专家点评

实验室检测结果的准确性事关猪、猪场、猪场经营者的"生死抉择"，而影响实验结果的准确性中最重要的一环就是如何控制好实验室的环境污染问题。本文作者深入浅出地将 PCR 实验室的设计、实验室环境污染的监控方法及处理建议以及规范化操作进行了详细地描述和介绍，非常有助于各级 PCR 实验室的参考和借鉴。

非洲猪瘟俨然上升为事关国计民生的"大事"。非洲猪瘟防控逐步进入深水区，但目前所有的经验、教训、成功案例等都仅代表的是"阶段性的"或"过去式的"成果，离根除非洲猪瘟的目标还有很长的路要走。所以，我们必须时时刻刻都要对非洲猪瘟高度重视！我们希望在防控非洲猪瘟的战役中，所有的实验室非洲猪瘟检测和监测的结果都是准确的。

非洲猪瘟已起，非洲猪瘟检测不可儿戏。我们也期待着业界同仁们从各自专业的角度为赢得这场战役而出谋划策。中国的抗非战役将注定会成为中国历史上最伟大的"战役"之一。

（点评专家：仇华吉）

第55篇 陈家锃：过度检测，适得其反——检测在非洲猪瘟防控中的科学应用

2020年3月10日

▶ 作者介绍

陈家锃

预防兽医学博士，从业以来为多家养殖集团提供兽医服务和检测人才培养工作。目前任天津瑞普生物技术股份有限公司渤海农牧产业联合研究院总经理，负责GLP、GCP和CMA体系下相关实验室和实验动物中心的管理。

▶ 引言

非洲猪瘟是由非洲猪瘟病毒引起猪的一种急性、热性、高度接触性动物传染病，为了早发现、早防控，最大限度地降低损失，寻找快速、准确、高效的检测方法是当前比较紧要的任务。实时荧光定量PCR是实验室快速检测非洲猪瘟的常用方法。大型养猪企业可建设非洲猪瘟检测实验室，当猪场周边和自己猪场受到威胁时，做好疫情排查与监测，为疫情处置和精准清除提供技术支撑。但通过考察发现，检测体系与养殖一线的协同刚刚起步，缺少科学合理的采样方案，导致过度检测，耗费检测资源。接下来，陈家锃分享《过度检测，适得其反——检测在非洲猪瘟防控中的科学应用》，旨在为养猪人提供新思路。

核酸检测在生物安全防控和定点清除中的作用毋庸置疑。部分养殖集团已经建立了由中心实验室、区域实验室和快检实验室为基础的非洲猪瘟检测响应体系。部分规模化猪场也配备了荧光定量PCR检测仪等设备，开展外围生物安全的监测。在定点清除中，通过在猪场内的快速检测也满足了对检测时限的要求。但笔者通过考察发现，检测体系与养殖一线的协同刚刚起步，缺少科学合理的采样方案，突出的表现是过度检测导致耗费检测资源，并可能降低检测结果的可靠性。

一、过度检测产生的问题

1. 常见问题一　平时风平浪静，样品量少，实验室检测结果相对准确。一有风吹草动，生产体系即开始全群采样排查。检测人员加班加点对样本进行检测，一段时间内有可能出现多份样本可疑。对可疑样本更换试剂盒复检，样品结果可能又呈阴性。

主要原因有：①没有根据统计学规律、猪群分布特点和疾病传播特点制定采样方案，导致样本量过大，检测量超过了实验室的承载能力；②实验室中缺少清除气溶胶的环境控制设施，阳性对照或阳性样本由于 PCR 管材密封不严或操作中的交叉污染，逸出气溶胶导致污染后续样本，尤其是在针对超出承载能力的样本量时，更易产生失误。

2. 常见问题二　生产体系以周为节律，对猪群进行筛检，以求在非洲猪瘟潜伏期内第一时间发现病原体。由此产生大量样品，采样和检测人员多班倒。猪场一旦真正发病，往往多点发病。

主要原因有：没有根据风险级别制定对应的采样方案，"体检"的频率过高，采样工作强度大，在采样过程中生物安全工作执行不到位，一旦出现感染源，采样过程可能也是散毒过程。

二、如何科学采样，让资源合理配置？

1. 明确责任主体，负责检测方案的制定和与检测中心的协调　检测工作应由了解猪场猪舍实际情况的兽医（生产管理型兽医）发起，并由检测中心负责人根据样品检出情况与驻场兽医共同制定下一阶段的采样方案。明确责任主体，让专业的人负责制定检测方案，不但可以保证检测结果更加可靠，也能通过样本的科学分布确定最小的排查范围，这是节省人力、物力，发挥检测最大效能的前提。

2. 监测有侧重点，制定不同场景下的监测与检测预案　监测和检测的频率与风险等级密切相关，需根据风险等级建立检测联动机制。①在风险等级较低时，日常监测的重点应是车辆、人员、物资等来自外部的威胁。可定期对猪场周边的环境进行定期的排查，如在春节期间，针对周边有杀"年猪"的情况出现时，需要对环境进行采样检测，对进出猪场的车辆、物资和人员也要加大检测的强度。当周边出现死猪时，需要对地表水进行检测。②当周边环境中人流、物流、车流中检出频次增加时，表明猪场面临的风险在增强。除增加消毒频次外，此时可加大对猪场内环境的检测。可对人员、粉尘、水源、道路、污水池、工具、衣物等区域增加检测频次，以督促生物安全制度的落实，通过检测也能掌握猪场的风险点，并能及早制定对风险点的预案。③全群性排查工作不宜过频，应以异常猪的日常监测为主。猪越来越金贵，猪场希望通过逐头检测尽可能减少冤杀猪的想法无可厚非。但有些猪场以 7d 为节律进行猪群排查，采样多，随之而来会造成检测任务重，检测过程中难免出现交叉污染等问题。对于猪群普查的启动要以猪场的风险等级、猪群健康状况为参考依据，如当外围出现多起车辆或人员检出阳性时或进出人员频次较大时，兽医团队可以针对猪群进行排查，辅助以猪栏、料槽等环境样本以便排查得更彻底。随着非洲猪瘟潜伏期的延长，除了核酸检测外，还可以结合抗体监测进行普查，抗体监测可每年监测 2~3 次。④对猪群，尤其是针对异常猪的日常监测，要常抓不懈。规模化猪场往往从妊娠母猪开始发病，针对妊娠母猪，只要发现剩料的，就要立即进行唾液或鼻拭子采样检测。针对育肥猪中的异常猪，出现精神状态不佳、拱料不食、喜卧的猪，可通过唾液、鼻腔液或直肠拭子进行采样确诊。

3. 启动定点清除前先确定感染范围，可减少样本量 大多数猪场进行定点清除时，往往先对猪逐头检测后再对感染猪进行清除，这种操作方法在时间上滞后，人员操作存在交叉传播的风险。可先根据猪场猪舍分布，以单元格模式在各区域对异常猪和环境进行采样，先确定风险的区域后在此区域内再筛查，定点清除效率会更高。

建议采取以下步骤进行操作：①发现阳性猪后，先按预定的清除路线将发病猪移出猪舍。剔除过程中可对剔除的每头猪进行采样，检测感染比例和病毒载量（此数据可作为对周边猪群处理或监测的依据）；②对送检不便的猪场，确诊后可以依据临床症状对易感猪和疑似猪进行淘汰（而不是等待检测结果出来再淘汰，以免延误战机）。在对减料不食的猪剔除过程中仍需对其进行采样，此数据可作为后续淘汰力度的依据；③以检出的阳性的猪栏为圆心，对周边栏的通道和栏杆进行环境检测，对区域内的异常猪进行采样检测，从而确定有几栋猪舍发病和可能感染的危险区。对人员交叉情况进行分析，确定需监控的区域。在监控区内开展 2 个潜伏期的监测与排查，以相对静默的方式进行排查，减少猪群的应激；④在对风险区内猪进行剔除时，按时间轴线绘制不同时间点的病毒载量和检出率的变化趋势，以便评价疫情控制的效果，从而及时调整消毒和管理方案；⑤猪群在 2 个潜伏期内未出现新的阳性个体后，仍需持续对环境样本（尤其是污水池等区域）监测 1 个月，以监督生物安全措施的落实，彻底清除猪场内的病原体。

三、如何使检测结果更加可靠？

1. 采样流程培训和相关装备的配备是结果可靠的前提 除需对一线操作人员进行采样流程培训之外，还需配备必要的采样工具、消毒和防护措施，从而降低交叉污染的概率。对于样本的保存可配置相关工具，如唾液样本容易被降解，可配备冰盒、样品保存液、运输时配备专用的保温箱，都是保证结果可靠性的前提。采样过程中最好设置双人、专人记录、互相监督，保证采样的正确和信息的准确。

2. 以可靠样本进行确诊是启动定点清除的核心 确诊仍是第一要务，在此笔者并不是否认唾液或鼻拭子在提前发现传染源中的价值，但仅仅根据唾液或鼻拭子核酸呈弱阳性就启动定点清除或呈阴性就排除感染风险，笔者认为都是有待商榷的。因为无论是在采样过程还是检测环节，都存在误诊的可能，唾液或鼻拭子样本病原体丰度不高，在采样和运输过程中降解也是导致其不可靠的原因之一。

在猪场首次出现唾液或鼻拭子核酸阳性结果时，本着宁可信其有的观点，可以先对猪进行隔离，并在 2～3d 后对这些猪采集血样复查。采用血样检测的风险性相对较小，一方面非洲猪瘟感染早期不会出现凝血不良；另一方面，血样采集的方法出血量是可控的，不会造成大面积污染。病毒在血样中受外界干扰少、病毒载量高、更可靠；需要在隔离期内对猪舍做好相应的消毒措施。

3. 养殖集团应建设标准化的中心实验室　荧光定量 PCR 非常敏感，容易受到气溶胶的污染，可靠的硬件设施是结果准确的保障。养殖集团可参照 2010 年农业部颁布的《兽医实验室生物安全要求通则》的要求建设实验室，其中 PCR 实验室应该由四分区组成，四分区有独立通风和空调系统，设定缓冲和气压流向更有助于降低实验室上游污染的概率。养殖集团的中心实验室可作为仲裁机构，对结果进行最终的确认，并开展对体系内的区域实验室的盲评，以便于建立更可靠的检测系统。

4. 区域实验室可通过改造通风设施降低气溶胶污染　①实验室设计按试剂配制区、样本制备区、PCR 扩增区进行物理性分区，每个区域都要保障独立通风，对于 PCR 扩增区需要设置大功率排风扇不间断的将气溶胶排出试验区域；②加样和试剂配制需在生物安全柜中完成（非超净工作台，超净工作台仍然是气体内循环的，不能有效清除气溶胶），如没有生物安全柜，通风橱是高性价比的解决方式；③下班后实验室需保持密闭状态，关闭排风扇，打开紫外灯，以消除环境核酸污染；④实验室内需定期消毒，除用紫外线照射外，可用氯制剂，如 84 消毒液去除试验台和地面的核酸污染；⑤移液器、离心机均可用稀释后浓度为 30% 的 84 消毒液擦拭，但在消毒后需用清水反复擦洗干净；⑥选择有内参的检测试剂，通过内参曲线可监控实验操作人员的操作是否规范。此外，内参的 Ct 值及曲线可反馈 PCR 反应的效率，可降低由于样本抑制 PCR 反应但被误判为阴性的可能；⑦实验室需准备 2～3 种试剂盒，一旦疑似假阳性时，可先用另一种试剂进行复核，如另一种试剂盒检测为阴性，极有可能是存在 PCR 产物的气溶胶污染。需从硬件设施、操作、耗材（如 PCR 管密闭性是否良好）等方面找到污染的原因。

四、小结

过度检测是对检测资源的浪费，日常监测应重点在外围监测和对**异常猪的确诊**上。即使是在紧急情况下，也需要专业人员在充分了解猪场现状的前提下，根据统计学制定相应的检测方案，合理的采样发挥检测的效能。

为了保证检测结果的可靠，兽医应加大对基层采样人员的采样流程培训和监督考核，让生产体系和检测体系形成合力。在硬件设施上，建设标准化 PCR 实验室是降低污染的基础，养殖集团需要建设高标准的中心实验室作为终评机构。

相信在 2020 年我们必然在非洲猪瘟防控体系上更上一层楼，养殖集团会以检测数据为基础，更为合理地进行风险预警与猪群排查，定点清除的方案会更精准、更有效、损失最小，这需要检测中心将数据统计和临床工作相衔接，这更需要 2 个体系深度的融合。**坚信中国养殖人的聪明才智和不懈努力，最终能战胜非洲猪瘟。**

专家点评●

　　自非洲猪瘟传入国内后，我们很多猪场逐渐意识到检测和监测的重要性，并陆续建立了各自的检测实验室。基于对非洲猪瘟传入风险的分析，我们对关键风险点进行监控是非常有必要的。在具体的工作中，我们需要注意以下3点：第一，强化针对非洲猪瘟的生物安全流程设计，注重清洗、消毒效果的评估。检测、监测是为了及时发现可能存在的风险，逐步优化和改善工作流程，建立科学合理的标准操作程序。一旦流程建立，就可以采用编组抽查的方式进行采样和检测，避免过度检测而造成实验室超负荷运转、检测人员打疲劳战。第二，实验室的检测结果是疫病诊断的一种重要的参考，但不是唯一的依据，还需要结合生产实践、流行病学调查、临床表现、病理病变等进行综合判断。第三，我们要充分认识实验室检测的局限性。检测结果经常会受到临床采样、样品的运输保存、检测方法、操作过程、实验室布局等方面的影响，可能出现假阳性或假阴性的结果。

　　本文作者陈家锃博士结合其临床抗非经验，提出"过度检测，适得其反——检测在非洲猪瘟防控中的科学应用"。首先，他强调要依据统计学规律，根据猪群分布特点和疾病传播特点制定科学的采样方案，并关注环境污染（如气溶胶）。不恰当的过度检测会导致检测效率降低，时间、金钱投入多，导致检测结果的错误。其次，他提出如何科学采样、合理配置资源，不仅"授之以鱼，还能授之以渔"。最后，针对实验室检测，提出关注采样流程、设备配置、疫病诊断、实验室标准化和气溶胶污染等方面，以提高检测结果的可靠性。希望大家尽可能做到精准检测、持续提升、管控风险、助力抗非。

（点评专家：王长年）

第56篇　吴家强：非洲猪瘟监测的误区和盲点

2020年6月20日

▶ 作者介绍

吴家强

博士，山东省农业科学院研究员，博士生导师，山东动物学会副理事长，山东省畜禽疫病防治与繁育重点实验室主任。主要从事兽医免疫学和新型疫苗研究，获得省部级以上科技奖励11项，主编著作7部，发表论文160余篇（SCI收录44篇），制定国家标准和地方标准11项，获得国家万人计划领军人才、泰山学者特聘专家等荣誉称号。

▶ 引言

非洲猪瘟是严重危害养猪业的烈性传染病，临床上以高热、多发性出血、高死亡率为主要特征，每年给世界养猪业造成巨大的经济损失。目前，市场上尚无安全有效的商品化非洲猪瘟疫苗，主要通过严格的生物安全措施和精准的清除技术对该病进行综合防控。快速、准确、敏感的检测技术在非洲猪瘟综合防控中发挥着关键作用，但本病的监测存在以下误区和盲点。

一、忽视监测，造成非洲猪瘟病毒传入场内

（一）忽视引入后备种猪的监测，致使病毒随着引种传入场内

为此需要注意以下两点：

（1）猪群入场前，一定要进行隔离检疫，一般最短隔离检疫时间为21d，同时需密切

观察猪的临床表现。隔离之后经非洲猪瘟核酸检测和抗体检测均为阴性并经过常见疾病的驯化后方可入群。若发现非洲猪瘟核酸检测阳性结果，则需要进行后备猪群的精准清除，非洲猪瘟核酸检测阴性猪将继续隔离21d。

（2）为防止漏检，最好同时开展核酸和抗体检测。猪感染非洲猪瘟强毒一般会在10d内死亡，弱毒一般在感染后7~14d检测到抗体。在自然条件下，猪接触感染性病毒后第6天左右可在口腔（或鼻腔）拭子中检测到病毒，第9天和第10天在血液和肛拭子中检测到病毒，因此需要根据引种和隔离情况合理采集样品。

（二）忽视人、车、物等流动因素的监测，使得病毒突破猪场生物安全屏障

为此需要做好以下三点：

1. 人员监测　人员到达隔离点，生物安全专员对其随身物品进行消毒处理，人员洗澡更衣后，生物安全专员对隔离人员及其随身物品分别进行采样检测，合格后方能入场。

2. 车辆监测　外部车辆禁止入场，内部车辆采取检测与监测相结合的方式，异常情况，如拉死猪的车辆，先采样检测，然后消毒处理。每次转猪前对装猪台、转猪车辆及相关工具进行采样检测评估，合格后备用。

3. 物资监测

（1）饲料　属于大宗物品，难以准确采样。对于使用罐料车运输饲料的猪场来说，将浸有生理盐水的纱布（50cm×50cm，6~8层），绑缚于进料和出料的管道口，收集样本5~10min，对附着于纱布上的饲料进行检测即可；对于使用吨包料的猪场来说，干燥存放2周后方可使用，期间可使用紫外线照射料包表面进行消毒。

（2）疫苗、兽药　检测其外包装，同时也要做好表面的消毒工作。

（3）外购精液　检测其外包装和精液（按批检测25%；采样，1mL/瓶或1mL/剂）；精液检测，在提取DNA时，建议使用专门的精液裂解液。

（三）忽视猪场内外环境的监测，导致病毒易形成很大污染面

1. 重点监测区域　包括场外道路、场内道路、料槽、饮水槽、风机进风口、出猪台、无害化处理区域、洗涤淋浴间等重点区域。

2."四害"监测　因鼠、苍蝇、蚊子、蟑螂等"四害"无孔不入，无法做到实时监测，而理论上都有机械带毒的可能，建议当周边有疫情时，需加强除"四害"工作，尤其是鼠，应避免其从发病猪场窜入。

3. 监测频率　猪场应根据周边疫情压力和场内情况，制订合理监测频率，因场施策。

二、过度监测，导致猪群应激、疫病散播和资源浪费

（一）猪群过度采样，引起猪群应激过大

为避免此类情况，猪群采样时建议做好以下两点：

（1）制订符合本场的采样监测标准操作流程（SOP），针对不同的目的，采集不同的样品，最大限度地减轻猪群应激。

（2）实时关注周边疫情。周边有疫情时，增加采样监测频率；周边无疫情时可适当降低监测频率。

（二） 采样造成交叉污染， 导致疫病散播

猪群采样时，"猪-人-猪"密切接触，如果操作不当，易造成疫病的散播，为此需要注意以下两点：

（1）采样所需物资，如手套、注射器、棉签、纱布、生理盐水等均需灭菌处理。

（2）注意采样流程，及时更换一次性手套和鞋套等物品。采集拭子时，一根棉签可由一人采集口鼻处，装袋封口，同时要更换一次性手套。不同猪舍的样品采集需专人负责，避免交叉。

（三） 监测过频， 增加猪场运营成本

大型猪场生产母猪和后备母猪存栏量大，每次检测的样本数量动辄成百上千，检测成本极高。为有效降低检测成本，可以合并样品进行检测。在保证检测结果准确的前提下，建议口、鼻、肛拭子每3~5份样品合成一个检测样，血液样品可以将更多头份合成一个检测样。

三、操作不当，造成检测结果失真

（一） 样品保存或运输不当，导致样品 DNA 降解

为避免此类情况，建议做好以下两点工作：

（1）采样后尽快进行检测或运输，如需要长时间运输可在样品中加 DNA 保存液，并加入干冰运输，对比数据详见表 56-1、表 56-2。

表 56-1　样品所处不同的环境 qPCR 检测结果对比

样品所处环境	0d	3d
37℃＋保护液	30.4	32.6
37℃	31.5	35.2
4℃＋保存液	31.4	32.6
4℃	32.3	34.7
−20℃＋保护液	NA	NA
−20℃	NA	NA

注：NA 表示没有数据。

表 56-2　干冰与湿冰运输样品检测结果对比

样品编号	干冰运输		湿冰运输	
1	＋	33.5	−	NA
2	＋	32.5	−	NA
3	−	NA	−	NA
4	＋	32.6	−	NA
5	＋	31.7	＋	33.2

注：NA 表示没有数据。

（2）实验室检测时，也应尽快进行，如当天检测不完，可先提取 DNA，将 DNA 冻存后，翌日进行检测。

（二） 检测方法不敏感，造成假阴性检测结果

普通 PCR 或试纸条检测方法的灵敏度较差，易产生假阴性结果，不利于非洲猪瘟病毒的早诊断、早发现、早处置。建议选择灵敏度高、重复性好的荧光定量 PCR 检测试剂盒，或实验室自行建立和优化荧光定量 PCR 方法，保证检测方法的灵敏度和特异性。

（三） 实验室局部气溶胶污染，产生假阳性检测结果

实验室检测的污染主要由样品采集不当、样品间交叉污染及 PCR 体系中的试剂耗材污染等三方面所引起。为避免此类情况，建议做好以下 4 点工作：

（1）样品检测时，样品的处理、DNA 的提取及 PCR 反应等实行分区操作，并且每个区域内的物品专用，做到人流、物流单向流动。

（2）定期使用紫外线、臭氧、DNA 裂解液等对生物安全柜、超净台、离心机及实验室进行消毒；合理通风也是避免污染的有效措施。同时，对实验室环境进行监控。

（3）整个 PCR 体系是一个时间长且繁杂的过程，在进行检测时要设置无模板、阴性样品、阳性样品和环境样品等对照，最好设立内对照，通过这 4 个方面对整个检测过程进行监控，以保证结果的准确性。

（4）在保证扩增效率的前提下，把 PCR 反应体系中的胸腺嘧啶（dTTP）替换为尿嘧啶（dTTP），从而使 PCR 产物中含有大量尿嘧啶，下次 PCR 反应前加入尿嘧啶糖苷酶（UNG）降解产物，可消除 PCR 产物的残留污染。

四、小结

非洲猪瘟防控是一个综合的、系统的生物安全体系，而日常的监测与监控对于生产具有关键性的指导作用，监测是否准确是非洲猪瘟防控的重点环节，但大规模、高频率的采样监测增加了猪群的应激和感染风险。因此，非洲猪瘟的防控的重点是要把握好猪场的进出口及周边环境的监测，同时提升监测技术的灵敏度和特异性。每个猪场都需要根据自身的疫病压力和条件制订合理的监测体系。

专家点评●

　　本文作者以非洲猪瘟监测的误区和盲点为题进行了深入浅出的介绍与归类，将引种、进场人员、物资、车辆等作为监测重点，同时针对目前比较普遍的过度采样和监测以及实验室的污染等弊端进行剖析，值得一线检测人员和管理人员参考。自非洲猪瘟首次报道至今已经 22 个月了，我们见证了养猪人从最初的手忙脚乱的应急处置到目前的有条不紊的应对处理。实践证明，非洲猪瘟确实可防可控，相信中国必将战而胜之！

（点评专家：王长年）

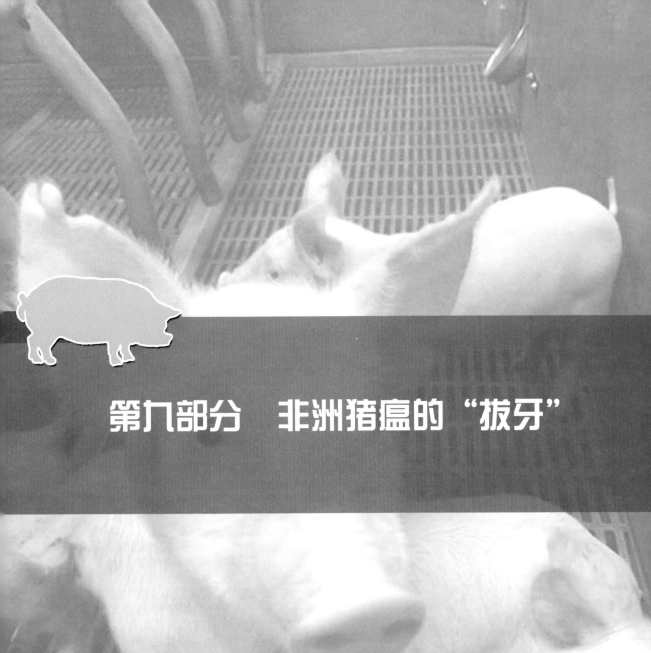

第九部分　非洲猪瘟的"拔牙"

第 57 篇　李金龙：十六字箴言——论非洲猪瘟防控策略之精准清除方案成败

2019 年 11 月 24 日

▶ 作者介绍

李金龙

　　东北农业大学教授/博士生导师，国家百千万人才工程，中国有突出贡献中青年专家、龙江学者特聘教授、国家及省新世纪优秀人才、黑龙江省杰出青年基金获得者、黑龙江省模范教师。

　　中国畜牧兽医学会动物毒物学分会、兽医内科与临床诊疗学分等常务理事/副秘书长、4 个国际学会委员/高级会员、Nature 子刊 Scientific Reports 高级编委、36 个国际学术期刊审稿专家。

　　黑龙江省生猪现代农业产业技术协同创新推广体系岗位专家，黑龙江省畜牧科技推广网专家组兽医与兽药组长，国家现代生猪产业技术体系成员。

　　从事动物疾病防控技术、动物营养代谢与中毒病的研究。主持各级科研项目 40 项，发表科研学术论文 220 余篇，其中 SCI 收录 82 余篇，获得各级奖励 6 项，专利 16 项，应邀进行国际学术报告 14 次，编写教材及著作共 16 部。

▶ 引言

　　非洲猪瘟发生至今虽然已经取得阶段性成效，但是生物安全防控体系中还存在不少薄弱环节，疫情防控形势依然复杂严峻。非洲猪瘟之下，养猪人应有借他人之事鉴己身的思想观念，学习先进经验，拓宽防控思路，不断完善猪场防控管理方案。东北农业大学李金龙教授分享了非洲猪瘟防控策略之精准清除方案成败，十六字箴言，持之有故，言之有理。

当前在非洲猪瘟肆虐的形势下，教会猪场成功自保的本领是防控的关键。生物安全是猪场成功将非洲猪瘟拒之门外的根本策略，精准清除方案成为猪场劫后余生的法宝，然而如何制定并执行有效的精准清除方案却成为猪场最为头疼的问题。

科学认识非洲猪瘟是制订精准清除方案的前提。非洲猪瘟病毒与易感猪直接接触是非洲猪瘟的主要传播途径。非洲猪瘟病毒可通过感染猪的血液、鼻腔液、口腔液、粪便和尿液等向环境释放，排泄物和分泌物含有活病毒，可污染猪场的物品和设施，如衣服、鞋、设备等。接触病猪的节肢动物（如苍蝇、蚊子等）可机械携带病毒传播，飞鸟、鼠类、野猪等可通过迁徙活动传播病毒，进入猪场的人员、猪、车辆、饲料、物品等是病毒入侵的常见路径。高温、强碱、强酸、有效消毒药是杀灭病毒的有力武器。

基于此，笔者从多个实际案例中总结出非洲猪瘟防控策略之精准清除方案成败的十六字箴言，即："**和、早、准、静、淘、狠、盖、封、消、防**"十字成功经验；"**迟、懒、'仁'、乱、盲、串**"六字失败教训，供养猪人借鉴。

一、十字成功经验

1. 和 技术人员＋猪场场主＋员工团结和谐，精诚协作，令出如山，精准执行，行必有果。

2. 早 及时发现潜伏期和早期临床症状的病猪，不在猪场内进行过病死猪剖检，避免病毒在猪场中大范围扩散。

3. 准 采用敏感、特异的荧光定量 PCR 检测猪鼻腔拭子、口腔唾液、肛拭子、环境拭子，查明猪场中病毒载量及污染程度。

4. 静 停止猪场内所有与猪相关的生产操作，及时进行员工隔离，特别是免疫、个体治疗、配种，杜绝人员与猪接触，不给病毒扩散提供可乘之机。

5. 淘 制订合理的淘汰猪的方案与路线，坚决不交叉，淘汰猪进行安全无害化处理，清除猪场内病毒携带载体。

6. 狠 疑似病猪淘汰要狠，下手要快，路线要清晰，不交叉污染，不给猪场内病毒扩增提供培养基。

7. 盖 采用氢氧化钠＋生石灰覆盖病猪舍地面及猪场环境，20％石灰乳＋2％氢氧化钠溶液喷洒墙壁、顶棚及内外墙体，不给病毒留容身之地。

8. 封 发病舍门、窗、气孔、排污通道等进行密封处理，阻止病舍内残留病毒向外释放。

9. 消 猪场场区所有地面、通道、出猪台、粪场、运输设施、舍内工具等用 3％氢氧化钠处理，办公区、食堂、员工宿舍、储物间、洗澡间等用有效消毒剂、烟雾熏蒸或进行高温处理，做到 100％有效消毒，不给病毒存活留任何退路。

10. 防 改善猪群健康，控制猪群密度、加强生物安全意识，投喂对动物健康有改善作用的碱性饲料添加剂或有机酸饮水制剂，整体提升猪场对病毒的防御能力。

二、六字失败教训

1. 迟 出现临床症状才发现，场区内剖检了病死猪，造成污染面过大，病毒蔓延趋势控制不住。

2. 懵 老板与员工对病毒认知错误，遇到疫情发蒙，思维混乱，手脚忙乱，措施出漏洞，执行不到位。

3. '仁' 存在妇人之仁和侥幸心理，不能及时清除疑似感染猪只及其周围猪只，寄希望于发病猪只能耐过变成健康猪，致使隐患长期存在。

4. 乱 淘汰猪的路线不明确、淘汰猪的程序不对、死猪处理方法不当、未对病猪进行包裹、未对发病猪口、鼻、肛门、尿道等排毒路径进行处理，污染了淘汰猪经过的道路、周边环境及猪舍内设施。

5. 盲 迷信"神专家""神药""神苗"，错失精准清除的最佳时机。

6. 串 水槽料槽长距离串通，猪栏连着猪栏，无法阻断水、料、粪、口传播途径，给病毒传播创造了有利条件。

专家点评

精准清除（拔牙）旨在及时剔除阳性猪、防止疫情扩散，但能否抓住要点才是成败关键。本文从实践中总结了"十字成功经验"及"六字失败教训"，抓住了非洲猪瘟精准清除的关键点，为非洲猪瘟防控提供了可借鉴的思路和方法，字字箴言，句句珠玑。只要高度重视、精准施策，战胜非洲猪瘟并非遥不可及。

（点评专家：仇华吉）

第58篇 陈芳洲：非洲猪瘟精准清除成功案例分析

2019 年 11 月 14 日

▶ 引言

当前，全力恢复生猪产能，多方引导稳定市场是必然之举，而实现猪业复兴的有力保障是坚持不懈地抓好非洲猪瘟防控，严格执行各项有效防控措施。

面对疫情，养猪人如何固根基、扬优势、补短板、强弱项？如何构建系统完备、科学规范、运行有效的生物安全体系？陈芳洲博士分享在长期实践探索中总结的《非洲猪瘟精准清除成功案例分析》，供参考。

一、案例介绍

某规模化猪场，近期转来了900头后备母猪，分在5个独立单元饲养，母猪都在限位栏内，12个限位栏共用一个通槽。母猪区域发生了非洲猪瘟病毒感染，其他区域无，且已经切断母猪区域和其他区域交叉感染的途径。由于转群时以及转群后的疏忽，在我们处理前5个单元都已经被感染（感染率1%左右），其中1个单元感染较为严重。猪场内部负责猪群饲养管理和异常猪排查的员工有7人，猪场外部负责对接异常猪无害化处理的有3人。根据检测结果分析，猪场已经处于非洲猪瘟感染第2阶段（排毒期）（表58-1），且有向第3阶段（暴发期）发展的趋势。

表 58-1 非洲猪瘟发展的不同阶段

阶段	第 0 阶段（预防性处置）	第 1 阶段（前驱期）	第 2 阶段（排毒期）	第 3 阶段（暴发期）	第 4 阶段（失控期）
感染天数	未感染处于易感状态	0～6d	7～9d	10～12d	13d 及以后
临床特征	无症状，处于高风险状态或者区域本身健康状态和精神状态非常差	无明显症状，精神沉郁，目光呆滞，采食不积极，食欲不振	体温 39.5～40.5℃，食欲不振，发红或者发绀	全身特别是腹部、下颌明显发红，体温40.5～41℃，部分有神经症状，精神不振，喜卧	全群大面积发热，采食量下降，死亡，妊娠母猪流产、便血等

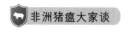

（续）

阶段	第0阶段 （预防性处置）	第1阶段 （前驱期）	第2阶段 （排毒期）	第3阶段 （暴发期）	第4阶段 （失控期）
荧光定量检测结果	阴性；周边有阳性猪，特别是通槽有阳性猪	前期检测不到，末期口、鼻、阴户、直肠拭子弱阳性，Ct值大于38，血液中检测不到	口、鼻拭子口腔液 Ct 值 33～38；血液 Ct 值小于 30 (24～30)	口、鼻拭子，口腔液 Ct 值 29～34，血液拭子 Ct 值 20～26	口、鼻拭子阳性率高，Ct 值为25～32；血液拭子 Ct 值为 16～22
排毒情况	无排毒	未排毒或者轻微排毒	排毒初期，影响周围猪群	大量排毒，严重影响周边栏舍，可能通过人员传播到其他栋舍	群体感染
处置措施	预防性剔除	小范围，如限位栏两边各一头，全栏采集口腔拭子、鼻拭子排查	小范围处理，如通槽或者同一栏	先观察异常猪的情况，进行检测确认，然后对全群进行普查	清群（单元栋舍）

二、处置措施

（1）分析原因，非洲猪瘟病毒可能来自转群猪，切断人、车、物等传染途径，关门处理，避免重复引入传染源，同时对猪场实行栅格化处置。

（2）所有采样和处理物品齐备，采取相应的消毒、隔离、停止生产等措施，建立早期报告机制，并第一时间送检，送检环节无污染，大概送检 4h 后出可靠结果。将猪、人员和栋舍划分生物安全等级，专人专岗，不得交叉，进出换防护服、口罩、鞋套、手套等个人防护用品。到达生活区，所有衣物立刻浸泡消毒 2 h 以上。依据检测结果，全场经过 3 轮消毒后，搭建环形通道（一次性，每次搭建前应用氢氧化钠消毒），对阳性猪及其周边的猪甚至通槽的猪进行精准剔除，同时每隔 2d 即开展全群普检，进行了 2 轮，还是零星检出非洲猪瘟，仅有一个单元存在成片检出的情况，部分猪皮肤发红、精神不振。

（3）因为市场猪价较高，前期过于依赖检测结果对猪进行处理，一方面难以根除；另一方面，处理猪较晚，难以保证处理效果，环境中存在散毒风险，工作人员在采样和处置病猪时存在较大的风险。

（4）在良好生物安全操作和分工前提下，果断淘汰成片感染非洲猪瘟的一个单元，考虑到检测出非洲猪瘟时，猪可能已经感染 6d 了。每天专人观察记录猪的情况，对于阳性单元不食、发热、呕吐等的猪，连同该猪左右两边的各两只猪直接处理掉，可以不采样。对于饲料剩余 1/3 以上的、采样时因为精神沉郁不配合的、其他轻微临床症状的、健康度差的猪，直接无害化处理其周边的猪各一头，采样检测，结果供参考，考虑到可能有漏检，应及时淘汰异常猪。每天尽早进行观察处置，应尽量在白天进行。同时，通过给药器饲喂酸化剂，以杀死水槽中的 ASFV。

（5）后期持续检测，直至阴性，应坚持预防性处置方案。

三、处置结果

（1）处理总时间为 15d，第 1 阶段 9d，第 2 阶段经过两轮普检，检测结果都为阴性，因为转群污染和接触处理较晚，整体留存率为 74.8%，比较低，与上面的两个因素关联性很大，我们有留存率 99% 以上的案例，在这里不列出。

（2）目前猪群已稳定近两个半月，已经转入正常生产。

（3）对于剩余的猪继续执行预防性剔除方案，对于污染的单元，已经有专人进行消毒和检测，环境中、粪尿中的核酸检测为阴性，开始进行全面的洗消工作，与其他单元的工作是独立的。

四、总结分析

（1）非洲猪瘟流行时期，猪群任何流动都需十分谨慎，需要保证人、车、物、猪等无污染，规划好相应的流动路线，特别是要杜绝交叉点被污染。

（2）异常问题处理的时间越早越好，预防性剔除在本案例的稳定中起到扭转局势的作用。

（3）同一个猪场，处于不同阶段（可能界限不清晰）的不同单元可以果断采取不同的处理措施。

（4）检测非常重要，特别是阴性猪场，但是检测也只是作为参考，伴随着我们对非洲猪瘟临床特点的进一步了解，预防性剔除，或者检测为阴性的猪剔除也有一定的价值，因为检测到的时候可能已经感染 6d 以上。

（5）非洲猪瘟精准剔除的"快、准、狠、小"需要坚决执行，可取得最大经济效益。

专家点评

　　"拔牙"，即"精准清除"，是中国兽医界的发明创造，实质上是猪场版的非洲猪瘟净化（根除）手段，通过及时剔除阳性猪、防止病毒扩散而达到净化非洲猪瘟和保住猪群的目的。其理论基础是，非洲猪瘟是一种高度接触性传染病，有一定的潜伏期，传播速度相对较慢；其核心要点是，早期发现、精准诊断、快速清除、全面洗消。广大一线技术人员和兽医专家的大胆实践为"拔牙"理念注入了丰富的内涵，为稳生产、保供给做出了有益尝试，他们理应受到尊重而非苛责。建议有关部门组织相关人士制订一套科学、合理、可行的操作规范，用于指导现场非洲猪瘟防控。

（点评专家：仇华吉）

第 59 篇　吴荣杰：非洲猪瘟凭眼观超早期识别验证与预防性淘汰技术探讨

2019 年 12 月 5 日

▶ 作者介绍

吴荣杰

1988 年毕业于湖南农业大学兽医专业，高级兽医师，执业兽医师。2011 年 9 月至今就职于重庆南方金山谷农牧有限公司。2015 年荣获中国美丽猪场魅力人物称号，2018 年荣获重庆市首届畜牧业先进工作者称号。

▶ 引言

非洲猪瘟疫情来势汹汹，初期的管理、预防、控制等不到位给生猪养殖业造成了巨大损失。我们该如何通过猪的临床表现来识别与预防非洲猪瘟？

吴荣杰分享《非洲猪瘟凭眼观超早期识别验证与预防性淘汰技术探讨》，旨在助力猪场快速阻断非洲猪瘟病毒二次扩散。

在非洲猪瘟防控实践中发现：经口鼻自然感染非洲猪瘟的猪，从采食的角度来说，采食颗粒饲料大致经历**"减料、拱料不吃、厌食、食欲废绝"**4 个阶段。

减料一般出现于感染后第 3～4 天（之后顺推）；拱料不吃一般出现于感染后第 4～6 天，有的末期出现饮水（鸭嘴式饮水器）困难（饮水时表现头颈动作僵硬、不灵活，头脸上有水不敢甩）；厌食出现于感染后第 7～8 天，猪发热到一定程度时转为厌食，中间伴随饮水困难；食欲废绝出现于感染第 8～9 天，猪皮肤泛红、发红后慢慢出现。

减料：

除了瘟病发热初期，很多情况下都出现猪减料，如腹泻、母猪发情、夏季热应激、换料、加药、饮水不足等。

厌食：

严重脱水、肠梗阻初期等消化性疾病，中毒性、发热性疾病等前中期都会出现厌食。

食欲废绝：

肠梗阻中后期，中毒性、发热性疾病重症期、后期接近死亡时出现。从减料到厌食再到出现食欲废绝是之前所见瘟病的一般性规律。

拱料不吃：

这4个字教材没有，文献中也没有，是2019年在抗击非洲猪瘟的实践中总结出来的。在长期的兽医工作中发现，在饲料霉变、酸败、加苦药等情况下，猪只拱料不吃料；在连续断水24h以上的情况下，猪也是只拱料不吃料，而且一般都是整圈整栋的出现；还有产房母猪在吃饱的情况下，如果再投料，有些母猪会把饲料拱出料槽但不吃。上述这些原因好辨别，拱料不吃的现象没有受到重视。

在抗击非洲猪瘟的过程中，也发现**非洲猪瘟病毒感染猪发热前出现了喂料时只拱料不吃料的现象，而且只拱料不吃料持续2～3d，**每次拱料不吃料维持几分钟甚至更长，期间伴随拱粪泥、吃粪泥（极少量）等现象，这种现象是之前所有瘟病中都没有的，才引起重视，通过研究分析把它定义为"拱料不吃"，以便区别于"食欲不振、减料、厌食、食欲废绝"。**"拱料不吃"是所有瘟病中非洲猪瘟独有的超早期特征性症状。**

经口鼻自然感染非洲猪瘟病毒的猪，从局部感染到病毒血症需要较长时间，而且局部感染恰恰先是在扁桃体，扁桃体发炎导致咽喉肿痛，在出现病毒血症、发热症状前，猪因处于感染前期，因减料饥饿致使食欲还较强，但因咽喉疼痛，不能采食颗粒较粗、较硬的饲料，所以出现"拱料、拱粪泥，但就是不吃料"这种特有症状，单圈饲喂的，如种猪一般容易发现，大圈饲养的需要仔细观察，投料后可能会发现一头或者几头猪采食不积极（不抢食），在一旁呆立或躺卧或拱粪泥，等大部分猪吃饱离开料槽后，再到料槽，但只拱料不吃料（不仔细观察的话，会误认为是"减料"或"挑食"），拱几次后，再去拱粪泥，这个动作有的会反复好几次，拱料过程中，一旦其他健康猪过来吃料，感染非洲猪瘟病毒的猪会自动离开，无护食动作。

从其他途径，如肌内注射、软蜱叮咬或其他方式感染非洲猪瘟病毒的猪，可能没有这种现象。采食液体饲料或水料的猪感染非洲猪瘟病毒后可能"减料"和"拱料不吃"这个过程看不出来。采食粉状饲料的猪感染非洲猪瘟病毒后，可能表现"挑食减料"、食欲不振或"拱料不吃"现象不明显，不易识别。采食颗粒饲料的猪经口鼻感染非洲猪瘟病毒出现"拱料不吃"症状，一般维持2～3d，过后才出现发热病毒血症。也就是说，首次出现"拱料不吃"现象距排毒还有3d以上。如果发现"拱料不吃"的猪，应立即淘汰处理，可以避免淘汰过程中猪排毒散毒，以阻断非洲猪瘟病毒二次扩散，猪场可以快速净化和根除非洲猪瘟。如果能确认首次出现"拱料不吃"，又不能排除其他原因，可以继续观察24h（即再观察两餐喂料），如果24h内没有恢复采食，再立刻淘汰并无害化处理。

尽早识别"拱料不吃"是快速阻断非洲猪瘟病毒二次扩散的关键技术：一是采用颗粒饲料饲喂，便于识别"拱料不吃"；二是分餐投料饲喂；三是大圈饲喂的，栏舍设计、料槽设施应便于观察猪的采食情况；四是大圈的料槽、料位要充足，便于同时观察、清点各猪只的采食状况；五是大圈饲喂的喂一栏观察一栏，对于不吃料的猪应及时做记号、记录栏号、头数，然后再仔细观察是不是拱料、拱粪泥、不吃料，观察精神差不差，眼神是否呆滞，摸耳根看其是否发热等。**如果发现猪"拱料不吃"、精神差，已排除饲料霉变酸败、加苦药及断水等管理性因素，则基本上可以怀疑为非洲猪瘟，如果能再排除极少出现的内科病、口腔咽喉炎，如果大约克品种猪伴有耳朵往后斜立（似兔型耳）的临床症状，即可判定为疑似非洲猪瘟，用水瓢往猪头、脸上泼消毒水，如果猪头、脸不敢甩水，即可验证咽喉肿痛症状，可临床诊断为非洲猪瘟。**确诊还需要结合实验室诊断技术。

只要栏位设计、料槽设施便于观察猪采食，料槽、料位足够，采用颗粒饲料饲喂，按顿投料，培养猪场技术员、饲养员观察"拱料不吃"的技巧和习惯，发现和识别"拱料不吃"并不难。只要猪场在第一时间发现第一批感染非洲猪瘟病毒的猪"拱料不吃"，排除其他原因，不拖延时间，立刻淘汰并无害化处理。猪场员工遵守制度，按生物安全要求执行到位，栏舍及环境彻底消毒；只要不采样检测病毒、不剖检猪，就能减少非洲猪瘟病毒扩散造成二次传染的风险，就有助于快速净化和根除猪场非洲猪瘟。猪场一旦出现生物安全漏洞、营养不足或处于应激状态的个体感染非洲猪瘟病毒，感染的第一批猪少则3～5头，多则十几头。对于阴性猪场，还需要检测进行确诊，对于阳性猪场高风险的猪，需要做到第一时间发现和识别"拱料不吃"，并立即进行预防性淘汰处理，以"不吃料、精神差"为淘汰标准，有1头淘汰1头，有2头淘汰2头，短则7d，多则15d，即可能阻断二次扩散传染。

预防性淘汰与精准清除不同，精准清除（俗称"拔牙"）以唾液、鼻拭子、肛拭子、血液等检测抗原阳性为清除标准，有点拔、邻拔、水通槽拔、圈拔、邻圈拔、单元拔、栋拔等，预防性淘汰以"不吃料、精神差"为淘汰标准（这时血液、鼻腔鼻液、粪尿都不带病毒，唾液在猪只发热前不容易检出病毒），有几头淘汰几头，不多淘汰。精准清除基本上是猪开始排毒或之后进行，预防性淘汰是在猪排毒之前进行；精准清除成功率不高，一般损失较大，预防性淘汰成功率可达100%，损失少且可控。

掌握好"拱料不吃"识别技术和"头脸泼水"验证方法，及时淘汰高风险猪。不需要使用疫苗和药物，只要做好栏舍和环境的彻底消毒，可以快速根除猪场非洲猪瘟。

总之，"拱料不吃"识别技术和"头脸泼水"验证方法，为猪场"超早识别、预防性淘汰"非洲猪瘟找到了简便、切实可行的方法；为快速恢复生猪生产、扩产找到了捷径。笔者认为，非洲猪瘟尽管给养猪业带来了重创，但它不仅是灾害，是对"不敬畏自然、不敬畏人、不敬畏猪"的养猪人的警醒，也是对"敬畏自然、敬畏人、敬畏猪"的养猪人的奖赏，是养猪"高科技、强责任心、强管理、强执行力"的集中体现，对职业养猪人是福音。笔者相信，与政府合力维护好猪场周围大环境，上下团结做好猪场生物安全工作，搞好猪营养福利，及时**抓住猪感染非洲猪瘟"拱料不吃"的特点**。今后的生猪生产，比非洲猪瘟发生前的健仔数会更多，淘汰率会更低，生产成绩会更好，生猪生产将更加健康地稳定发展，生产出来的猪肉将更加安全有营养。

特别声明："拱料不吃"识别技术与预防性淘汰时机的把握，特别是"拱料不吃"和"头脸泼水"验证方法为本人非洲猪瘟防控实践之拙见，仅供广大养猪人参考，确诊最好结合实验室检测，不妥之处还请专家、读者批评指正！

专家点评

　　吴荣杰首次提出的"拱料不吃"识别技术来源于生产和临床实践，具有实用性和可操作性，值得大力推广。

　　吴荣杰的观点给了我们一个很好的思路，非常值得借鉴。我们在非洲猪瘟防控工作中确实需要集思广益，要勇于实践，要善于观察和总结，要乐于分享自己的观点。利用"拱料不吃淘汰法"要求饲养管理人员具有较强的责任心和娴熟的生产管理经验，建议结合"单元格化"防控策略，毕竟发现"拱料不吃"时疫情传播的风险日益增加。

　　"拱料不吃"作为第一临床信号，再结合实验室检测技术，将大大提高定点清除的成功率。

　　在推广这项技术时，不要轻易否定检测技术的重要性。同时，发现"拱料不吃"现象时，要提高检测频率，防患于未然。

　　另外，发生猪瘟时，也有"拱料不吃"现象的发生。当然，猪瘟也是烈性传染病，目前少见。本技术适用于"拔牙"猪场，是否适合于阴性场，需要根据实际情况来判断。

（点评专家：樊福好）

第60篇　章红兵：一例非洲猪瘟病例成功"拔牙"总结

2020 年 6 月 3 日

▶ 作者介绍

章红兵

　　教授，执业兽医师，1999 年 9 月开始至今在金华职业技术学院任教，兼任浙江金万福种猪有限公司、金华市万盛万农庄有限公司、金华市大地生态农牧场等规模猪场的技术顾问和龙泉市枫锦生态农牧场场长。主编普通高等教育"十二五"规划教材 1 部，出版专著 2 部，在各类学术期刊上发表论文 50 余篇。

▶ 引言

　　本文分享了一个非洲猪瘟病例"拔牙"成功的案例，系统性地总结了华东地区某猪场"拔牙"成功的经验与做法，旨在帮助"拔牙"后的猪场能够稳定生产。

　　"拔牙"是指将临床发病猪、潜伏感染猪、高风险猪等从猪场中快速精准剔除出去进行无害化处理的过程。"拔牙"已成为现今养猪业的一个热搜词汇。如何科学规范"拔牙"，"拔牙"能否成功，"拔牙"后留存率多少，"拔牙"后如何保持猪场稳定等，都是猪场所关心的问题。下面介绍一个成功"拔牙"的案例，供大家参考与思考。

一、"拔牙"经过

　　1. 存栏情况　华东某猪场，存栏生猪（2019 年 9 月初）1 570 多头，其中经产母猪

122 头，不同日龄的后备母猪约 150 头，均为本场自繁自养。

2. 场地情况　本场共有 9 栋猪舍，共可存栏 2 600 多头猪。每栋猪舍之间距离不足 8m，但生活区、饲料房、生产区间隔明确。两栋育肥舍和保育舍有自动喂料系统，其他猪舍采用人工饲喂。

3. 生物安全方面　人员、物品进入猪场均严格消毒，饲料在猪场大门口用场内车中转，卖猪用自备车运送到几千米外的中转台（中转台是 12 个猪场共用的，每次使用前后均进行严格消毒）。从 4 月开始，每吨饲料中添加"助力强"（主要成分是海藻寡糖复合物）1kg、"柠檬康"（主要成分是枸橼酸钠）7.5kg，也额外添加了多种维生素。

4. 发病和处理情况　猪场兽医巡栏时（2019 年 9 月 12 日）发现 2 头重胎母猪不吃料、体温分别为 40.5℃和 41.2℃。立即采血送检，结果为非洲猪瘟病毒阴性，常规处理后食欲、体温恢复正常。10d 后，原 9 月 12 日发病"治愈"的其中一头母猪又出现不吃料、发热症状，再次送检，结果呈阳性。

当天猪场立即采取了以下紧急措施：

（1）除教槽料外，所有饲料中均添加"助力强"3kg/t＋"柠檬康"7.5kg/t＋"维酶素"（主要成分是 B 族维生素和微量元素）2kg/t＋"大败毒"（主要成分是钩吻末）2kg/t＋"维康灵"（主要成分是维生素和电解质）1kg/t。

（2）猪场用水全部用漂白粉处理，按每吨水加漂白粉 10g 的比例调制均匀，静置 30min 后使用。

（3）所有人员每次下班后都要洗澡、换衣服、换鞋，衣物全部用"洗消净"（过氧化脲复合物）浸泡 12h 后清洗；所有人员进出栏舍均需用 1∶400"海威可"（过硫酸氢钾复合物）洗手，均需踩踏盛装"金保安"（复合胺醛消毒剂）的脚踏盆；全场所有区域（包括生活区的员工宿舍、食堂，管理区的办公室，生产区的饲料间、赶猪道、人员经过的道路及场区其他地方）每天用 1∶200"金保安"或 1∶200"海威可"消毒 2 次，工用具用 1∶200"海威可"浸泡消毒 24h 以上再清洗后使用。

（4）以栋舍为单位进行防控，用具不交叉使用；人员不能串岗，要做到换鞋、换衣、洗手等；未经批准，任何人不得进入猪栏内、不得与猪直接接触；停止转群、采精、查情、配种、免疫接种及仔猪剪牙、断尾、补铁等操作；停止扫栏、高压冲洗猪圈；快速规划一条"拔牙"专用通道、快速修建部分物理隔断；一次性购足 1 个月所有必需的物资（包括饲料）、一次性销售 130kg 以上检测阴性的健康肥猪 212 头后，即封场管理。

（5）将所有临床有异常表现的猪及普通弱猪电晕处死，进行无害化处理；对所有母猪和公猪采集口腔拭子或鼻拭子进行检测，结果阳性和可疑的全部电击处死，然后进行无害化处理；其他猪用唾液采集包采集唾液样本进行检测，结果阳性和可疑的同栏猪全部电击处死，然后进行无害化处理；每周普检 1 次，同时对有异常情况或疑似猪及时采样检测，发现阳性和可疑的猪电击处死，然后进行无害化处理。

（6）将采样与直接参与处理异常猪的人员的衣物、鞋子、帽子、手套和直接用于处理异常猪的用具，浸泡在 1∶200"海威可"中，48h 后再清洗；处理异常猪过程中经过的区域立即用 1∶200"金保安"消毒，每天 3 次，连续 1 周。

5."拔牙"结果　"拔牙"期间（9 月 22 日至 10 月 10 日），共无害化处理检测阳性、可疑及老弱母猪 12 头，无害化处理非洲猪瘟抗原检测阳性猪、可疑猪及其同栏肥猪 24 头及残次猪 12 头。10 月 22 日，猪场开始逐步恢复清扫、洗栏、部分免疫接种和仔猪补铁等操作，每 3 周检测 1 次，非洲猪瘟抗原与非洲猪瘟抗体。目前，整体猪群稳定，全场存栏由发病前的 1 570 头增加至 2 330 头，其中生产母猪由原来的 122 头增加到 210 头。

二、"拔牙"总结

1. 及时发现、科学处理

（1）该场对所有公母猪进行全面监测，对每个肥猪栏采用唾液采集包采样监测，而不是抽检，确保全部筛查、不漏掉一头阳性猪。

（2）对母猪同时采集口腔液和鼻腔液进行检测，只要其中有一个样品检测结果是阳性或可疑的，即第一时间进行无害化处理，确保早期诊断，及时处理。

（3）在本案例处理过程中，除一头 90kg 左右的育肥猪死在栏舍外，所有阳性或可疑猪均为电击处死后，用密封袋装好，进行无害化处理，确保污染区域最小化。

（4）做到"2 个 24h 内"，即 24h 内对所有公母猪和每一栏育肥猪采样完毕，检测结果出来之后，对所有阳性猪、可疑猪于 24h 内全部进行无害化处理，大大减少了病毒扩散的风险。

（5）"每周、3 周和即时"。"拔牙"期间每周普检 1 次，稳定之后每 3 周抽检 1 次，发现任何异常即时检测，确保早发现、早处置。

2. 加强消毒，冷"静"处理

（1）"拔牙"期间与猪场平稳期，坚持选用优质的消毒剂，强化消毒、科学消毒、使用正确的消毒方法，虽然有过度消毒之嫌，但能最大限度降低环境中的病毒载量。

（2）"拔牙"期间，不冲栏、不清扫、不注射、不转群、不串岗，一切冷"静"处理，全场处于静默状态直至猪场平稳，以"静"制动，目的是为了减少人和猪的接触，减少粉尘和气溶胶的产生，减少应激，防止病毒扩散和传播。

3. 加强黏膜屏障功能，提高非特异性免疫力

（1）"柠檬康"主要成分是枸橼酸钠，具有保护受损黏膜、促进代谢、抗应激、提升黏膜免疫能力和非特异性免疫力的作用；"助力强"主要成分是海藻寡糖复合物，可迅速覆盖受损的黏膜层，降低因黏膜损伤造成的病原侵入概率；可有效增强机体黏膜免疫反应，提高黏膜及体液免疫强度，提升机体各器官活力，提升机体健康程度；"大败毒"主要成分是钩吻末，促进血液循环和心肺功能。11 月开始，每天在饲料里添加"柠檬康"7.5kg/t＋"助力强"1kg/t＋"大败毒"1.5kg/t，能维持猪群较好的非特异性免疫力，特别是增强了口鼻黏膜屏障功能，将病毒堵截在感染的必要途径口鼻之外，这对"拔牙"后维持猪场稳定发挥着重要作用。该方案可有效控制摄入饲料中的病毒载量，修复猪的口鼻黏膜屏障，增强黏膜免疫水平，大幅度降低猪感染的可能。

（2）"拔牙"过程暂停其他基础免疫，同时过度消毒加大了应激，因而会降低机体免疫保护力。因此，"拔牙"期间除大剂量使用"柠檬康"＋"助力强"外，还使用了较大剂量的"维酶素"和"维康灵"。"维酶素"的主要成分是 B 族维生素和微量元素，起到黏膜修复和保护作用；"维康灵"主要成分是维生素电解质，发挥抗应激作用。

4. 方案科学，落实到位　9 月 22 日当天制订并开始执行"拔牙"方案，包括监测、异常猪处置、物资采购、人员安排等。"拔牙"期间，安排一名专门的技术员在场内亲自落实各项措施，督促所有人员严格操作，确保人员管理按实施方案中的要求落实，及时清除所有风险点，确保隔离、消毒有效，最大限度地确保"拔牙"过程中病毒不向外扩散。

三、小结

要做到"拔牙"后稳定生产，一是要确保堵截新的病原入场，并尽最大可能减少或杜绝场内的交叉污染；二是要确保通过隔离、消毒等措施将场内病毒载量在最短的时间降到最低直到完全清除；三是要确保提高猪群口鼻黏膜屏障功能和机体免疫功能，提高猪群感染阈值；四是要制订科学的检测和监测方案，尽早发现苗头并扑灭，确保场内每一头猪都不带毒。

专家点评●

　　本文作者详细介绍了一个从发现到成功"拔牙"（即定点清除）的案例，并对此进行了系统总结。

　　"拔牙"成功与否的关键在于及早发现、科学处置、落实并执行到位，其中检测全面及时准确、消毒科学合理、提高猪群非特异性抵抗力是"拔牙"成功的保障。文中提到的处置方法及理念对于猪场防控非洲猪瘟具有重要的借鉴意义。

（点评专家：张交儿）

第 61 篇　赵宝凯　耿健：非洲猪瘟定点清除的战术运用

2020 年 7 月 3 日

▶ 作者介绍

赵宝凯

2004 年毕业于沈阳农业大学畜牧兽医学院，2008 年中国农业大学硕士毕业后进入北京伟嘉集团。现任辽宁伟嘉养猪事业部总经理兼任大伟嘉养猪事业部兽医总监。

耿　健

东北农业大学博士。2016 年进入大伟嘉集团工作，现任大伟嘉兴城核心场兽医，全面负责猪场生物安全及猪群健康管理。

▶ 引言

　　非洲猪瘟在我国肆虐近两年时间，给我国养猪业造成了巨大损失。在与非洲猪瘟抗争过程中，养猪人越来越清楚地认识和理解了非洲猪瘟病毒的特点。面对非洲猪瘟，我们要做到"在战略上藐视敌人、在战术上重视敌人"。首先，要相信非洲猪瘟不会毁灭我国养猪业，反而会加速我国生猪产业的现代化进程，我们必将战胜非洲猪瘟；其次，在战术上要给予充分重视，针对非洲猪瘟的病原学和流行病学特性，制订针对性战术、方案来防控非洲猪瘟。目前，国家对非洲猪瘟防控政策做了适当调整，明确规定了自检阳性处置程序，允许猪场进行自救，这意味着猪场非洲猪瘟定点清除的合法化。针对非洲猪瘟病毒高度接触性传播的特性，制订非洲猪瘟定点清除战术，具有重要现实意义。本文试图就非洲猪瘟定点清除的战术运用进行阐述，希望对广大同行有所裨益。

一、信息战

信息战是定点清除工作开始前的重要准备工作，要迅速了解敌人及自己，即所谓"知己知彼、百战不殆"。当猪场感染非洲猪瘟病毒后要第一时间收集以下准确信息，据此制订针对性的策略，为下一步工作的开展打好坚实基础。此阶段要遵循"务全务准"的战术原则。

1. 可疑猪确诊　当发现猪场的猪有疑似非洲猪瘟症状或死亡猪表现出疑似症状时，要立即进行采样送检。如确诊为非洲猪瘟，要对病毒进行野毒或疫苗毒的鉴别。

2. 风险点检测　猪场的猪确诊非洲猪瘟后立即对全场异常猪进行采样，并对猪场各出入口风险点进行采样检测，确认猪场污染范围，根据猪场污染情况制订定点清除方案。

3. 对猪群等近期流动情况进行调查　特别是确诊发病栋舍的猪的流动、人员流动、物资流动等。与发病栋舍有猪、人、物交叉的区域定义为可疑区，与发病栋舍无交叉的相关区域定义为易感区，形成"作战地图"（图 61-1）。

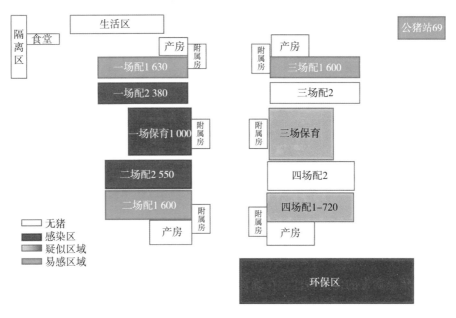

图 61-1　猪场防非"作战地图"

4. 物资准备 对场内非洲猪瘟应急物资进行盘点，查漏补缺。包括隔离用物资、消毒用物资、人员防护物资、死猪处置物资、人员生活保障物资等进行统筹管理。

5. 人员配置 明确决策组、物资保障组、现场处置组、检测组及各区域负责人等人员安排，建立流畅的指挥和反馈体系。

6. 疫情溯源 对生物安全风险点分析，如对物资、饲料、人员、管理等进行逐步排查，对事件进行追溯。查找生物安全风险点，对生物安全风险点进行升级管控。

7. 完成栋舍编号及猪的分布栏位图（图61-2）信息收集 对猪场内猪的分布情况进行充分了解，此项工作在采样标记及定点清除过程中尤为重要。

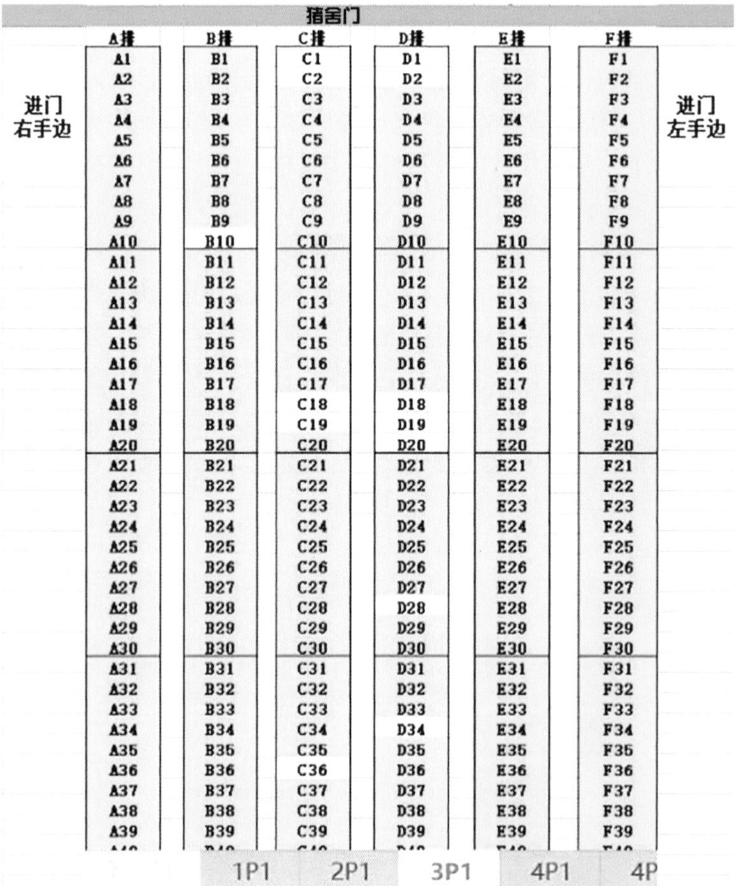

图61-2 栋舍内栏位图

二、分隔战

针对非洲猪瘟病毒的传播特性，在确诊非洲猪瘟后，要根据近期情况及检测结果将猪场进行"分隔"，将猪场各区域以及猪舍内部划分为发病区、可疑区、易感区，各区域之间使用明确的物理隔挡进行隔断。分隔战是保证疫情不再扩大化，保护未受感染猪群的最有效的手段。此阶段要遵循"必实必断"的战术原则。

1. 全场实行生产静默 停止一切转猪、免疫、查情、配种和分娩等生产活动，人员住进猪舍，舍内物资只进不出，禁止人员串舍。

2. 对场内外区域、生产区内实行隔离（图 61-3） 重新规划人流、物流通道，不同栋舍的人员、物资要从不同入口通道进入。人员及运送物资之间禁止交叉。各区域实行颜色管理，防止工具、物资交叉。

图 61-3 场区隔离

3. 各猪舍门口设置缓冲区 缓冲区为物资运送对接区域（图 61-4），并在该区域用75％乙醇对物资进行再次消毒。除采样样品外，所有物资只进不出。

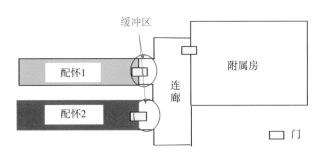

图 61-4 设置缓冲区

4. 猪舍内部隔离 定位栏猪舍，猪群全部关入定位栏中，根据实际料槽情况划分为小单元，通槽可做适当隔断，形成更小的单元，各小单元之间空一定栏位，并使用彩条布或 PVC 板进行物理隔离。大栏作为小单元进行隔断，尽量使大栏之间形成物理隔离。

三、围歼战

围歼战的目的是清除场内大面积的非洲猪瘟病毒传染源，处理非洲猪瘟病毒感染猪群及可疑猪群，以迅速降低猪场内病毒载量。此阶段要遵循"必快必狠"的战术原则。①根据检测结果，以栋舍为单位，阳性率超过 10%，且在栋舍中分布较为分散，进行全群扑杀，可采取电击或注射敌敌畏的方式处死。②将猪处死后，立即在死猪表面喷洒 1∶200 的过硫酸氢钾复合物，使用有塑料内胆的编织袋将死猪包封，包封后再次使用 1∶200 的过硫酸氢钾复合物对编织袋进行喷洒，外运过程中，如果经过廊道则必须铺设彩条布、地毯防止扩大污染面。③死猪处理完成后，禁止对猪粪等进行打扫，使用 3% 氢氧化钠溶液对空舍地面、栏位等进行泼洒，每天 3 次。后期可用火焰喷射器处理，确定火焰消毒时间，保证火焰消毒效果。廊道内转猪彩条布及地毯使用 3% 氢氧化钠溶液喷洒，将彩条布向内卷以防止污染。使用运死猪专用车辆将彩条布、地毯运至指定地点焚烧，灰烬用生石灰全覆盖。④死猪深埋处理。设置 5m 深埋坑，坑底铺撒生石灰及氢氧化钠混合物，厚度 5cm，在上方铺设黑膜或塑料薄膜，防止污染物渗入地下水。实行夹层法掩埋死猪，薄膜底层为石灰层，石灰层上为处理的死猪，死猪掩埋上方至少距地表 2m，死猪上方使用生石灰覆盖，然后用沙土掩埋。在埋死猪区设置围栏，明确标识，禁止人员进入（图 61-5）。

图 61-5　夹心法深埋处死猪

四、斩首战

斩首战适用于阳性率较低的栋舍，目的是迅速将舍内阳性猪剔除，保证猪舍内其他猪的健康。斩首战原则：尽可能在小范围内清除阳性猪，在保证内部生物安全的情况下，按照临床症状表现及检测结果进行定点清除。此阶段要遵循"宜速宜精"的战术原则。

（1）做好隔断划分，将猪舍内划分为小单元，各小单元之间有明确的物理隔离，保证各小单元之间猪无接触。

（2）处死舍内临床表现异常的猪，并对处死猪及处死猪左右两侧各两头猪进行口鼻拭子采样，送检。处死猪用消毒剂喷洒后再用编织袋包封，防止污染其他猪，然后进行无害化处理。小单元内样品检测结果如为阳性，对小单元内所有猪进行扑杀、包封、外运和无害化处理。每天更新栏位图（图 61-6），了解阳性猪的分布及猪群的情况，为进一步决策做准备。

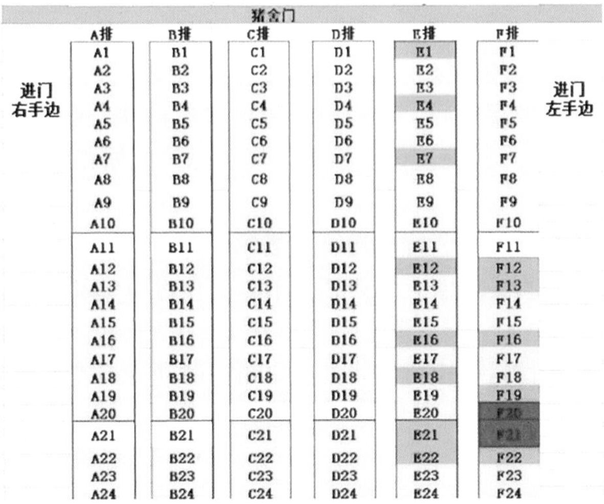

图 61-6　更新栏位图

（3）人员采样时在定位栏前端进行采集，禁止进入栏位，各小单元之间更换防护服，对雨鞋进行消毒。采样时，每采集一头猪都要更换一次性手套，严格防止通过采样工具、物资等造成污染面扩大。

（4）当 7d 内所有异常及周边猪检测无阳性时，全群猪进行口、鼻、血液拭子的病原检测。采集血液拭子时，使用人用一次性测血糖针在尾静脉采集血液拭子，采集完成后，使用蘸有复合碘酸的棉球按压 10s，棉球与一次性手套一同处理，一猪一换。

（5）样品运送。生产区传出样品时将样品放入干净塑料袋后，密封，然后将塑料袋外表面用 75％乙醇进行喷洒，传递样品人员使用新塑料袋套在样品袋外，密封，传出场外。

五、收官战

以检测到最后一头阳性猪为起始时间，连续 15d 栋舍内无阳性猪出现，再对全栋所有猪采样，如无阳性，即表明该栋舍定点清除工作完成，进入收官战。收官战分为观察期管理及恢复生产管理两个阶段。此阶段要遵循"宜静宜细"的战术原则。

1. 观察期管理

（1）对全场猪群进行采样，定位栏每周按照全群的 30％采样检测次，大栏使用口腔棉绳，整栏进行检测。观察期结束前，全群所有猪进行非洲猪瘟抗体监测，如有抗体阳性的耐过猪，必须进行精准清除，否则这些猪将成为场内的"定时炸弹"。对猪场内各出入口、环保区、猪舍内等风险点进行采样，每周 1 次，持续 3 周。要求采样面积广、覆盖所有区域。

（2）对非洲猪瘟发生事件进行回顾总结，查找生物安全漏洞，形成生物安全报告，并进行梳理整改。

（3）进入观察期后，人员可根据情况逐步返回附属房食宿。人员返回附属房每天早上和晚上洗澡，每天更换新工作服。

2. 恢复生产管理

（1）以全场进入观察期时间为起始时间，21d 内无非洲猪瘟阳性样品出现，全场结束观察期，方可恢复生产。

（2）对回溯过程中存在的生物安全漏洞，按照生物安全报告进行全部整改。

（3）对全群进行常规健康监测，监测项目包括猪瘟抗体、蓝耳病抗体、伪狂犬病 gE 抗体、伪狂犬病 gB 抗体、口蹄疫抗体。根据现场实际情况增减检查项目，为下一步执行免疫程序好准备。

（4）对有害生物流，鼠、蚊、蝇等进行全场驱除。

（5）阳性舍处置人员直接休假。返回猪场前，需要进行重新隔离、检测等措施，无异常的方可返回猪场。

（6）对于已经清群阳性猪舍实行封闭处理，封闭时间为 3 个月。3 个月后按照复养清洗消毒标准进行清洗消毒。

六、总结

综上所述，猪场生物安全工作有漏洞时，非洲猪瘟病毒一旦进入猪场内形成感染和传播，会造成巨大损失。必须坚定场内净化的战略路线，坚持用快速准确的检测手段做到"早发现、早处理"，精准清除传染源与污染物。每个工作阶段都要制订好针对性的战术，以指导现场处置人员的战斗行为。做到战略正确、战术明确、战斗精确，才能取得对非洲猪瘟"毕其功于一役"的效果，尽量减少猪场的损失。

专家点评●

非洲猪瘟场内定点清除是一场高技术、高强度的局部"战争"，本文以新颖、生动的方式呈现了非洲猪瘟场内净化工作不同阶段的处置原则和行动方法，令人叹服，发人深省。

天下虽安，忘战必危。随着对非洲猪瘟认识的深入和生物安全措施的升级，我们认识到非洲猪瘟可防可控，并对其渐渐放松警惕、防控懈怠的心态很可能使非洲猪瘟病毒乘虚而入，给猪场造成巨大损失，因此要时刻提高警惕，并做好应急预案，定期检查应急物资，开展实战演习。只有警钟长鸣并保持应急处理的能力，一旦猪场出现问题，才能快速反应、及时清除、截病于初。

兵无常势，水无常形。每一次定点清除都是一场全新的战斗，因为每个猪场在发病时都处在不同的外部环境和内部情况之下，不可能有放之四海而皆准的定点清除操作手册。这就需要现场处置人员在能把握文中所述的战术原则的同时，还能根据现场情况随机应变，做出正确决策，切不可犯教条主义错误。

"百战百胜，非善之善者也；不战而屈人之兵，善之善者也"。非洲猪瘟定点清除是万不得已的选择，是"杀敌一千自损八百"的战斗。面对非洲猪瘟病毒无孔不入的威胁，我们不能依靠所谓"拔牙"技术来养猪，还是要持续改进生物安全措施、切断传播途径、保护易感动物，达到"御敌于国门之外、不战而屈人之兵"的境界。

（点评专家：仇华吉）

第 62 篇　王珂：非洲猪瘟定点清除中的关键举措

2020 年 7 月 8 日

▶ 作者介绍

王　珂

预防兽医学硕士，2014 年毕业于青岛农业大学，现任瑞普生物技术服务专家，主要负责规模化猪场疫病的免疫与防控，发表相关文章 4 篇。首次提出"检测淘汰、饮水酸化、环境消毒、人员管控、提高阈值"的防非口诀，并指导数十家规模场"拔牙"成功。

　　非洲猪瘟进入中国以来，笔者一直从事非洲猪瘟一线防控工作，利用荧光定量 PCR 检测技术，贯彻"检测淘汰、饮水酸化、环境消毒、人员管控、提高阈值"为关键举措的综合防控策略，从控制传染源、切断传播途径、保护易感动物 3 个环节入手，经过一年多的探索和实践，积累了大量防控非洲猪瘟的案例和数据，为非洲猪瘟感染场定点清除解决了各项技术问题，全面提高了非洲猪瘟防控的成功率。本文主要以实践中的成功案例及数据对关键举措进行阐述。

一、控制传染源：检测淘汰

　　针对非洲猪瘟发病猪场，利用荧光定量 PCR 检测技术，对猪群（特别是母猪群）的唾液样本或鼻拭子，必要时配合血液拭子，进行逐一检测、筛查。其目的在于评估猪群感染状况，精准剔除带毒猪，及时控制传染源。笔者在精准清除中总结的检测淘汰标准见表 62-1。

表 62-1 定点清除中检测淘汰标准

检测结果	阳性（＋）		阴性（－）		可疑（±）	
Ct 值	Ct 值≤35		Ct 值>40		35<Ct 值≤40	
厌食/发热症状	有	无	有	无	有	无
处置措施	淘汰	淘汰	血液拭子复检	保留	淘汰	血液拭子复检
7～10d 后复检筛查，30d 后复检评估。两个潜伏期内未检出，清除成功						

感染早期唾液筛检清除的理论基础为：一方面，非洲猪瘟是一种严格的接触性传染疾病，其潜伏期短，从感染到表现出厌食、发热症状一般为 4～5d，并且在感染早期排毒量低，所以早期传播缓慢，这正是在感染早期能够成功定点清除的基础。早期定点清除的成功率和难度，取决于发现和开始清除的时间。另一方面，非洲猪瘟是通过口鼻途径感染的，口腔与鼻腔中出现病毒的时间要早于血液，因此唾液和鼻拭子是早期筛查的首选样本。但唾液中病毒含量较低，且容易受到唾液的酶解、猪饮水的稀释等影响，易出现可疑样本。当出现可疑样本时，应配合血液拭子的检测进行确诊，精准地淘汰阳性猪。

W 场正因提前配备荧光定量 PCR 检测设备后，在日常检测中及早发现并确诊了非洲猪瘟，及时采用定点清除策略，600 头母猪的规模场，仅淘汰不足 10 头母猪，就使疫情得到了控制，稳定了生产。R 场和 D 场受此影响，提前引进荧光定量 PCR 检测设备进行防控，对异常猪只、外来车辆、人员、物品等进行监测。Y 场拔牙稳定后，母猪群又开始出现大量厌食、发热等类似非洲猪瘟症状的猪，进行检测后，排除了非洲猪瘟感染，究其原因，可能是猪舍进行过度消毒，潮湿阴冷，猪群感冒所致，通过及时的检测避免了盲目淘汰导致的损失。综上可见，荧光定量 PCR 检测技术能够在第一时间进行鉴别诊断、精准清除、生物安全监测，真正实现了非洲猪瘟的可视、可防、可控，也将会成为规模化猪场非洲猪瘟防控的必备武器。

二、切断传播途径

1. 切断水源传播：饮水酸化 研究表明，饮水途径的最低感染剂量是饲料中的 1/10 000（Niederwerder Megan C，2019），这是切断病毒通过饮水传播的意义所在。而《猪病学》第 11 版中指出，非洲猪瘟病毒（ASFV）在 pH 4.0～10.0 的溶液中比较稳定，但在 pH<4.0 或 pH>11.5、不含血清的培养基中会立刻失活（EFSA，2010），这是酸化饮水切断传播的理论依据。非洲猪瘟确诊后，第一时间进行饮水酸化。其目的在于，一是切断阳性猪或可疑猪在饮水过程中口鼻排毒对其他健康猪的感染，特别是采用连通水槽的猪场，阻断病毒在猪群中的水平传播；二是对猪口腔及其黏膜进行酸化，可有效降低其表面的病毒载量，阻断或延缓病毒进入血液的时间，为定点清除赢得时间。

饮水酸化原则上要保持全水线 pH<3.9，实时用 pH 计监控水塔、出水口、压水嘴，特别是水槽中的 pH，这是饮水酸化中最容易忽视的细节，也是定点清除成败的关键所

在。在酸化饮水过程中，一方面，特别是初次酸化，水线中的水垢等会消耗部分有机酸，建议 1 周内 1∶500 加大比例进行酸化，通过 pH 监测和水线水垢的消耗不断调整添加比例，直至 1∶1 000 可达到 pH<3.9 即可。另一方面，建议猪场改造水线，安装比例泵，方便添加的同时也为非洲猪瘟常态化防控做准备，保证在今后的非洲猪瘟防控中能够第一时间酸化饮水。

2. 切断人-猪间的接触传播：人员管控　笔者在实践中发现，非洲猪瘟传播的最大风险是通过水和人传播，病毒在栏舍或限位栏之间的传播非常有限。对于人员管控，一方面应立即停止人猪频繁接触的生产活动，如免疫、配种、转群等。另一方面，固定人员的活动范围，发病栋舍要做到一人一舍、封闭管理，避免人员污染大环境以及相互接触产生交叉污染。D 场在确诊后，第一时间实行一人一舍，所有生产和生活活动都限制在猪舍，配合饮水酸化和检测淘汰，迅速阻止了非洲猪瘟的蔓延，10d 后的猪群复检结果全为阴性。

切断猪群之间的传播，还有以下几方面的措施：

(1) 非洲猪瘟是高度接触性传播疫病，物理隔断为第一选择，这对设计和改造猪场时提出了更高要求，而目前大多都采取限位栏空栏隔离法来减少猪的直接接触。

(2) 从空间上对猪群进行隔离，建立在阴性猪场的基础上。其中 P 场在检测评估后，将阴性的保育猪和育肥猪群转移到阴性猪场，从而实现了空间上的隔离。

(3) 对阳性栋舍进行带猪消毒。考虑到安全性和有效性，选择过硫酸氢钾复合物粉与酸化剂交替带猪消毒，重点对口鼻和粪污进行消毒处理，持续 1 周，稳定后，间隔 1d1 次。由于冬季保暖问题，Z 场也采取了产床上用环境调节剂干粉消毒，保持环境干燥，在保温的同时也起到了消毒的作用。

3. 降低环境病毒载量：环境消毒　笔者在实践中，全场采取舍内酸化、舍外碱化的消毒方案，配合火焰消毒，重视阳性猪所在和经过的区域，充分降低环境中的病毒载量。同时，全场进行环境检测评估和实时监测，为洗消做方向性指导。以 Q 场为例，对环境消毒进行指导和评估，见表 62-2 所示。

表 62-2　Q 场环境检测评估

检测样本	第 1 次检测		第 2 次检测		第 3 次检测	
	阳性/样本数	阳性率	阳性/样本数	阳性率	阳性/样本数	阳性率
发病栋舍	8/25	32%	2/25	8%	1/25	4%
前后装猪台	2/2	100%	1/2	50%	1/2	50%
采精室	1/2	50%	0/2	0	0/2	0
药房	1/3	33.3%	0/3	0	0/3	0
料房	1/3	33.3%	0/3	0	0/3	0
宿舍	2/5	40%	1/5	20%	0/3	0
食堂	1/3	33.3%	0/3	0	0/3	0

由表62-2可见，通过对环境的评估，明确其不同环境的污染程度，其中Q场的发病猪舍、装猪台是重点污染区域，应重点消毒。而宿舍和食堂作为公共场所，容易造成交叉污染，也应引起相当的重视。通过3次检测，病毒载量显著降低，而装猪台可能在处理淘汰猪的过程中使用较为频繁，消毒方面不是很理想，必须加强消毒和人员的管理。而在第3次检测中，猪舍仍有部分区域为阳性，但考虑到检测的是病毒核酸，有可能病毒已经失去活性，但也不应忽视而放松消毒。笔者在大量环境检测评估中发现，消毒确实有助于降低非洲猪瘟病毒载量和减少污染面，对于防控非洲猪瘟尤为重要。

三、保护易感动物：提高阈值

非洲猪瘟疫苗的缺失，给保护易感动物带来了巨大挑战。目前，对健康猪的保护，主要强调营养充足、增强免疫力和抗应激能力以及配合中药的使用，从而达到提高非洲猪瘟感染阈值，保护易感动物的目的。其主要根据是，首先，微量元素和氨基酸等营养的补充对猪群健康度、抗应激方面的提高有一定帮助；其次，像艾叶、刺五加等中药对肝肾的排毒、解毒，以及免疫力有一定促进作用；最后，微量元素中硫酸锌对黏膜的修复，有效建立完整的免疫屏障，降低了病毒突破黏膜进入血液的风险。通过不断提高猪只感染阈值和降低环境病毒载量，共同降低猪群感染非洲猪瘟的风险。

综上所述，本文针对"控制传染源、切断传播途径、保护易感动物"的传染病三要素，结合国内外研究和第三方评估以及笔者亲历的防控非洲猪瘟成功案例和数据，综合展开对非洲猪瘟精准清除关键点的阐述。其中，检测淘汰、饮水酸化、环境消毒、人员管控、提高阈值是非洲猪瘟定点清除中最为关键的举措。除此之外，严格的生物安全制度，科学的管理与执行力，以及积极应对非洲猪瘟的心态，都是成功防控非洲猪瘟的重要环节。

──专家点评●──────────

非洲猪瘟自2018年在中国暴发至今已接近2年时间，猪场技术人员和行业专家探索和尝试了不同的防控模式，"全面监测、精准清除、猪群净化"已经成为当前养猪人防控非洲猪瘟的共识。本文作者基于亲身经历的非洲猪瘟防控案例和临床经验，结合动物传染病防控三要素，对定点清除技术（俗称"拔牙"技术）进行了阐述，提出了"检测淘汰、饮水酸化、环境消毒、人员管控、提高阈值"的防控策略，可为规模化猪场非洲猪瘟的综合防控提供参考和借鉴。

（点评专家：吴家强）

第十部分 非洲猪瘟疫情后的复养

第63篇 邵国青：该抓"牛鼻子"了
——猪场复养成功的关键所在

2019 年 12 月 19 日

▶ 作者介绍

邵国青

研究员，博导，江苏省农业科学院兽医研究所副所长。担任亚洲支原体组织理事长，是江苏省"333 高层次人才"第一层次培养对象，享受国务院政府特殊津贴。邵国青聚焦猪支原体肺炎防控技术研究，率领团队成功研制猪支原体肺炎活疫苗（168 株）、猪支原体肺炎灭活疫苗（NJ 株）和猪支原体肺炎 sIgA 抗体检测试剂盒。获国家技术发明二等奖、神农中华农业科技一等奖、中国专利优秀奖等多项奖励。

▶ 引言

目前，在扶持政策和市场行情双重带动下，2019 年 11 月全国生猪生产向好发展，生猪存栏和能繁母猪存栏双双止降回升，这无疑是增养复产取得的阶段性进展。但实践证明，我国复养之路走得并不顺畅。江苏省农业科学院兽医研究所邵国青研究员分享了《该抓"牛鼻子"了——猪场复养成功的关键所在》，文章精简易懂，直击复养阻碍。

受市场行情驱动，一波又一波勇敢的养猪人迎难而上，但复养成功者仍然只是局部案例，尚无大规模肥猪上市，猪肉价格并未显著下跌，限制复养的根本性问题仍未得到解决。

与规模化养猪已基本恢复的俄罗斯比较，我国目前中小规模、散养猪场已大量清除，猪场都采用高标准隔离、消毒措施，活猪流通已经被严格控制，这样的背景是可以大量复养的，养殖大环境对非洲猪瘟控制已变得极其有利。但遗憾的是，不少非洲猪瘟早发地区，那些成功地扛了一年以上、生物安全工作做得很好、管理水平很高、全封闭小规模的猪场仍然发生成片清群的事情。这一现状再次警示，我们一直走在弯路上，不能保证整体成功。

非洲猪瘟和其他烈性传染病防控的核心只有一个，即消灭、控制传染源。病毒传播途径虽多，但最重要的还是通过病猪肉扩散，这是必须抓牢抓实的"牛鼻子"。出口的猪肉饺子多次被检测阳性，从传染病的专业敏感性上看，大家都忽视了对肉品进行广泛检测并采取务实措施对复养安全的关键作用，专业人士的认识也是模糊的。

病猪肉的危害是常识，但只是到了今天，难以置信的临床表现才让我们清醒认识到其危害到底有多大，本来通过生物安全防控肯定能把握好、防控好的，结果却凶多吉少。换句话说，市场流通的阳性猪肉，虽然对人是无害的，但源源不断地扩散，污染果蔬甚至人员的头发等，构成长期持续性的风险，直接影响猪场内生物安全防控的效果！**只要启动流通肉品普检，对阳性猪肉进行熟化处理，只需要2～3个月就可以形成安全的外环境，就能为疫区复养奠定基础，非洲猪瘟病毒在自然状态下是非常容易失活的。**病猪、病猪肉流通环节复杂，难以控制，但它们最终都要进入零售终端，加强市场检测，可以一招制胜。非常迷惑的是，为什么行业专家在这个"牛鼻子"问题上不能达成共识？系统解决方案并不复杂，这个"牛鼻子"一抓就灵，甚至还可以为根除非洲猪瘟创造有利条件。

非洲猪瘟病毒在环境中的实际抵抗力并不强，各类病毒存活期的研究报告给了我们非洲猪瘟无法防控的错误印象，但一年来的临床实践慢慢让我们发现了真相，也恢复了信心。即使猪场内临床上已发生疫情，早期检测、精准清除（"拔牙"）的方法在规模化猪场也能够成功。**然而，市场阳性猪肉如不检测和清除，迫切的市场需求会把复养变成"抱薪救火"，薪不尽，火不灭。**

亚洲养猪地区将成为长期的疫区，这不仅因为其养殖体量巨大、养殖方式多元、多个国家以散养为主、猪流通难受限制，而且大面积的原始森林中存在易感野猪，亚热带地区大量的软蜱也有可能使亚洲成为非洲猪瘟的长期自然疫源地。**因此，建立广泛、不间断的肉品检测、监测体系，并从政策上切实落实相应处置措施，不仅能保障养猪产业快速恢复，也为全面控制和根除非洲猪瘟奠定基础。**在检测技术上，仍然需要研发更加敏感、快速、不依赖实验室、可在现场使用的检测方法。

我们应该向那些真抓实干、敢于担当、成功保护了地方养猪产业的同志们致敬，他们坚决对屠宰厂和肉品进行检测，不让阳性猪肉进入流通环节，直接保住了该地区大部分养猪产能，稳定了当地猪肉市场。能否抓实"牛鼻子"，不仅是传染病防控的基本科学问题，也是能否真正将农业农村部检测政策落地的态度问题。存栏数量和市场价格直接反映了不作为、形式主义和弄虚作假的问题。**落实广泛检测、熟化处理阳性猪肉、消灭环境传染源，这就是非洲猪瘟控制的"不二法门"，是能够抓住根本的"牛鼻子"，抓住了根本就会营造一片艳阳天。**

突如其来的非洲猪瘟几乎使我们乱了方寸，但我们的学习能力、技术力量、钻研精神、反思能力和文化自信让我们有理由相信，我们已经摸到了非洲猪瘟的"命门"，只要敢于担当，就会很快控制非洲猪瘟，而且消灭非洲猪瘟也不会比国外的平均时间更长。

养猪网点评

消灭传染源、切断传播途径、保护易感动物是防控非洲猪瘟的三大要素，在消灭与控制传染源方面，邵国青指出病猪肉扩散非洲猪瘟病毒的现象非常普遍，需要高度重视与关注。的确，消费市场上非洲猪瘟阳性猪肉如果没有检测与清除，生猪复养无疑是"抱薪救火"，打击和防范"病猪肉"才能保障生猪养殖业生产安全，抓住"牛鼻子"具有重大意义和深远影响。

第 64 篇　仇华吉：防非复产十大要略
——尊重事实，科学施策；
着眼整体，系统思维
（付学平　整理）

2020 年 7 月 16 日

▶ 编辑人员

付学平

1993 年毕业于河北农业大学中兽医专业，十几年来致力于规模化猪场服务工作。2013 年带领 40 余名养猪技术骨干创立河北方田饲料有限公司（简称河北方田）。现任河北方田董事长/总经理，河北省饲料工业协会会长。

　　非洲猪瘟在我国流行蔓延已近两年，多数猪场都经历、遭受了这场浩劫带来的重创。国家有关部门、行业专家和养猪人一起并肩作战、直面挑战。目前，非洲猪瘟疫情在我国呈局部散发状态，全国也进入"复养"阶段。以仇华吉、樊福好等为代表的一批饱含情怀、忧国忧民的科研专家两年来积极建言发声、献计献策，体现了当代科学家的责任和担当，展现了"大疫面前有大义、小利背后无小我"的大家风范。特别是仇华吉研究员指导策划的"抗非大家谈"公众栏目，是由国内 50 多名权威专家和行业顶尖技术研究人员组成的公益组织，已发表了近 70 篇"抗非"论文，参与主办了几十场论坛，为行业抗非复养做出了巨大贡献。2020 年以来，仇华吉老师发表或通过网络直播十几篇作品，总结汇聚了行业抗非复产的经验，在新的形势下再为行业建言献策，为成功复养排雷。本文是在聆听和学习了仇华吉老师《复养猪场如何避免再次中招》《防控非洲猪瘟要三管齐下》《非洲猪瘟背景下猪场生存密码》等系列作品后，整理了仇华吉老师关于防非复产强调的部分观点，供同行参考。

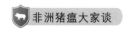

一、系统思维的重要性

养猪是一个系统工程，防控非洲猪瘟需要系统思维和整体观念，需从品种、营养、环境、管理和防疫等多方面入手。特别是要整合技术和方法，形成方案，集成系统。抗非比的是体系的整合力，拼的是综合实力。特别是要树立预防非洲猪瘟发生的系统理念，仇华吉老师提出了防非抗非要"三管齐下"：①关"水龙头"，掐住病毒之源，控制病毒增量；②降低"病毒载量"，切断病毒之"腿"，消减病毒存量；③提升"酒量"，内外兼修，提高猪的耐受性和感染阈值。

二、群体保健的可行性

很多猪场对猪的群体保健工作不太重视，甚至有的专家也说："你做的保健再好，在穷凶极恶的病毒面前仍然显得微不足道，遇到非洲猪瘟猪也得死！"如果换个角度思考，病毒的源头通过多重洗消，数量得以消减、大幅下降，猪遇到非常有限的病毒，做一些保健，非洲猪瘟就可能不会发生了。实际上，有很多案例已经得到验证。我们参观了一些猪场，他们只做基本的生物安全工作，并不像有些猪场实行过分的"变态"洗消措施，甚至进入猪场不需要换衣服，非常有底气。当然我们也不鼓励这样做，但从另一个角度看，反映出猪不是"吃素"的，做一些提高免疫力的工作，特别是黏膜免疫，只要机体屏障保护是完整的，完全是可行有效的。前提是管控好病毒的源头，消减病毒的存量（详见仇华吉老师直播回放《看六家猪场实战，破解防非密码》）。

三、提升猪对非洲猪瘟的耐受性

病原对动物的感染都有一个最低剂量，这就是感染阈值。应对非洲猪瘟，一方面应严格执行生物安全措施，采取多重洗消，消减病毒存量，降低病毒载量；另一方面就是提升猪群体（个体）的耐受性。主要有以下几方面：①尽量创造符合猪群健康生长生产的舒适环境，减少诸如冷热潮湿、空气污浊、高密度饲养等应激因素；②给猪群提供清洁、低抗原、易消化营养均衡的日粮，实现猪群应对防范疾病"营养冗余"策略；③选用优质的发酵饲料、酸化剂、中药及其提取物或发酵物，促进免疫平衡、肠道健康，提高黏膜屏障的完整性；④做好基础免疫，及时淘汰病弱猪，排除疫情的"突破口/引爆点"；⑤慎用不靠谱的"2mL关键技术"，特别是母猪；⑥创新育种模式，选育抗逆性较强的品种或品系。

四、结构决定功能，加大设施投入的必要性

在复养前，要认真复盘，找出防控的短板和漏洞。这时猪场场主一定要舍得投入，任何必要改造的投入都是性价比最好的投资，如修筑隔离墙、防疫沟、猪舍间实体墙，分区饲养，建设洗澡间、消毒池、高温干燥间、熏蒸间，改造食堂和住宿生活设施、实施人性

化管理，准备足够多的工作服和水靴、分区分舍的工具与设施、专用车辆等。当下猪价尚高，改进性投资再多，只要不发生非洲猪瘟，回报率就是最高的。

五、走在病毒前面，实验室检测的预见性

对于复养猪场，无论是进猪前场地的净化，还是在饲养过程中对入场人、车、物的监控，特别是对猪场周边农贸市场、交通干线和水源等高风险源病毒踪迹的检测和发现都很重要。有人对环境和高风险活动的检测不太相信，这种认识是不对的。事实上，这样做是赋予了你一双"眼睛"，让你更早看到，发现病毒的存在和威胁。正如国防设置雷达一样，飞机进入你的领空你发现不了，那飞机就会长驱直入，结果是你的防御能力再强，也为时已晚。当然，实验室的建设、人员的培训、试剂盒的选择都是至关重要的。检测实验室距离猪场不能太远，更不可以把实验室建在饲料厂附近（内）。实验室要科学布局，将高污染和低污染区域隔开，采样规范，上岗培训，试剂盒要做评估。实验室要定期消毒，清除病毒和 DNA 分子污染，以防假阳性（或假阴性）。

六、生物安全防控和洗消的原则性

由于大家对生物安全的防范意识提升，猪场都制订了严密的针对人、车、物和环境的洗消流程，过度繁琐的程序，操作起来苦不堪言，也没有持久性。设计生物安全防控流程，要遵循以下原则：一方面，物理防控是首选（隔离/冲洗/高温/辐照等），能用物理的就不用化学的，能用化学的就不用生物的，能用生物的就不用人或软件的操作。要在硬件设备上多投入，尽量减少人的参与，避免依赖人的自觉和觉悟。要做到"复杂的东西简单化、简单的东西标准化、标准的东西流程化、流程的东西体系化"。另一方面，要对猪场受威胁的风险点进行等级评估，根据风险系数大小，进行重点与一般的分类防控和洗消。譬如，一级风险点，有出售猪、外购猪、淘汰猪、外购肉类食品、外部人车物的入场、猪场水系和饮水、员工衣靴等；二级风险点，有软蜱、苍蝇、鼠、宠物等传播媒介机械性带入病毒，内部车辆控制等；三级风险点，有饲料、疫苗、兽药、精液、场内工具等。

七、结果导向，注重洗消的有效性

多数猪场应用大量的洗消来防控非洲猪瘟，但很少有人进行检测、评估洗消的有效性。针对不同洗消对象的消毒剂（表 64-1）的选择、消毒液的浓度、消毒液的用量和时间、环境温度对消毒的效果都有巨大影响。

表 64-1　对非洲猪瘟有效的部分消毒剂

序号	消毒剂	最低有效浓度	最短有效时间
1	过硫酸氢钾复合物粉	0.1%	10min

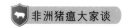

（续）

序号	消毒剂	最低有效浓度	最短有效时间
2	二氯异氰尿酸钠	0.1%	20min
3	戊二醛-苯扎溴铵	0.5%	30min
4	酸化剂	0.15%	30min
5	臭氧水/超氧水	$10\mu L/L$	10min
6	口服碘	0.1%	10min

另外，还有过度洗消的问题，次数过多、频繁的洗消，会使猪舍内湿度过大，造成猪的应激，多数消毒药都有刺激性，并且容易损伤猪的黏膜。

八、无害化处理厂等高风险点布局的合理性

防控非洲猪瘟，需要政府主导、环境综合治理，要做到联防联控。特别是加大对活体交易市场、屠宰厂的检测和管控力度。正视现实，如果屠宰厂出现阳性肉，完全可以采取熟化措施，人吃了也没有危害。最近国家在修订《中华人民共和国畜牧法》，要充分考虑高风险活动点（如无害化处理厂、活畜禽交易市场、农贸市场）距离养殖场的半径，至少要划定 3～5km 内不能有养殖场，甚至更远。随着定点屠宰、集中检疫等政策的落地，畜禽活体交易市场是否还需要那么多？

九、使用"不靠谱"疫苗的危害性

我们注意到个别地区发现貌似"慢性猪瘟"的病例，潜伏期长、病程发展慢、死亡率不高（10%～20%）。根据送检的病料，病毒的测序发现，病毒缺少 MGF 和 CD2V 基因，有可能就是所谓的"疫苗株"感染所致，疫苗来路不清，造成母猪的发情率、受孕率和胎儿的成活率下降，母猪的淘汰率大大增加。樊福好博士也认为，即使是"疫苗"能产生抗体，临床表现出非洲猪瘟抗体越高，母猪产后的损失越大。樊福好博士认为非洲猪瘟的感染已经进入"5G"（1G，最急性型；2G，急性型；3G，亚急性型；4G，慢性型；5G，无症状感染型）时代，我们的管理方式也要更新，过去做的一切也要重新审视。5G 时代的非洲猪瘟检测难、发现难、损失大。目前报道的"非洲猪瘟疫苗临床试验进展顺利"的消息是真实的，但疫苗临床观察期需要 3 个月以上，且还需开展有效性试验（攻毒试验），疫苗何时上市也没有时间表。大家要给专家时间，不要逼专家出一个不成熟的疫苗，养猪人也不要轻信和使用来路不明、"不靠谱"的疫苗，其后果及危害性不言而喻。

十、非洲猪瘟净化的可能性

由于非洲猪瘟在我国污染面大，谈到非洲猪瘟净化，多数人认为是天方夜谭。实际上"拔牙"某种程度上就是一个猪场层面的净化，当然难度也很大。基于早期检测、早期发现和早期的诊断，如果处理得当，损失会控制在 $10\%\sim20\%$，可以做到猪场范围内的净化；在局部区域，只要发现早，科学施策，净化是完全可以做到的。推而广之，一个县、一个市、一个省在几年内做到净化完全是可能的。只要控制好传染源头，把受污染的猪场局限化、把感染的猪剔除掉，把污染源头控制住了，净化就有可能。事实上，2018 年非洲猪瘟入侵我国东北的早期，净化是有可能的，遗憾的是我们错失良机，失控后的传播势如破竹，后期只能呈防守态势；进入 2019 年，非洲猪瘟在全国广泛蔓延，可谓风起云涌，谈净化已无可能，防控进入了相持阶段；到 2020 年，非洲猪瘟疫情消停了很多，可能也是受新冠肺炎疫情影响，人、车、物、猪流量减少，加之抗非经验的积累和应用，防控进入反攻战，谈净化也是恰逢其时。

仇华吉老师认为，目前很多猪场探索出了自己的抗非路径，其区别只是成本大小而已。防非能力的大小，其实就是健康管理理念的高下。总之，防非复养要有系统思维，以生物安全为基础，从营养、管理、防疫和环境综合防控，放弃"绝招"思维、"赌博"思维和侥幸心理，制订出一套行之有效的复养方案，加大设施改造投入，优化生产流程，彻底净化厂区，上岗前进行标准操作流程（SOP）培训，制订有效的激励机制，打造年轻化学习型队伍，坚定信念，上下同欲，猪场的防非复养才会成功。

第65篇 付学平：非洲猪瘟后
猪场成功复养之道

2019 年 12 月 25 日

▶ 作者介绍

付学平

1993 年毕业于河北农业大学中兽医专业，十几年来致力于规模化猪场服务工作。2013 年带领 40 余名养猪技术骨干创立河北方田饲料有限公司（简称河北方田）。现任河北方田董事长/总经理，河北省饲料工业协会会长。

▶ 引言

随着我们对非洲猪瘟疫情的认知与了解不断完善，其影响逐渐减弱，在政府扶持政策以及市场高位猪价的双重利好之下，无数养殖场（户）义无反顾地投入生猪复养大潮中。但实践证明，没有行之有效的指导方针，猪场复养成功率将会大打折扣。付学平分享《非洲猪瘟后猪场成功复养之道》，总结了实践中的复养要点，从猪场生物安全到人员管控，全方位防守，汇总成文，供同行参考。

非洲猪瘟袭击华北地区已逾一年，不同情况的猪场呈现不一样的态势：幸免的猪场严防死守，严密的生物安全措施，加之地域优势等因素，日夜鏖战、如履薄冰；遭遇过非洲猪瘟洗礼、正在复养的猪场仍如刀口舔血、心有余悸；处于艰难抗战中的也大有人在，历尽艰辛、前途未卜。河北方田作为一家专业研发与生产猪饲料的企业，抗击非洲猪瘟一年来始终站在用户的立场，与大家并肩作战奋斗在一线，在国内外专家特别是仇华吉老师的悉心指导下，总结了一些实战经验。

非洲猪瘟病毒非常顽固，带毒（阳性场）复产是个伪命题。 必须采取清洗、喷洒、烘干、熏蒸、浸泡、焚烧、深埋等多种手段，将阳性场地转阴，在一片净土上复养方可成功。不要坐等非洲猪瘟疫苗面市，更不要寄希望于灵丹妙药。但非洲猪瘟防控确确实实有行之有效的方法和路径，在仇华吉老师总结的九字方针"高筑墙、养管防、剩者王"的指引下，河北方田技术团队凝心聚力，不断总结经验和教训，与合作客户一起实现了很多成功案例。

本文就成功复养提出以下观点，供同行参考。

一、复养先复盘

还原非洲猪瘟发生前的防范设施、生产流程，特别是高风险活动如售猪及人、车、物的入场等高风险隐患。请外部专家与本场专业人员一起针对非洲猪瘟发生的可能原因开展"头脑风暴"，梳理关于硬件设施（图 65-1）、生产设备、操作流程等的风险管理清单。

图 65-1　车辆烘干设施和门卫设施

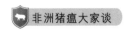

二、任何改进投资都是最小的投入

河北方田提倡的四级壁垒防护体系建设，诸如构筑实体墙严格分区（图 65-2）；增设洗消设施，内外阻断；进入场内人车物流的预处理设施；场地的硬化、白化、绿化；猪舍逆连通化的改造；增设场内专用流通车辆等。存在任何侥幸心理，舍不得任何补漏投资，必然会后悔。

图 65-2　区块化布局、封闭式管理、内控外堵

三、不惜一切代价清除场内病毒

终端消毒后，闲置 3 个月以上是阳性猪场转阴的安全条件。在清理洗消感染猪场时，必须组建专业队伍，进行系统的标准操作流程（SOP）培训，按照复养总体方案，将风险管理清单上的项目一一修复和完善，重点关注建设和购买杀灭病毒设施设备，猪舍内及辅助设施（灯下黑）的净化。整个猪场的清理顺序：由里向外，从区域中心向外围延展。**舍内操作程序：清理—焚烧含有有机成分的低价器具—可用器具浸泡—场地氢氧化钠溶液浸润—高压冲洗—消毒药喷洒—干燥—喷雾消毒—干燥—高温烘干—喷雾消毒—干燥—检测（封舍）。**

四、高温烘干是舍内及设施消灭病毒的最彻底的措施

在清理阳性场过程中，曾与猪接触的生产车间、养猪设施、工具等是病毒藏匿的最大隐患。时间＝财富，欲尽快安全复产，需要在终端洗消的基础上高温烘干舍内及设施。根据舍空间结构，可用黑膜等将猪舍隔成小空间，用自制高热力的无烟煤炉结合商用烘干设施（图 65-3），距离地面 10cm 以上部分达到 65℃ 以上维持 3h，10cm 以下及地面用火焰烧烤 3 次以上。

图 65-3　烘干设施

五、戒贪，低密度饲养更安全

复养规模达到正常容量的 **60%～70%**，对整个厂区进行区块化分隔，每个生产阶段留出 **30%** 左右的空置圈舍和场地，以备应急之用。即便是饲养圈舍也要降低密度，保证一舍一批一人，减少流动，提高独立性。不要追求生产车间使用率更高，而要强调终端消毒空置时间更长，并且严格做到全进全出。

六、生物安全做到策无遗算、令不虚行

严格将人车物进场隔离预处理区、生活区和生产区分开，进入每个区域要进行 **2** 次以上的消毒。生产区净道和污道分开，淘汰猪用专用通道，对鼠、苍蝇、飞鸟、昆虫等生物媒介要进行定期杀灭。根据不同环节合理选用消毒药，喷洒消毒必须按照场地面积每平方米 300～500mL 消毒液才有效果，猪舍的外环境要碱化（每隔 7～10d 用氢氧化钠溶液进行无死角喷洒）。

七、改善饲养环境，提高猪的体质是重要手段

给猪营造一个干净温暖、干燥舒适的生存环境。在北方地区，"阳光猪舍"倍受专家和用户推崇。将强弱猪只分群，增强猪的体质，在营养方面添加增强免疫力的原料，增加抗应激的多维及制剂，间断性地添加抗病毒的中草药，发酵生物饲料的应用，饮水中添加优质有机酸，pH 保持 3.5～3.9。**做好关键基础免疫防控，尤其注意精选疫苗，免疫过程中勤换针头，种猪严格做到一猪一针。**

八、盲目"拔牙"＝慢性自杀

发生非洲猪瘟时，"拔牙"是"拔"病毒，不是"拔"猪。按照接触的可能性和气溶胶传播范围为 2～3m，需彻底定点清除。非洲猪瘟感染潜伏期 3～19d，发病窗口期 1～7d，如果仅仅靠饲养人员发现明显症状的病猪或出现死猪，拔牙的难度大大提高。切不可在生产区剖检可疑猪！拔牙的前提是先知先觉，利用荧光 PCR 检测（图 65-4）是成功的重要手段，每隔 3～5d 对可疑区所有猪只进行检测，连续 3 次以上，直至 20d 后再无阳性猪出现。根据栏舍结构、感染程度和接触情况确定清除猪群并对该栏舍进行彻底火焰消毒。"拔牙"要有双向思维，根据发生严重程度和污染面大小，对可疑猪采取"剔除"或"留下"处置。

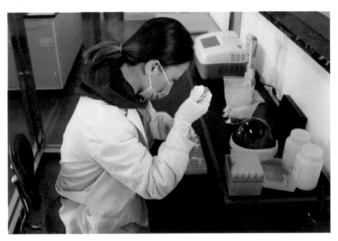

图 65-4　荧光定量 PCR 检测操作

九、分点分区饲养更易成功

"公司＋农户"的放养模式，繁殖区和育肥区二点式饲养更值得推广。即使在一个点生产，独立分区（实体墙）越细越好，如后备区、妊娠区、产房区、保育区、育肥区等。批次转出转入，保持一定的间隔时间，要用自己专用的转猪车。

十、人（团队）是制胜的根本

不能依赖传统的生产团队来管理猪场，要建立 3 个编制独立而又相互合作的管理团队。分别是：物资采购供应团队，严格把控物资来源渠道和进入厂区的预处理；生物安全团队，严格分清厂内生物安全和场外生物安全，主要针对厂区内外环境消毒，人车物流出入场管控，以及售猪引种等特别事项处理；生产管理团队是生产区的核心，营造舒适环境，掌握技术要点，规范操作流程。3 个团队训练有素，外紧内严，协同作战（图 65-5）。仇华吉老师多次强调，人是成功与否的最大变数，是最不确定的因素。在这场战争中最考验猪场场主的智慧，如何发挥人的能动性，人可以干好事，也可以干坏事。**我们认为，在团队中负责方案的指挥者要讲究逻辑性，着眼的是正确；落实方案的基层员工讲究执行力，着眼的是彻底。**

图 65-5　加强合作，建立良好的团队

专家点评●

　　我国养猪人经过一年多的艰辛实践探索，发现对于非洲猪瘟疫情我们可以做到防控有"方"、复产有"道"。

　　作为饲料研发和生产企业的河北方田，在仇华吉老师九字方针"高筑墙、养管防、剩者王"的指引下，直面行业最紧迫和最棘手的问题，和养猪人一起取得抗击非洲猪瘟的阶段性成效。同时，他们不断总结经验和教训，提出复产中人（团队）是制胜的根本，并指出复产中的关键点是先复盘，进行生物安全升级，严格做好生物安全工作，通过烘干等措施彻底消灭场内的病毒，同时做好饲养管理工作，把猪养好，通过分区饲养和控制饲养密度，降低生物安全风险，也有利于后期可能的精准拔牙。复产是一个系统性科学问题，勇于探索的我国养猪人已经找到了复产之"道"。

（点评专家：陈芳洲）

第 66 篇　苏志鹏：规模化猪场复养关键点剖析

2020 年 1 月 2 日

▶ 作者介绍

苏志鹏

德康集团健康管理中心总经理，德康集团首席科学家助理，毕业于华中农业大学预防兽医学专业，师从陈焕春院士，获得预防兽医学博士学位，专业从事集团疫病防控管理，建立生猪防疫体系等工作。

▶ 引言

　　猪肉保供稳价，官方高度重视，社会高度关注，而这与生猪生产形势密切相关。虽然各省份都细化了生猪生产扶持政策，形成了恢复生猪生产的强大推动力，但猪场复产有政策扶持就够了吗？规模猪场作为复产的主力军采取的是何种战略？2020 年以来，如何养好猪？苏志鹏分享的《规模化猪场复养关键点剖析》，给出了这些问题的答案。

　　2018 年 8 月以来，非洲猪瘟给我国养猪业造成了灾难性损失。农业农村部发布的 400 个监测县生猪存栏信息显示，10 月生猪存栏量环比减少 0.6％，同比减少 41.4％；能繁母猪存栏量环比增加 0.6％，同比减少 37.8％。

　　在巨大的产能缺口下，生猪价格持续走高，加上政策大力扶持，目前生猪养殖业已成为高风险、高投入、高回报的行业，生猪复产的趋势也已逐渐形成。高额回报固然诱人，但没有做好充分准备的复产最后很可能会变成"复惨"。猪场想要复产成功，就必须在进行复产之前制订全面周密的复产策略。

一、复产成功的条件

并不是所有的猪场都适合复产，在开展复产工作之前，猪场必须进行系统全面的流行病学溯源与猪场条件评估，不满足复产条件的猪场应建议清退；而对于具备复产条件的猪场，想要复产成功，就必须满足两个条件：

1. 猪场已存在的非洲猪瘟病毒被彻底清除和灭活　针对场内存在的非洲猪瘟病毒，需要全场进行全方位彻底清洗、消毒，不留死角，并针对各区域（特别是高风险区域）进行严格的现场评估和实验室检测。

2. 防止病原在后续生产过程中再次进入并在场内扩散　很多人在做复产的时候往往只重视了疫情场的洗消，场内各项工作的恢复，而忽视了非洲猪瘟疫情远未离开，非洲猪瘟病毒伺机而动。疫情场恢复生产后，重新暴发疫情是很多复产场失败的原因。因此，除了做好场内全面洗消外，还需要系统全面地对非洲猪瘟疫情溯源、识别、分析之前的漏洞与错误；整改完善场外及场内的生物安全体系，重点整改溯源到的漏洞；在引入哨兵猪或正式引种之前，充分调查了解周边疫情情况，只有在疫情稳定，没有新案例发生的区域才能引入哨兵猪或正式引种。

二、针对非洲猪瘟病毒弱点采取措施

要达到上述两个条件，首先需要充分了解非洲猪瘟病毒的弱点，然后采取针对性的措施。

（1）非洲猪瘟病毒宿主相对单一，其引起的非洲猪瘟致死率高，且与蓝耳病、经典猪瘟相比传播效率低，自然传播速度较慢，人为因素给非洲猪瘟传播提供了极大的便利。因此，猪场完全有可能通过强化生产操作中的生物安全管理，将人为传播的可能性降到最低。

（2）非洲猪瘟怕高温、怕强酸碱、怕消毒剂，猪场可以利用这一弱点，使用有效的消毒剂或采用高温消毒等方式，通过层层洗消，降低环境中的病毒载量。

三、复产关键点

对于复产猪场而言，洗消前的复产培训能够确保复产人员充分了解各关键环节（如清洗消毒、人员出入、物品管理、引种、售猪等）注意事项；在洗消阶段制订细致全面的洗消流程，采用有效的清洗消毒方法，可以将环境中已有的病毒充分清除与灭活；在进猪后的持续防控工作中，充分提升人员意识，加强生物安全管控，杜绝溯源出的生物安全漏洞，则可以避免病原再次进入与扩散。

然而，无论是清理洗消，还是后续防控，都必须以更严格的生物安全标准来管控复产的每一个细节，复产流程及关键点如下：

复盘溯源及复产可行性分析→复产准备工作→首次清理洗消及评估、外围生物安全升级→场内生物安全升级→二次洗消评估→进猪前验收→哨兵猪饲养（不是必需的流程）→

清空，三次洗消评估→种猪引进→持续防控。

四、复产注意事项

1. 生物安全改造　根据疫情复盘与流行病学溯源，排查猪场存在的生物安全漏洞，如果找不到猪场感染的单一的原因，那么一定要把所有的可能感染的因素全部进行整改。整改所用到的改造物资在施工前后都必须进行严格消毒。

2. 洗消前准备

（1）划分脏区、净区，规划洗消过程中的人员、物资流动路线图。

（2）根据采样检测结果，圈舍构造不同，污染程度不同，确定洗消重点，环境采样评估表见表66-1。

表 66-1　环境采样评估分布表

采样区域	采样具体位置	采样点数量	采样区域	采样具体位置	采样点数量
办公区	门卫室	10个	生产区	物资进出口区域	10个
	更衣室	10个		仓库区域	10个
	淋浴室	10个		生产区公共地面	10个
	物料间	10个		中转猪车辆	10个/辆
	车辆进出口区域	10个/辆		生产区车辆	10个/辆
	人员进出口区域	15个		更衣室	10个
	物资进出口区域	15个		沐浴间	10个
	饲料进出口区域	15个		隔离舍	10个
	仓库和操作区域	30个		种公猪站/舍	15个
	隔离区车辆	15个		配种妊娠舍	15个
	隔离宿舍	10个		分娩舍	15个
	门及附属物	10个		保育舍	15个
	窗户及附属物	10个		生长育肥舍	15个
	屋顶	10个		紫外线间或臭氧间	10个
	裸露的土壤	10个		门及附属物	10个
	水源及管线	10个		窗户及附属物	10个
	各种沟渠	20个		裸露的土壤	10个
生活区	人员进出口区域	15个		舍内每种设备设施正反面	10个
	物资进出口区域	15个		料塔	10个
	仓库区域	15个		舍外料管线	10个
	生活区公共地面	15个		舍内料管线	10个
	生活区车辆	15个		选猪间	10个
	员工宿舍	10个		装/出猪台	15个
	窗户及附属物	10个		水源及管线	10个
	屋顶	10个		粪沟及其他沟渠	20个
	水源及管线	10个	其他区域	场外专用通道地面	15个
	粪沟及其他沟渠	20个		场外公共道路地面	15个
	裸露的土壤	10个		无害化处理区域	15个
生产区	人员进出口区域	10个		水源及管线	15个

（3）提前梳理、准备物资，清单见表（表66-2）。

表66-2 物资清单（50头母猪规模）

消毒物资

名称	数量规格	用途	名称	数量规格	用途
220V高压清洗机（带泡沫发生器）	3台	圈舍冲洗	脚踏盆	6个	各圈舍门口
高压软管	50m（3套）	接高压清洗机	压力式温度计	150℃，4个	烘干用
火焰喷枪	1套（6喷头最适宜）	圈舍、生产区火焰消毒	洗手盆	6个	装卫可消毒液等
360电动喷雾器	3台	戊二醛喷雾熏蒸	塑料桶	2个（100L/个）	供冲洗机装水
热风炮	2台	产房、配怀舍烘干消毒	潜水泵	2个	抽除水谷池水
臭氧机	3台（20g/h）	饲料、物资库房、厨房臭氧消毒	钉锤	4把	钉钉子
水消毒设备	1套	生产区猪群饮水消毒	电工工具（扳手、螺丝刀）	1套	接线、拆拧螺丝钉等
水泥砂浆机（白化用）	1套	全场白化用	插线板	5个	接线
紫外灯	10根	饲料、物资、厨房紫外线消毒	电缆线	1卷，100m	接线
台秤	1个（称重：5kg）	称量卫可	电锤或凿子	1台或1根	开凿引水沟渠
大秤	1个（称重：200kg）	称量生石灰、漂白粉等	铁桶或（斗车或手推饲料车）	1个（100～200L）	装石灰+氢氧化钠溶液
镀空货架	根据各个场实际情况而定	物资库房、药品房摆放物品	铁锹	2把	搅拌石灰+氢氧化钠溶液、铲垃圾
扫把	5把	打扫卫生	长杆硬毛毛刷子	5把	刷洗水谷池、饮水池、圈舍地面
PPR水管	50m（根据各场情况而定）	场内接水	柠檬酸	2袋（25kg/袋）	水线除垢
卫可（消毒药）	4桶（1kg/桶）	擦拭物品	戊二醛	2桶（5L/桶）	生产区消毒
生石灰	3t	白化用	除草剂	若干	除草
泡沫清洗剂	1桶（25kg/桶）	生产区清洗	优垢净（主要成分为生物表面活性素、缓释剂）		水线除垢

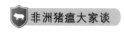

（续）

生活物资（50 头母猪规模）

名称	数量	用途	名称	数量	用途
伙食物资	一周物资进场一次		手电筒	5 把	
藿香正气液	5 盒	防暑	头灯	3 个	粪坑照明
生活区工作服	根据人数定	生活区、生产区每人各两套	防护服	10 套	冲洗消毒前后采样用
生产区工作服	根据人数定	生活区、生产区每人各两套	床	根据场内实际情况定	
连体雨衣	2 套	生产区冲洗消毒用	四件套	根据场内实际情况定	
筒靴（2 个颜色）	根据人数定	生活区、生产区每人各一套	枕头	根据场内实际情况定	
护目镜	2 个	生产区冲洗消毒用	棉絮	根据场内实际情况定	
防毒面具	2 个	生产区冲洗消毒用	垫絮	根据场内实际情况定	
拖鞋	根据人数定	生活区、生产区每人各一套	洗发露	根据场内实际情况定	生活区、生产区各一瓶
胶鞋	根据人数定	生活区、生产区每人各一套	沐浴露	根据场内实际情况定	生活区、生产区各一瓶
挂衣钩	4 个	场门口洗澡间、生产区洗澡间的脏区、净区各 1 个	牙刷	根据场内实际情况定	
袜子	根据人数定	生活区、生产区每人各一套	牙膏	根据场内实际情况定	
毛巾	根据人数定	生活区、生产区每人各一套	鞋架	5 个	场门口洗澡间、生产区洗澡间各 2 个

（4）根据洗消面积、洗消难易程度、人员工具配置、洗消时间等确定人员分工，明确人员活动区域及作业区域。

（5）明确洗消流程及洗消注意事项，确定完整系统的洗消方案。

3. 洗消过程

（1）人员做好防护，断电绝缘，注意人身安全；进出作业区域严格消毒、换衣换鞋，洗消过程中严格按照操作流程及作业路线进行，不串岗、串舍。

（2）洗消物资提前做好规划，各区域一次性领用，不浪费、不退回，使用完毕后做好消毒或无害化处理。

（3）洗消前做好原位消毒及清理清扫。

①原位消毒。将全场包括舍内泼洒3%的氢氧化钠溶液3次，每天1次，每次必须保持30min表面湿润，充分作用，将病菌在原位杀灭。

②清扫。清扫栏舍表面的灰尘，饲料残渣，粪便和蜘蛛网，封闭排水、粪污管道，保证封闭运行。

③拆卸。拆卸所有能拆卸的设备，如猪栏、漏缝地板、产床隔离板、饮水器、保温箱、手推车、柜子、架子、门窗、灯具等；料线，拆除能拆卸的绞龙、管线等；水线，拆除饮水器、接头等，有吊顶的猪舍将顶棚拆除，清空所有能移动的物品，移至指定区域进行焚烧、消毒浸泡或深埋；清理清扫期间所穿的工作服、鞋子，清理清扫完成后进行焚毁或戊二醛浸泡消毒后洗消烘干。

拆卸下的可浸泡消毒的部件用2%氢氧化钠溶液浸泡24h，浸泡2次；销毁所有木质结构、橡胶垫、纸张（如水帘、记录表等）、所有扑杀衣物（包括内衣裤）、鞋子、饲料、药品等；在猪场整改时重新安装所有部件，更换磨损、变形或无法消毒的零部件。

（4）洗消操作全面细致，漏粪板侧面、产床焊接处等死角要彻底清洗，不可忽略。

（5）安排专人对全部冲洗消毒过程进行监督。

4. 洗消后检查 进行系统全面的检查与验收。

（1）全面检查 检查生产区、猪舍、生产区办公室、生活区、供水系统、死猪填埋区、无害化处理中心等区域是否处理达标。

（2）荧光定量PCR检测 采样要求既要全面又要兼顾可能的风险点和洗消死角，同时试验过程中做好阳性和阴性对照。

5. 哨兵猪饲养（不是必需的程序） 不从疫区引入哨兵猪，且哨兵猪必须检测为阴性。哨兵猪饲养过程中无临床症状，且每次检测均为阴性，则可清空猪舍，再次洗消后引种。

6. 引种 复产猪的引进要从猪的来源、运输路线和猪群健康状况的监测等3个方面进行严格控制。

（1）对引入的猪（包括后备种猪）进行调查，要求供应猪的猪场非洲猪瘟检测均为阴性。

（2）对途经区域、运输时间、临时停靠点、途经路线、备用路线、人员安排等进行规划，原则上推荐就近引种，减少运输距离，运输途中尽量不停车，不进入服务区，排除疫区及存在污染的风险点。

（3）猪在进入生产区前共进行 3 次非洲猪瘟病毒检测，分别为引种前、进隔离舍 1 周后和转生产区前，3 次检测非洲猪瘟病原均为阴性，则可开始猪群复产。

7. 持续防控

（1）统一思想，合理安排复产人员，进行生产培训，明确岗位职责、考核方案。

（2）建立和完善生物安全体系，制订并严格执行各项隔离、消毒制度和措施，保障复产的成功进行。

（3）制订详细的应急处置方案，组织场内人员进行应急预演。

（4）制订生产计划，保障生长节律，做好免疫、保健、驱虫等猪群健康保障工作。

（5）构建数据管理系统，科学地评估生产成绩，及时发现和解决生产中的各项问题。

五、总结

养猪人要乐观，但是不可盲目乐观，不可懈怠大意，非洲猪瘟远远没有过去，机会只属于有准备的人。复产意味着巨大的投入，也会面临巨大的风险。

"命是弱者借口，运乃强者谦辞"，非洲猪瘟不会同情弱者，我们必须勇于作为，切实做好复产的每一个细节工作，不断提升自身防控非洲猪瘟的能力。2019 年，对养猪人而言是不平凡的一年，2020 祝所有养猪人猪事顺利，在抗非复养的道路上执剑前行。

专家点评●

　　行业"乱世"出英雄。2020 年是生猪产业浴火重生的开局之年。目前处于非洲猪瘟防控的关键转型时期，越来越多的养殖企业（大中小规模养殖企业）用临床实践演绎着非洲猪瘟可防可控，但是目前非洲猪瘟防控技术还不成熟，还有较大的风险，国家的扶植政策不断涌现，猪肉供不应求，猪价处于历史高位，行业禁抗会引起行业产业升级，一些大型养殖集团公司在前期非洲猪瘟防控成功的基础上，把握机会，大手笔进行扩产复养。

　　综上所述，2020 年是生猪产业机遇与挑战并存的重要一年，也可能是我国猪业集团化猪场发展机会最大的一年。在严峻的疫情形势下，苏志鹏博士作为德康集团健康管理中心总经理，做好了集团非洲猪瘟的防控工作，同时德康集团充分把握住机会，不仅损失非常小，还实现了母猪存栏规模几倍的增加，不仅通过各种形式扩产，还总结了复产的关键技术，从复产的条件，对非洲猪瘟病毒知己知彼，抓住关键点，落实细节和注意事项，走出了成功的复产之道，控制风险，把握投资机会，在严峻的非洲猪瘟疫情形势下做到了"运乃强者谦辞"。

（点评专家：陈芳洲）

第 67 篇　邵国青：非洲猪瘟背景下猪场复养
——做决策要考虑哪些深层次因素？

2020 年 3 月 12 日

▶ 作者介绍

邵国青

研究士生导师，博导，江苏省农业科学院兽医研究所副所长。担任亚洲支原体组织理事长，是江苏省"333 高层次人才"第一层次培养对象，享受国务院政府特殊津贴。邵国青聚焦猪支原体肺炎防控技术研究，率领团队成功研制猪支原体肺炎活疫苗（168 株）、猪支原体肺炎灭活疫苗（NJ 株）和猪支原体肺炎 sIgA 抗体检测试剂盒。获国家技术发明奖二等奖、神农中华农业科技一等奖、中国专利优秀奖等多项奖励。

▶ 引言

　　中国是世界上第一养猪大国，也是猪肉第一消费大国。自 2018 年 8 月非洲猪瘟传入我国以来，给整个养猪行业造成了巨大的损失，导致我国母猪存栏量跌破 3 000 万头母猪，在这个数字的背后，可能意味着养猪行业高利润的到来，养猪企业要做的是，让自己的猪场存活下来，只有存活下来才能获得高额利润。

　　接下来邵国青老师将从未来因素、当下因素和不确定因素 3 个层次，谈谈非洲猪瘟背景下，猪场如何复养？

　　新冠肺炎的防控无疑是举国上下最大的焦点。即使因为疫情影响，全国人流、物流、车流受到了管控，切断了病毒的传播路径，但非洲猪瘟的威胁依然存在，所以已有的猪场全流程管理一刻也不能放松，复养问题已经上升为国家目标。但生猪复养的总体效应要滞后一年才能显现，如何复养、如何投资决策不仅是一个勇气问题，也是一个理性问题。不同层面的科学分析会有助于我们做出正确的决策。

一、未来因素

未来因素是着眼未来的决策因素，对于具有强大资金优势、资源优势、人才优势的大公司来说，毫无疑问，要着眼长远。因为着眼于长远，不仅可以使利益最大化，还可能保持生产的稳定性。相反，对那些没有资源优势和人才优势的公司来说，长期必败，不如趁着市场行情好，博一波短线。2019年，许多有实力的公司决策失误，不仅年终报表非常难看，而且牺牲了宝贵的资源优势和机动性储备。"家财万贯，带毛的不算"，如果没有非常安全的环境和全封闭的生产体系，就必须要有足够的后备资金作为机动性储备，做一个在多变环境中有生命力的现代企业。

二、当下因素

当下因素是充分分析现状和环境限制。当前对养猪的激励政策前所未有，甚至最严格的环保政策限制也开了绿灯。有条件的、没条件的都一哄而上，就会影响到长期发展。最坏的结果是有可能会跌回2019年初的困难状态，"泥沙俱下，城门失火，殃及池鱼"。养猪业是一个长周期行业，养猪圈内无可选择，好在市场还是给了我们"喘息"的机会，更希望有因地制宜的养猪激励政策，而不是简单的"一刀切"的政策。疫情的威胁是不可忽视的限制因素，但风险和巨大收益机会相比，愿意去冒风险的仍然大有人在，尤其是有一定资源、有能力的人。

三、不可控因素

多种不可控因素决定了我们的任何决策都有不确定性、不可控性。有一个难题是，我国部分地区和东南亚国家有可能会形成广泛的非洲猪瘟地方性疫源地，它会导致一个国家净化、控制疫病非常困难。新的一年，复养对于大部分猪场来说，通过生物安全管理或者通过精准清除，不可控也在变化。如果大面积复养，散养猪场遍地开花，会进一步增加不确定性。如果条件不具备，冷静等待也不失为一种明智的选择，"留得青山在，不怕没柴烧"。

这3个层次中未来因素是最重要的层次，当下因素和不可控因素是第2、第3层次。之所以要讨论决策问题，是因为我们惊讶地看到，有些我们非常敬佩的企业家实际做反了，明明可以做强企业，却偏偏去选择孤注一掷，压上全部资产放手一搏，陷入绝境难以自拔。"圣人明君，非能尽其万物，却能知万物之要"，做决策贵在谨慎求知、认清要害、顺应规律。

年前一个猪场结构改造的讨论会上，有一个1 600多头母猪的种猪场，计划再建一个

600 头母猪的新场。我的建议是，对于中等规模的种猪场，最好暂时不要急于扩大规模。防控非洲猪瘟生物安全体系的构建，直接关联的一个瓶颈因素就是规模，2019 年底散养户已经基本出局，但仍然出现区域性疑似疫情。检测显示，菜市场环境并不安全，什么时间市场肉品广泛检测均为阴性，非洲猪瘟疫情背景下猪场复养才会成功。对于一个中等规模的种猪场，公司长期处于严防死守的紧张状态，如临深渊、如履薄冰，这与现代化养猪简单管理、轻松管理差距太大。做强养猪企业是未来的必然选择，大多数人会选择抓住机遇，尤其是几十年不遇的大机会。什么是符合逻辑的进退选择？不管形势多急迫，做成事需要有节奏感，在人力、物力、环境资源有较大的空间时，进一步通过结构改造，扩大规模，稳健发展，更何况现在有难得的政府政策、环保特许等的支持，还可以根据地域特点，用合作社的方式将饲料、养猪、屠宰、加工等不同板块通过区块链进行组合，探索区块管理新模式，提高生物安全水平，减少人、自然环境的影响和限制。未来因素是做决策考虑的第一层次的依据，大多数人会欣赏那些有魄力的大手笔，放手一搏非常壮美，但大概率会失败。

在快速发展的道路上，难免会出现波折，尤其是烈性传染病一直是我们需要跨越的挑战。非洲猪瘟给我们上了深刻的一课，要求我们必须把畜牧业真正做强，打造一个标准化、规模化、现代化、智能化的畜牧产业。同时，生态化、无公害食品产业链也会逐步发展壮大。未来因素是最重要的决策依据。

专家点评●

非洲猪瘟给我国生猪产业造成了重创，国民的猪肉供应面临着巨大的缺口。复养扩产、稳价保供事关国计民生。然而猪场复养是一个复杂的系统工程，面临很多不确定性，既有高猪价行情和国家政策支持等有利因素的诱惑，又有疫情、技术、资金和环保等不利因素的制约。是观望还是行动？很多养猪人面临两难的抉择。

本文中邵国青研究员基于对当前形势的全面研判和深度思考，从未来、当下、不可控 3 个维度解析了养猪人复产时面临的近期和远期、有利和不利、已知和未知等各种变数，给大家指出了一个制订决策的独特思考角度。我们中国人做事讲究"天时、地利、人和"，又信奉"谋事在人、成事在天"。所以很多决策者崇尚三思而后行、谋定而启动。但另一方面，机会是留给有准备的人的，机遇是不等人的，若是错过了当前百年不遇，甚至是"千年等一回"的养猪行情，那就再等一千年吧！智勇双全者将手擎行情、脚踏疫情、笑立潮头，有勇无谋者试图孤注一掷、倾家豪赌，终会被疫情大火无情吞噬，而那些智谋全无者只好"孔雀东南飞，一步一徘徊"，做这场超级行情盛宴的看客。

（点评专家：仇华吉）

第 68 篇　赵同刚、韩春光：猪场复养失败原因浅析

2020 年 6 月 17 日

▶ 作者介绍

赵同刚

汉族，执业兽医师，1981 年出生于山东省章丘市，毕业 20 年来一直扎根养猪生产一线，有近 20 年的万头规模猪场管理经验，在工作期间取得了良好的社会效益和经济效益。

韩春光

毕业于江苏农林职业技术学院，毕业后一直从事数据化、流程化、标准化、规范化的标准养殖，深耕一线，工作期间曾先后在国内各大养猪专业杂志发表养猪相关论文 30 余篇。

▶ 引言

非洲猪瘟疫情自 2018 年 8 月传入我国东北至今已近两年，重创了国内养猪业。由于生猪短缺导致猪价一路高涨，虽然复养猪场前赴后继，新建场陆续投产，但是这条路走得并不是很顺畅，疫情依然频频发生，并不十分理想。刚发生疫情时，按照我国兽医法律法规的要求，发生非洲猪瘟后，只能采取封锁、隔离、扑杀措施。但是，近期农业农村部已经发文，对确定阳性猪及同群猪必须扑杀，对其余猪可采取隔离观察，不再采取扑杀行为，这标志着非洲猪瘟常态化基本成为我国养猪业的现状。到目前为止，全世界尚未研制出可靠的疫苗用于猪场非洲猪瘟的防控，净化在短时间内也很难实现，必须做好长期和非洲猪瘟战斗的准备，非常时期只能采取特殊策略。失败是成功之母，只有坚持科学防控，梳理出复养猪场失败的原因和漏洞，我们才能总结出有针对性的方法，最终解决复养的难题。笔者将猪场常出现的错误进行归纳总结，以供参考。

一、猪场内、外环境洗消不彻底

猪场在复养前必须经过严格的消毒处理，处理措施不当是导致猪场复养失败的一个最主要的内部原因。消毒程序一般要重复多次才能彻底消除病毒。一般流程是：火焰高温消毒→清栏→冲洗干净→干燥→喷洒消毒→干燥等，必须覆盖到猪场设施的每个角落，工作量非常大，特别是对于栋舍内漏粪地板背面的缝隙、分娩床背面、暗沟管道及四周围墙 1.2m 以下部分等均要彻底地清洗和消毒。猪舍外部污染的土地除做常规消毒外，建议消毒后铺撒生石灰覆盖污染地表。但是，现实生产中绝大多数规模化猪场对于消毒的理解仅仅是把表面冲洗干净，再用大剂量消毒剂喷洒猪舍内外，其结果是并不能彻底杀灭环境中的病毒，因为犄角旮旯和阴暗的角落里面还残存着少量的猪粪、病死猪血液、毛发、体液分泌物等。

二、对检测的重要性认识不足

消毒完成后不要急于引进猪进行复养，应首先对猪场内外环境进行采样检测，待确定内外环境为阴性后，再引入部分哨兵猪作为探路观察群体（不是必需的，但这样做谨慎一些，投入少）。现实中，临床使用哨兵猪没问题，但大规模引种后也有不少发生问题的，这可能与哨兵猪的数量、运动范围和饲养时间有关，建议每栋按照不低于 5% 的比例放入哨兵猪，并把猪栏门全部打开，让猪在猪舍里面自由活动两个潜伏期（40d）以上。在放养观察期内应对哨兵猪进行血清学和病原学检测，在检测结果均为阴性且观察期内无临床异常的情况下，再引种。但在实际操作中，有很多猪场只限于环境检测是阴性就开始大批引种，观察时间不足，饲养一段时间后猪群开始陆续发病。所以必须制订严格的检测方案，建议内外环境监测和哨兵猪检测结果双阴性后再批量复养，将风险降到最低。

三、对猪场周边疫情掌握不充分

我们要充分认识到一类烈性传染病的危害，即使对猪场进行了彻底消毒，但当猪场周边地区的非洲猪瘟疫情较为严重时，猪场同样也面临较高的再次感染的风险，因为中国式养猪的现状是土地少、密度大、散户众多、谁都能养、随时可养、生物安全防控管理混乱等。例如，2020 年 3 月，农业农村部接到中国动物疫病预防控制中心报告，经内蒙古自治区动物疫病预防控制中心确诊，鄂尔多斯市鄂托克旗某养殖户从外省违规调入的一批仔猪发生非洲猪瘟疫情，该批仔猪共 200 头，运输途中就开始陆续死亡，数量高达 92 头。目前，很多地区疫情还在持续扩散中，很多养猪人由于高猪价利益的驱动，在周边地区尚未彻底根除病毒和有效控制传染媒介的情况下开始复产，导致复养成功率较低，并诱发自己的猪场发病，成为新的传染源。

四、不慎引入带毒种猪

在复养过程中，由于要持续分批次地大量引入后备母猪，所以引种生物安全就成为突出的难题。如果把关不严，不幸引来了部分处于潜伏期带毒的后备母猪，就等于引来了定时炸弹，随时有引爆风险。因为非洲猪瘟病毒的潜伏期一般是 4～19d，仅凭肉眼很难观测到早期临床症状，再加上猪场采样监测的实验室水平不一，对于潜伏期的检出率也是参差不齐。经调查发现，部分复养失败的规模化猪场，就是从其他猪场新引入了处于潜伏期的已感染后备母猪，因为在这些后备母猪身上检测出了非洲猪瘟病毒，这有可能是种源场的后备猪有问题，但也有可能是引进的后备母猪在运输途中感染了非洲猪瘟病毒，到场后一直处于应激状态之中，随后几天就表现出了临床症状。因此，严格筛选种源场和规范运输过程，减少引入带毒后备母猪的风险，也成为复养成功的关键。

五、引种隔离不当

很多猪场的隔离舍在猪场生产区内，与其他猪舍的有效距离远小于有效距离 300m，无法真正起到隔离舍的作用。所以，我们建议规模化猪场尤其是大型养猪企业采用场外隔离舍隔离措施，防止由于引种不当把带毒猪直接引入自己的核心猪场。没有自建场外隔离舍的猪场要抓紧建设，来不及建设的可以暂时租赁猪场附近的生物安全条件好的育肥场来充当自己的场外隔离舍，先把引来的种猪放在距离核心场几千米的场外，隔离舍观察 1 个月，临床无异样、监测全部是阴性后，第 2 个月再启运回场内隔离舍，定期对内部隔离舍的猪进行采样监测，经过 4 周，无异样全阴性，就可以按照正常程序混群饲养了。这样做成本虽然有些偏高，但是能大大降低因为引种不当带来的风险，保障了整个核心场的稳定。

六、出猪环节出现纰漏

疫情发生后的近两年，有能力的大型养猪企业都已经建立了属于自己的洗消烘干中心，但是还有部分养猪场只重视外部屠宰厂拉猪车的消毒，而往往忽视了对中转车辆和人员的管理。中转的管理核心是车辆，其次是流动的人，中转车辆不被污染是防控的重点。中转出猪是个复杂的流程，对硬件也有一定的要求，同时要兼顾流程设计以及人员的执行力。这个过程需要经过严格的清洗、消毒、烘干和隔离，隔离期越长越好，至少 2d，还需要有技术人员对洗车的质量进行评估，对洗车人员进行培训。此外，淘汰猪也是非常重要的环节，虽然对中转车辆进行了一系列处理，但是相对于猪场来说淘汰猪区域还是属于脏区；应严格管理售猪的流程，若监管到位，则会大大降低外源性非洲猪瘟病毒入侵风险。

七、私自使用来路不明的"神秘物质"

很多猪场由于对生物安全防控没有信心，加之吃过大亏，对非洲猪瘟产生过度恐惧，所以很多人都在偷偷地走"捷径"。2019 年此时，除了流行于华南地区的非洲猪瘟，还有一种"神秘物质"流行于养猪业，可谓风靡一时，惊恐万分的养猪人使用各种神通来寻求此物，以得到者为荣。他们会向同行炫耀此物质如何正宗、可靠、是通过非同一般的关系、费了九牛二虎之力、花费巨资得来的，而且不能向外透漏此关系，即使失败也是如此，因为是拿不上台面的地下交易，结果是吃亏后又不能声张，因为对方说是"顺"出来的，这属于非正常买卖，所以只能打碎了牙往肚子里咽，希望大家提高警惕。

八、防控非洲猪瘟进入猪场的关键点

防控非洲猪瘟就是在消灭传染源、切断传播途径和保护易感猪群三方面下足工夫。对于猪场防控，简单来说就是一进一出的防控，严格入场的消毒，守住大门口；其次就是盯紧中转出猪台、销售出去的猪和流动的人，杜绝交叉和逆行，以免把非洲猪瘟病毒从中转出猪台带回猪舍，再传染给健康猪。做好生物安全措施，想尽一切办法不让非洲猪瘟病毒突破我们的生物安全防线，切断传播途径，防控就有了保障。我们梳理出了一些关乎复养成败的生物安全漏洞，并评估出了风险等级，供养猪同行参考（按照一级风险、二级风险、三级风险标识区分风险等级），提升重视程度。**一级风险为销售肥猪、淘汰种猪；引进仔猪、种猪；无害化车辆、外界运猪粪车辆、运输生猪车辆；引入猪的精液、外来猪肉及制品；带有猪肉摊子的菜市场；入场的饲料车；周围有疫情；疑似污染的水源。二级风险为不入场的饲料车；人员返场；鼠、鸟、苍蝇、蚊等；疑似污染的饲料。三级风险为专业批发蔬菜的菜市场；进场的疫苗、兽药、各种用具等；饲料原粮；水源。**

养猪有两条生产线，一条是正常的养猪生产线，另外一条则是生物安全防线。生物安全防线是养猪生产线正常生产的保障，最大限度减少病原和猪的接触，因为看不见，摸不着，所以一般不被养猪人所重视。良好的生物安全措施是建立在优秀的内部管理基础之上的，如果猪场内部管理一塌糊涂，再好的生物安全措施也是摆设，也就给非洲猪瘟的暴发创造了条件。非洲猪瘟在没有可靠疫苗保护的情况下，其防控必将是一项长期的系统工程，绝对不是靠单纯的严防死守就能够防控成功的，必须制订出科学有效的综合性防控方案，包含养猪的方方面面，由点到线，由线到面，汇聚成整体，最终形成一个有效的综合性防控体系。

专家点评

　　作者以通俗易懂的方式分析了猪场复养的一些误区，包括猪场的消毒和检测、种猪的引入和隔离、猪只转运过程中的操作管理以及非洲猪瘟疫情发生对猪场防控的压力分析；最后作者将关键的生物安全风险点进行了分级，值得大家参考。非洲猪瘟防控，从大的方面来讲是个系统工程，需要综合防控；从小的方面来讲是细节管理，不需要高大上的理论，最重要的就是将科学合理的生物安全措施逐一落实到位，不要给自己留下任何借口和遗憾。

（点评专家：刘从敏）

第 69 篇　区伟波：基于实际现象的
　　　　　　防非复产要点

2020 年 9 月 10 日

▶ 作者介绍

区伟波

广东天农湄潭日泉公司经理，曾在温氏集团、正邦集团、双胞胎集团、山西新大象养殖股份有限公司从事技术与经营管理工作，曾任技术负责人、技术总监、总经理等职位，长期在一线指导生产、管理，临床经验丰富。

　　自官方报道第一例非洲猪瘟案例以来，我国疫情暴发后呈地方流行性趋势，对养猪生产及其相关产业造成了巨大的冲击，养猪行业及其相关产业面临前所未有的挑战。我们经过两年的摸索研究，总结出来一套针对非洲猪瘟有效的生物安全管理防控措施。

　　预防传染病流行的三大主要环节：控制传染源、切断传播途径、保护易感动物。非洲猪瘟作为一种急性、热性和高度接触性传染病，该病的防控同样遵循这样的规律。

　　在实际生产过程中，我们发现了一些现象，并且对这些现象进行了分析与总结：现象一，断奶仔猪体内存在有效抗体。现象二，高床饲养模式下传播速度慢。现象三，地方非暴发季节复产成功率高。现象四，规范化管理、环境消毒与杀虫执行到位的猪场发病率低。现象五，在低密度饲养条件下，定点清除成功率高。现象六，定点清除成功后，猪群 3～5 个月后检测呈阴性，但遇到应激会发病，检测再出现阳性（一般为"拔牙"不干净的少数猪，但环境载毒量下降，对肉猪群没有太大影响；对母猪群是非常危险的，其生产成绩会不稳定）。按照我们临床的经验，完全清除是没问题的，即使应激也不会再发病。发生这种现象的主要原因是最开始没清除彻底，甚至使用了"2mL 关键技术"，未实现真正的清除成功。

　　在养猪生产管理过程中，预防非洲猪瘟必须做好两项工作——"洗"与"消"。"洗"就是对目标环境做到充分清洗；"消"就是对清洗后的目标环境进行充分消毒，其目的主要是切断传播途径并逐级降低病毒荷载量。

关于猪场的"防非"复产工作，我们经过两年多的摸索，提出以下几点建议：

（1）彻底清洗圈舍残留的有机物。

（2）彻底消毒（反复 2～3 次，最好高温消毒）。

（3）生物安全设施设备的升级改造。

（4）干燥（烘干）。

（5）坚持空栏评估。多次、多点对目标环境进行非洲猪瘟病毒检测，检测呈非洲猪瘟病毒阴性方可复养。

（6）预留足够的圈舍空置时间来让病毒失活。

（7）避开地区性疫情高发期（一般 3～4 个月，按省份分）。

（8）降低饲养密度。

（9）育肥猪复产时，应购入自身带有抗体的断奶猪（2 周内断奶猪自身有抵抗能力，但存在时间短），且最好在断奶猪抗体抵抗能力尚未消失前，使猪群适应饲养环境。

（10）猪接触的地方尽量用新物资（以防消毒不彻底）。

（11）引种时，必须要了解供种方猪群的疫病史、非洲猪瘟病毒核酸检测报告，并保障运猪车辆及运输过程中的生物安全管理。

（12）疫情复盘：了解本场的生物安全漏洞。

（13）开展风险点评估，逐条列出再次复发的应激因素，包括外部和内部因素。

（14）限制人员进出场，严控物资进场的消毒管理。

（15）按切断传播途径与降低病毒载量防控目标进行管理。

按照切断传播途径与降低载毒量的目标来确定生物安全措施，比如：人员消毒与隔离。严控猪与非洲猪瘟病毒接触是防止非洲猪瘟的关键。在疫情发生或可能发生时，饲料管理人员、兽医和应急人员都应该严格遵守生物安全，做到环境消毒、独立隔离、预防接触等管理措施。

专家点评●

区伟波老师在生猪生产一线从事生产技术管理 20 多年，特别是对代养户管理和肥猪生产有一套独特的管理模式，工作善于从点滴抓起，在实践中钻研技术，是从猪圈里"爬出来"的非洲猪瘟防控专家。他提出的非洲猪瘟六个现象都是从生产实践总结出来的，这些提炼出来的现象其实就是一般规律，对"防非"复产具有重要的指导和参考意义。特别是今年野毒和疫苗毒交叉传播感染，一部分保育猪非洲猪瘟病毒检测阳性，但不表现症状，有些育成猪抗凝血检测阴性但一旦遇到应激就会转阳性，病毒潜伏在猪的一些组织内，对猪场造成相当大的危害。区伟波老师提出的"防非"复产十五条建议，都很实用，特别是育肥猪舍要做好圈舍环境控制和复产工作，显得非常重要。

（点评专家：吴荣杰）

第十一部分　非洲猪瘟的净化

第 70 篇　游启雄：抗非复养，众志成城，保猪净化，有道可寻

2019 年 10 月 20 日

▶ 作者介绍

游启雄

四川省畜牧科学研究院助理研究员，《中国畜牧产业化经营理论与实践》作者。主要从事动物营养与生物制品方面的研究、推广及农牧企业运营管理咨询工作。

非洲猪瘟是天灾，一不小心可能就演变成"人祸"。面对非洲猪瘟袭来的束手无措，面对非洲猪瘟肆意摧毁的无能为力，一场拷问人性、拷问担当、拷问自律的大考，给养猪人带来了极其惨痛的教训。但痛定思痛，我们有理由坚信，世间万物，相生相克，因果轮回，养猪业绝不会消失。**当前正处于全国上下万众一心"抗非"复养之际，面对当下的严峻形势，万变不离其宗，还得回归事物本质，遵循病毒病本身的防治规律：**

（1）消灭传染源是目标　评估准确全面、知己知彼为先。

（2）切断传播途径是手段　措施周全严密、执行监督到位。

（3）保护易感动物是根本　遵循自然本源、预防控制净化。

经过不断摸索，在"抗非"复养实践中，总结出**"十二字"方针**及**"九十四"措施**的保猪净化实战策略：

1."十二字"方针　病毒阻断、组织修复、扶正排调。运用现代生物工程技术，唤醒机体免疫系统主动投入战斗，阻断病毒在体内的增殖复制；修复巩固机体免疫屏障，强化机体免疫功能；辅以古典瘟症温和调理理念，扶正祛邪，排毒调理。

2. **"九十四"措施**

（1）九项措施

①车辆脏道、净道管理及洗消烘。

②入场人员、物资洗消烘。

③销售的猪专人专车场外定点中转。

④升级场内蚊虫鼠鸟防控措施。

⑤场内人员活动分区管理，防交叉、防串岗。

⑥水源监控、妊娠舍单槽饮水改造。

⑦生产区与生活区道路铺棉毡，并用氢氧化钠溶液浸润。

⑧小单元化、实心化圈舍饲养面积。

⑨降低饲养密度。

（2）四个阶段　加强猪群监测检测措施。一旦出现状况，保持定力，先隔离再确诊，严格按照非洲猪瘟症状发生的四个阶段：钻石期、黄金期、白银期、烂铜期，严格、果断、及时对标"拔牙"。

让我们一起，从对非洲猪瘟一无所知的恐惧，到逐步认知了解非洲猪瘟的特点，练就与"非"共舞，心怀不乱的本领。加强行业自律精神，强化大环境监测控制，众志成城，保猪净化，养猪业涅槃重生将指日可待。

第71篇　王帅彪：非洲猪瘟下猪场的
生存哲学——巴西净化非洲
猪瘟给我们的启示

2020 年 3 月 3 日

▶ 作者介绍

王帅彪

2013 年毕业于南京农业大学预防兽医系，之后在北京生命科学研究所担任研究助理。2014 年决定脱离科研投身于中国养猪产业，先后在朱稳森博士、康纳博士和马瑞修博士的指导下从事兽医实践工作至今，目前担任丹俄国际中国区总经理。丹俄国际为中国养猪企业提供咨询、培训和托管服务。

▶ 引言

　　非洲猪瘟自传入我国以来，我国与生猪产业相关的产业链上下游都不同程度受到了影响，虽然非洲猪瘟的影响巨大，但也有部分国家将其成功净化，巴西就是其中一个国家。1978 年，非洲猪瘟疫情暴发后，巴西仅用了不到 7 年时间就根除了非洲猪瘟。

　　接下来王帅彪老师将从巴西成功净化非洲猪瘟的例子，谈谈非洲猪瘟下猪场的生存哲学。

　　非洲猪瘟就像决堤的黄河纵横肆虐，在全球范围内造成极其严重的经济损失。全球成功净化非洲猪瘟的国家屈指可数，但依然有经验可供学习借鉴。西班牙的非洲猪瘟净化经验离现在较近，成为争相学习的参考。而远在南半球的全球第四养猪大国巴西在大约 40 年前用 7 年时间净化了非洲猪瘟。这些成功的非洲猪瘟净化案例中蕴含的非洲猪瘟疫情下的生存哲学值得探索。

一、假作真时真亦假

一般而言，巴西屠宰厂和发病猪场在感染非洲猪瘟后不允许私自做流行病学调查。但是，因为巴西圣卡塔琳娜州屠宰厂的控制比较滞后，所以进行了流行病学调查分析，发现：①平均发病率为 7.51%；②平均致死率为 72.64%，但是在 26 例疫情中发现 18 例致死率达到 100%；③最大发病率为 71.73%，最小发病率为 0.18%。

这些数据显示，有些疫情的发生，非洲猪瘟病毒不是主要病因，即使实验室检测结果为非洲猪瘟病毒阳性。因为单一因素不可能表现出如此不一致的发病率。有些病例可能是由于送样或者样品处理技术失误出现了假阴性或假阳性。这对于制订加速净化非洲猪瘟的策略以及避免出现假阴性导致的疾病扩散非常重要。

1978 年时，巴西检测了 1976 年起保存的血样，发现有些竟然呈现非洲猪瘟病毒阳性。这个结果导致当时公众怀疑巴西 1978 年报道的第一例非洲猪瘟并不是首例，但是后来又被证实为假阳性。

很多检测都能够发现真阳性和真阴性，同时也可能会出现假阴性和假阳性。检测的准确性取决于其敏感性和特异性。敏感性是检测方法发现真阳性的能力，特异性是检测方法发现真阴性的能力。猪场得到的非洲猪瘟检测结果见表 71-1。

表 71-1　非洲猪瘟检测结果

检测结果	非洲猪瘟	无非洲猪瘟	总数
阳性	真阳性 A	假阳性 B	检测阳性总数
阴性	假阴性 C	真阴性 D	检测阴性总数
	总患病数	总未患病数	

如何控制非洲猪瘟 PCR 或荧光定量 PCR 检测中的假阳性和假阴性？

对猪场或者养猪企业而言，首先要尽可能杜绝假阴性。假阴性率通过以下公式计算（表 71-2）。

表 71-2　假阴性率的计算公式

结果	公式
假阴性	（1—敏感性）×流行率
真阳性	敏感性×流行率
先验概率	流行率／（1—流行率）
假阴性率	100×假阴性／（真阳性＋假阴性）

通过表 71-2 的公式可以看出，**如果想杜绝假阴性的出现，就必须提高检测的敏感性。当敏感性接近至等于 1 时，假阴性率会非常低，趋近于 0。**

理想情况当然是假阳性率也极低，假阳性率的计算公式见表 71-3。

表 71-3　假阳性率的计算公式

结果	公式
假阳性	（1－特异性）×流行率
真阴性	特异性×流行率
假阳性率	100×假阳性/（假阳性＋真阴性）

综上所述，对于猪场或养猪企业而言，要提高检测敏感性，尽可能杜绝假阴性。同时，也需要定期将少量样品送到 3 个实验室来验证检测，减少假阳性结果。

二、壮士断腕

巴西卫生管理局在实验室检测结果出来之前，就下令立即处死发病猪。暴发区内立即进行流行病学调查分析，并且也处死了该区域内的活猪。当巴西收到美国非洲猪瘟参考实验室的报告后，动物健康管理部门承担起了净化非洲猪瘟的责任，因为巴西卫生管理局认为这些病例高度疑似非洲猪瘟。

这个例子可能导致了 1978—1979 年公布并扑杀的一些非洲猪瘟疫情实际上可能是由于假阳性检测结果而被误判为非洲猪瘟疫情造成的。这也导致了当时巴西公众对检测技术的怀疑，但是这些错杀在整个快速净化过程中还是发挥了作用。

对于我国猪场而言，当临床上发现疑似症状，这时实验室的检测可能不一定显示是阳性。如果结果是可疑怎么办？**这时需要停止场内一切操作。围绕可疑猪及周边猪重新采样，并送到 3 个实验室检测。如果结果依然存疑，建议按照阳性结果进行局部清群。在处理非洲猪瘟过程中是否具有壮士断腕的勇气是将损失最小化的关键。**

三、步步为营

1. 防控方案在巴西分区域执行　1980 年起巴西将巴西南部区域作为首要监测区，这个区域拥有全国 44.65% 的母猪场，以及调出较多生猪和猪肉产品到其他州，这个区域也跟其他几个国家接壤，区域内猪肉出口企业也比较多。巴西其他州的防控方案也同步进行。这个方案分区域鉴别哪些区域是非洲猪瘟净化区。对于疑似发病场，分区域管理并鉴别是否有非洲猪瘟是防控过程中的关键。

2. 按部就班地执行行动方案　制订净化行动方案后，由巴西农业部、陆军部队和武警部队联合执法。对于企业而言，监测和防范非洲猪瘟的职能部门是否在工作中能获得相关单位如此强有力的支持，这将是养猪企业防控非洲猪瘟的基本功。

建议猪场成立生物安全小组，组长为兽医，成员至少由兽医、生产总监和总经理组成。只有组成这样强有力的综合执法小组，才能更有效地将很多生物安全风险扼杀在萌芽状态。回顾这么多发病的大型规模猪场，难道他们没有生物安全的措施吗？**问题的关键是**

这些生物安全措施如何日复一日地落地。生物安全的执行靠的是自上而下的一以贯之，是猪场生存的哲学，是生产企业所有人员必须严格遵守的规则。但是猪场同时又是一个比较封闭的环境，所有生物安全措施的制订，一定要考虑人文关怀。让所有养猪人的基本权利在生物安全面前得到保障。

四、有舍才有得

1. 没有新发病例后，继续监测至关重要　监测程序和生物安全升级（洗消烘干站、中转台、隔离站、生物安全监测系统 BioRisk 和实验室）的费用比启动应急方案的花费低得多。巴西净化非洲猪瘟后，为了继续保持非洲猪瘟阴性。在养猪主要地区的监测进一步增加，并对港口和机场进行特殊审查。对于所有没有发病的猪场而言，在非洲猪瘟常态化之下，提高生物安全投资并增加对所有风险点的监测是持续保持非洲猪瘟阴性的关键。

2. 随着国内非洲猪瘟的肆虐，猪价持续高位运行　从企业投资的角度来讲，追加生物安全的投资，一方面能够大大降低生物安全的风险，保证企业能够在非洲猪瘟常态化下长期持续获利；另一方面追加的生物安全投资在非洲猪瘟常态下，对于静态投资回收期的影响几乎忽略不计（图 71-1）。从巴菲特价值投资理念来讲，生物安全具有很高的投资回报率。企业在控制成本的时候，是否能将生产的诸多环节优化，而不是争相建立费用更低的洗消中心！外部生物安全附属设施的功能，可能就在这样的节约成本下效果打折扣，甚至徒有其表。对成本优化后的功能进行定期评估，这是保证生物安全体系有效且平稳运行的关键。

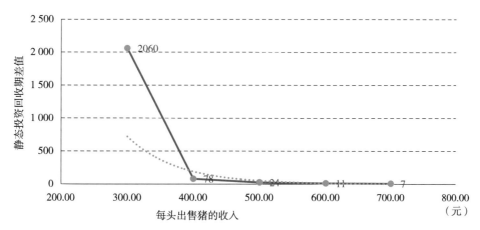

图 71-1　追加生物安全投资与不增加生物安全投资的静态投资回收期差值

五、毕其功于一役

巴西同时启动了非洲猪瘟净化程序和猪瘟防控程序。两个程序总体上是一样的，区别是血清学检测只在非洲猪瘟防控的初始阶段使用，而猪瘟防控程序需要免疫 C 株猪瘟疫苗。而且这两种疾病流行病学决定因素是一样的。在监测阶段，除了监测非洲猪瘟和猪瘟外，还监测了伪狂犬病、猪细小病毒病和其他常见疾病。对于国内的养猪企业而言，防控非洲猪瘟的当下也是净化或防控其他疾病的黄金期，为生存下来的猪场的生产潜能的释放提供了助力。

巴西无猪瘟的区域包含了 15 个州，占其国土面积的一半，包含了几乎全部的商品猪场。这些区域从 2001 年起至今没有新发病例。虽然巴西北部尚未净化猪瘟，但对其养猪业的影响甚微。**目前，世界上前五大养猪国家或地区的疾病状况（表 71-4）显示了我国养猪业的健康管理面临着世界上最严峻的挑战。**

表 71-4　前五大养猪国家或地区的疾病状况

国家或地区	猪蓝耳病	流行性腹泻/传染性胃肠炎	非洲猪瘟	猪瘟	流感	猪圆环病毒病	伪狂犬病	口蹄疫	其他
中国	√	√	√	√	√	√	√	√	√
欧盟	√	√	√		√	√			√
美国	√	√			√	√			√
巴西				√	√	√			√
俄罗斯	√	√	√	√	√	√	√		√

猪场在防控非洲猪瘟的同时，可以借机启动如猪蓝耳病、伪狂犬病和猪流行性腹泻等重要猪病的净化工作。一方面，可以提升生产水平和盈利能力；另一方面，能够让非洲猪瘟的鉴别诊断在临床上变得简单，提高非洲猪瘟预警能力和减少防非应急反应时间。

六、总结

净化非洲猪瘟健全了巴西的疫病防控体系，成就了全球第四大养猪大国保持多种猪重要传染病均为阴性的成绩，使巴西的养猪水平进入世界前列。在国内非洲猪瘟横行的今天，养殖企业在监测筛查时抱着"假作真时真亦假"的科学批判态度，结合生产实际情况做出综合诊断；当综合判断难以评判时，以壮士断腕的勇气求生，以免错过最佳时机。在搭建体系或者优化体系时秉持有舍才有得的投资理念，建立经得起非洲猪瘟考验的防控体系，而不是成本最低的体系；企业内部制订生物安全方案以及企业间联合防控时，步步为营，坚定地执行生物安全措施，并一点点扩大非洲猪瘟阴性区域，实现区域净化并最终完成全国净化。防控非洲猪瘟生物安全体系也能抵御其他重要疾病，为净化其他重要疾病提供了良机，以毕其功于一役的战术，赢得非洲猪瘟保卫战的同时也实现其他疾病的净化。非洲猪瘟下的生存哲学，请以史为鉴！

专家点评●

《黑天鹅》的作者、风险管理大师纳西姆近日针对新冠肺炎撰文指出，我们正处在一个极端的"肥尾"分布，传统的风险评估方法失效。各个国家决策者必须迅速行动，避免出现这样的谬误：在可能发生的、不可逆的灾难面前，在不确定性面前犹豫不决，走向"妄想症"；或反之，认为什么都做不了，走向"宿命论"。

反观非洲猪瘟传入我国后的一年多时间，有多少人幻想非洲猪瘟毒力减弱？又有多少人听任非洲猪瘟疫情宰割？有多少猪场纠结于要不要复养？又有多少猪场执迷于接种疫苗？

本文作者根据巴西净化非洲猪瘟的经验，结合自身的抗非实践，提出非洲猪瘟下猪场的"生存哲学"。希望养猪同仁在面临疫情挑战踯躅不前时，能从本文总结的防控理念中汲取智慧和力量，既不要有"妄想症"，也不要有"宿命论"，直面挑战，迎难而上，科学应对，化危为机。

（点评专家：仇华吉）

第 72 篇　付学平：新冠肺炎防控经验对我国净化非洲猪瘟的启示

2020 年 3 月 5 日

▶ 作者介绍

付学平

1993 年毕业于河北农业大学中兽医专业，十几年来致力于规模化猪场服务工作。2013 年带领 40 余名养猪技术骨干创立河北方田饲料有限公司（简称河北方田）。现任河北方田董事长/总经理，河北省饲料工业协会会长。

▶ 引言

　　农业农村部新闻办公室 2020 年 3 月 3 日发布，湖北省神农架林区发生野猪非洲猪瘟疫情，共发现死亡野猪 7 头。非洲猪瘟叠加新冠肺炎，给养猪人带来了不少烦恼，但因为防控新冠肺炎疫情出现的封村现象在阻断新冠肺炎传播的同时也在一定程度上阻断了非洲猪瘟病毒的传播，控制了人员的流动。虽然在非洲猪瘟防控过程中还是存在问题，但是我们应该借鉴此次新冠肺炎防控的经验，找到非洲猪瘟防控工作中的不足之处，提升猪场的防控能力。

　　接下来付学平老师将从 5 个方面，谈谈新冠肺炎防控经验对我国净化非洲猪瘟的启示。

　　突如其来的新冠肺炎给新春佳节笼罩了一层阴霾。欣慰的是在举国上下共同努力下，从 1 月 23 日武汉市封城至今短短 1 个多月时间，取得了令人瞩目的成果，"抗疫"胜利在望。从 2018 年 8 月发现非洲猪瘟第一例疫情以来，给养猪业造成重创。现已过去 20 多个月时间，虽然国家陆续出台了诸多鼓励生猪复养的政策，科研人员也在紧锣密鼓地研发疫苗。然而，时至今日，仍然没有找到一条生猪健康发展的路子。中国农业科学院哈尔滨兽医研究所仇华吉研究员等一批深谋远虑的科学家们多次建言，**净化非洲猪瘟是立足当下困境，面向未来发展，无论从国际影响还是从我国养猪安全来看都是最好的出路，尽管国家投入更多一些，恢复生猪存栏缓慢一些**。笔者下面仅从如何借鉴新冠肺炎的防控经验，从国家宏观防控施策，到从业者重视生物安全，坚持走非洲猪瘟净化的道路，如何不失良机，胜算更大的角度浅析养猪业的健康发展。

一、大环境决定防控难易度

减少新发病例，实现患者归零是"抗疫"胜利的目标。新冠肺炎疫源地武汉，恰是祖国的中心腹地，疫情严重的、感染人数超过 1 000 人的省份，除了广东、浙江输入性病例较多以外，均与湖北接壤。**这就提示我们，在非洲猪瘟常态下，选择大于努力，在养猪密度低的地方建场事半功倍**。我们通过对华北地区发病猪场进行分析，养猪密度高、交通发达的地方率先发病，严重程度高、传播范围广，甚至出现一个区域无一幸免的现象。根据国家统计局 2018 年生猪出栏数据，在我国养猪密集的省份，非洲猪瘟发病率高、损失大。我们可以预测：在该区域建场或复养，成功概率大打折扣。新建场要把选址放在第一位，如西北部地区或当地交通不便、养猪密度低的区域。

二、新冠肺炎的成功防控关键措施就是"封村封路"和"严禁流动"

特别是在我国的广大农村，建立了从道路、村口、社区铜墙铁壁式的防护网，做到了朝督暮责、足不出户，这样的隔断有效地防止了疫情的传播。

在各省间或划区域切断疫源流通、联防联控是净化非洲猪瘟的有效手段。非洲猪瘟发生早期，有识之士就建言：国家应加大防控力度，把疫情堵截在山海关外，发现一例、扑灭一例、鼓励报告、应补尽补。后来管控不严、利益驱使，在大环境无法隔离阻断的情况下，疫情泛滥，猪场只能自救。对于个体猪场而言，在非洲猪瘟疫情早期，仇华吉研究员就倡导"四层生物安全圈"的逆连通化的层层布局，其核心有 3 个原则：**"脏净分区、单向流动、防止交叉"**，这个措施也体现了"隔断"的核心作用（图 72-1）。"高筑墙"分割了生活区和生产区，层层"洗消"就是更进一步阻截，"实体墙"阻断了圈与圈的连通，改造"通水槽"切断饮水的快速传播。让"坐在轮椅上的冷血杀手"寸步难行。我们在建场或复养时在猪场的结构上一定要考虑这样的布局。

三、重视生物安全，把管理放在第一位

"布局"是硬件，"管理"是软件，当大家都在翘首期盼疫苗早日问世，仇华吉研究员就提出**"非洲猪瘟是一种可管控的疾病"**。非洲猪瘟和新冠肺炎病毒一样，欺软怕硬，抓

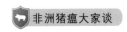

猪场的生物安全体系（水、陆、空，近、中、远）

原则：城池化、孤岛化、堡垒化、小单元化、逆联通化......

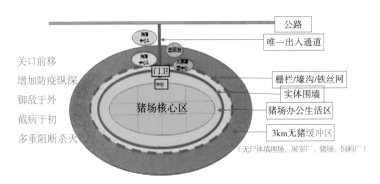

图 72-1　猪场生物安全体系布局图（仇华吉）

住防控核心要点则可防可控。做好隔离，不与人聚集，一副口罩隔离就能有效控制新冠肺炎的传染；余旭平教授强调，生物安全的"经"就是"划红线＋关键点控制"。"只要是中了非洲猪瘟的猪场，生物安全防控工作一定没做好。"生物安全无论如何强调其重要性都不为过，**做好生物安全是一种态度、一种意识、一种意志**。我们到欧美学习养猪经验，现在回头看看，成功之道就是生物安全和"福利养猪"，仇华吉研究员强调的**"把人当人，把猪当猪"**。反思非洲猪瘟前，我国养猪最大的短板就是过度依赖药物和疫苗，生物安全防控工作做得太差了。未来 3～5 年，在竞争谁是养猪业主角的路上，胜者就是生物安全防控工作做得好的公司和农户，而与规模大小没有必然联系，生物安全防控提升的能力就是赚钱的能力。

四、提高猪的体质和非特异免疫力是防控非洲猪瘟的基础

美国华裔吴军教授在一场全球健康讲座中提到"新冠病毒肺炎的致病机理其实就是病人抵抗力弱不能有效清除病毒，过激的免疫反应制造的大量自由基引起人体组织器官的损伤，导致器官衰竭就会出现死亡。"提倡患者"多进食，多饮水，喝鸡汤，服用大量维生素 E 和维生素 C"，与樊福好研究员倡导的非洲猪瘟状态下，采取"营养冗余"策略提升猪体质如出一辙。笔者 2019 年冬季参观了东北的"阳光猪舍"，根据郭廷俊的介绍，其认为在阳光下生长的猪体质更好，譬如骨质硬、骨髓更充盈、抗病力更强（图 72-2）。

在过去的抗非实践中，我们也发现，非洲猪瘟病毒在同一个场不同个体的易感性并不一样。王爱勇教授提出的**"酒量"理论**很通俗地解释了这一现象，提出"剔弱留强"是提高猪群抵抗力、降低感染风险的有效措施，其本质就是提高猪的"感染阈值"，强调群体健康度，剔除老弱病残——"不顺眼论"。对于有些饲料厂家推出的"救命奶粉料"，笔者非常不赞同，给猪好的营养无可厚非，刻意救治体弱病残者，与其说是在救治，不如说是帮助病毒制造培养基。

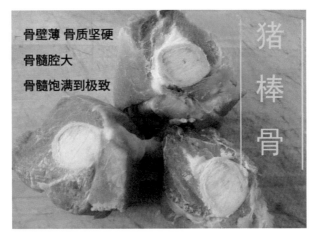

图 72-2　阳光猪舍饲养下猪棒骨和骨髓的状态

五、不盲信"神人""神药"，但科学有效的防治措施必不可少

用中药治疗新冠肺炎的成效得到了专家的一致认可和好评，与洛匹那韦/利托那韦和阿比多尔等抗病毒的西药相比，广东省第八人民医院研发的传统中药"肺炎一号"更有效果（图 72-3），其原理不是直接杀灭病毒，而是调理体质，避免机体免疫过激反应而产生"细胞因子风暴"，在治疗轻症和减少轻症向危重症转换中发挥了重要作用。

图 72-3　广东某药厂加班加点赶制抗新冠肺炎的中药

针对非洲猪瘟病毒，金银花、连翘、黄芩、大青叶等中草药对受威胁的健康猪群有较好预防效果；饮水中添加优质有机酸，在有效浓度及 pH<3.9 的环境下，非洲猪瘟病毒未进入猪体内已经失去活性；由芽孢杆菌、乳酸菌和酵母菌发酵而成的生物饲料有效地改善了猪消化道微生态环境，调节了消化道的免疫系统；吴荣杰很早就提出非洲猪瘟病毒"嗜盐"，建议猪的日粮中降低钠盐含量，添加进口超级蒸汽鱼粉，提高猪血清中的胆固醇，能有效降低非洲猪瘟感染的风险；口服碘在我们的抗非实践中得到了有效验证等。

净化非洲猪瘟最重要的一点就是学习防控新冠肺炎的"科学防控、精准施策、应收尽收、应治尽治"的正确的指导思想。 1958年，诺贝尔医学奖获得者乔舒亚·莱德伯格说："同人类争夺地球统治权的唯一竞争者，就是病毒。"对于新冠肺炎、SARS和非洲猪瘟，由于采取了不同的应对策略，结果大相径庭。为了减少各种灾难，人类对大自然要心存敬畏，与野生动物和平相处。科学再进步也不能完全抵御和战胜不断变异的"聪明"病毒，最重要的是要有应对灾难的正确理念和防范措施。在尚无安全有效的疫苗的非洲猪瘟常态下，养猪业要健康发展，上至国家生物安全战略，下至猪场生物安全防护，应该借鉴新冠肺炎防控经验，实事求是，精准施策。仇华吉研究员多次呼吁的非洲猪瘟净化之路，该是有关部门和养猪同仁重视和行动的时候了。

专家点评●

2019年底，一场前所未有的新冠肺炎疫情不期而至、来势汹汹。这场突如其来的大疫事关国家命运、民族兴衰。好在以习近平同志为核心的党中央果断决策、运筹帷幄、指挥有方，全国上下特别是广大医务工作者舍生忘死、顽强战疫，短短几个月，新冠肺炎疫情蔓延的势头得到全面、有效的遏制。这是一场史诗般的疫情阻击战和人民战争，足以惊天地、泣鬼神。中国共产党和全国人民在这场伟大战役中万众一心、众志成城，展示的决心、信心和耐心，体现的领导力、凝聚力和执行力，采取的战略、策略和战术，令各国瞩目、令世人惊叹。

本文作者受新冠肺炎防控经验启发，联想到了如何防控和净化在我国肆虐近两年的非洲猪瘟，从大环境的控制、疫源的"截断"、生物安全的重视、提高猪健康度和非特异性免疫力等方面进行了分析阐述，对我国非洲猪瘟的防控和净化具有重要启示。希望我们兽医行业认真借鉴"科学防治、分区分级、精准施策"的防控理念，拿出抗击新冠肺炎疫情的决心和信心、战略和战术、组织力和执行力，通过全行业的持续共同努力，净化非洲猪瘟并非遥不可及。

（点评专家：仇华吉）

图书在版编目（CIP）数据

非洲猪瘟大家谈：防控、净化与复养/仇华吉主编
. —北京：中国农业出版社，2021.1（2021.3 重印）
ISBN 978-7-109-27636-9

Ⅰ.①非… Ⅱ.①仇… Ⅲ.①非洲猪瘟病毒-防治
Ⅳ.①S852.65

中国版本图书馆 CIP 数据核字（2020）第 250867 号

非洲猪瘟大家谈
FEIZHOUZHUWEN DAJIATAN

中国农业出版社出版
地址：北京市朝阳区麦子店街 18 号楼
邮编：100125
责任编辑：刘　玮　黄向阳　耿韶磊　弓建芳
版式设计：杨　婧　　责任校对：周丽芳
印刷：中农印务有限公司
版次：2021 年 1 月第 1 版
印次：2021 年 3 月北京第 2 次印刷
发行：新华书店北京发行所
开本：787mm×1092mm　1/16
印张：21.25
字数：600 千字
定价：268.00 元